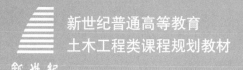

新世纪普通高等教育
土木工程类课程规划教材

微课版

测量学教程

（第四版）

主　编　伊晓东　金日守　袁永博

CELIANGXUE JIAOCHENG

 大连理工大学出版社

图书在版编目(CIP)数据

测量学教程 / 伊晓东,金日守,袁永博主编. -- 4
版. -- 大连 : 大连理工大学出版社,2023.5
新世纪普通高等教育土木工程类课程规划教材
ISBN 978-7-5685-4201-2

Ⅰ. ①测… Ⅱ. ①伊… ②金… ③袁… Ⅲ. ①测量学
－高等学校－教材 Ⅳ. ①P2

中国国家版本馆 CIP 数据核字(2023)第 011097 号

大连理工大学出版社出版
地址:大连市软件园路 80 号　邮政编码:116023
电话:0411-84708842　邮购:0411-84708943　传真:0411-84701466
E-mail:dutp@dutp.cn　URL:https://www.dutp.cn
大连日升彩色印刷有限公司印刷　　大连理工大学出版社发行

幅面尺寸:185mm×260mm　　　印张:16.75　　　字数:408 千字
2007 年 3 月第 1 版　　　　　　　　　　　2023 年 5 月第 4 版
2023 年 5 月第 1 次印刷

责任编辑:王晓历　　　　　　　　　　　　责任校对:孙兴乐
封面设计:对岸书影

ISBN 978-7-5685-4201-2　　　　　　　　定　价:55.80 元

前　言

近些年,随着国家基础设施建设的迅速发展,以及互联网、现代通信、智能仿真等技术的支持,测量技术站在了更高、更广阔的平台上服务于实践;同时,测绘设备在软、硬件上的技术水平也得到了更大的提高。这些都赋予了现代测量科学新的概念和理论。以全球定位系统(GPS)、遥感(RS)和地理信息系统(GIS)为代表的新型技术正逐步替代常规测量方法;数字化测图方法的多样性和面向应用对象提供服务已成为现实。本教材就是抓住当前测绘技术发展的新特点,针对高等学校非测量类专业学生对测量知识的需要而编写的。

党的二十大报告中指出:"教育、科技、人才是全面建设社会主义现代化国家的基础性、战略性支撑。必须坚持科技是第一生产力、人才是第一资源、创新是第一动力,深入实施科教兴国战略、人才强国战略、创新驱动发展战略,开辟发展新领域新赛道,不断塑造发展新动能新优势。"

高质量高等教育体系要发挥高位引领作用,落实立德树人根本任务,培养德智体美劳全面发展的社会主义建设者和接班人,加快建设高质量教育体系,发展素质教育。

1. 贯彻落实党的二十大精神,增加思政元素

本教材的编写团队深入推进党的二十大精神融入教材,充分认识党的二十大报告提出的"实施科教兴国战略,强化现代人才建设支撑"精神,落实"加强教材建设和管理"新要求,在教材中加入思政元素,紧扣二十大精神,围绕专业育人目标,结合课程特点,注重知识传授、能力培养与价值塑造的统一。

本教材以"测绘空间信息技术的获取方法和管理"为主线进行编写,结合测量学的基本理论和测量设备,使学生掌握测量学基本知识和实践的操作能力,同时对地形图的生成方法及其在规划、工程中的应用也做了阐述,力求辅助学生将测量学知识熟练地用于专业实践。当今,智慧化、数字化已成为社会各行各业发展的招牌。同样,基于行业发展对空间大数据的需要,现代测绘技术也得到了长足发展,包括空间数据采集的自动化、实时化,并正在形成一个天地一体化的智能测绘概念。

2. 推进教育数字化,以微课体现交互性

本教材响应二十大精神,推进教育数字化,建设全民终身学习的学习型社会、学习型大国,及时丰富和更新了数字化微课资源,以二维码形式融合纸质教材,使得教材更具及时性、内容的丰富性和环境的可交互性等特征,使读者学习时更轻松、更有趣味,促进了碎片化学习,提高了学习效果和效率。

本教材自出版以来,广大读者给予了热情支持,同时在使用过程中也提出了许多宝贵意见,在此深表谢意。借本次再版的契机,除了对书中文字、图表的内容进行润色外,按照非测量专业类的测量学教学大纲要求,并结合教学的实际需要,部分章节增加了与大数据时代智能测绘技术相关的内容,使得本教材可以更多地反映测绘技术发展应用的现状。

本教材共 11 章,其中第 1、2 章主要介绍测量技术的基本知识、基本理论和空间数据采集方法。第 3 章介绍测量误差理论及处理方法,并试图应用概率统计的概念进行阐述,旨在为以后各章加强对观测误差的讨论和进行精度分析打下基础。第 4 章重点介绍测量的三项基本工作——距离、高差、角度(方向)——在实际中如何应用和实施。第 5 章则介绍了当代测绘空间数据采集的新设备(全站仪和 GPS)的基本原理和使用方法。第 6 章介绍了小区域控制测量的方法。第 7 章介绍了工程中基本比例尺地形图的基本原理及测绘 4D 产品的基本知识。第 8 章介绍了大比例尺地形图测绘方法,尤其关注了数字化成图技术。第 9 章介绍了地形图在规划、工程施工中的应用情况。第 10 章主要介绍了放样工作的基本方法,包括如何用全站仪和 GPS-RTK 放样的问题。第 11 章关注了从民用建筑到桥梁、管线、地下工程施工测量的方法,本章有关内容可供不同专业学生选用。

本教材由大连理工大学伊晓东、东北大学金日守、大连理工大学袁永博主编。伊晓东负责统稿并定稿工作。

在编写本教材的过程中,编者参考、引用和改编了国内外出版物中的相关资料以及网络资源,在此表示深深的谢意!相关著作权人看到本教材后,请与出版社联系,出版社将按照相关法律的规定支付稿酬。

尽管我们在教材建设的特色方面做出了许多努力,但由于编者水平有限,书中不足之处在所难免,恳望各教学单位、教师及广大读者批评指正。

编　者

2023 年 5 月

所有意见和建议请发往:dutpbk@163.com

欢迎访问高教数字化服务平台:https://www.dutp.cn/hep/

联系电话:0411-84708462　84708445

目　录

微课资源展示

二维码	微课名称	教材页码
	测量学的基本概念	1
	高斯投影和坐标系的建立方法	14
	水准测量原理	36
	水准测量的内业计算	41
	角度测量原理和测回法测角	48
	标准方向的种类和定义	70
	坐标方位角的推算方法	102
	三角高程测量原理	112
	极坐标放样方法	199

第1章

绪 论

1.1 测量技术基本知识

测量学的基本概念

1.1.1 测量技术的定义

物质的存在是客观的,且物质的运动是绝对的,人类对物质的探索和研究是全方位且没有止境的。党的二十大报告指出,实践没有止境,理论创新也没有止境。测量学就是对客观物质对象进行描述的学科之一,具体地说,测量学是研究地球的形状和大小并描述和确定地球表面自然形态及要素和地面上人工设施的形状、大小、空间位置及其属性的学科。

可以看出,本学科的中心和实质是确定地面点空间位置。具体的内容包括测定和测设两部分。测定是指用测量仪器通过对地球表面上的点进行测量,从而获得一系列的测量数据或根据测得的数据将地球表面的地形缩绘成地形图,如图 1-1(a)的点 A(实地)→A(图纸)、点 B(实地)→B(图纸)等过程。测设是指把图纸上规划设计好的建筑物、构筑物的位置通过测量在地面上标定出来,如图 1-1(b)的房角点 1(规划图纸)→1(实地)过程。

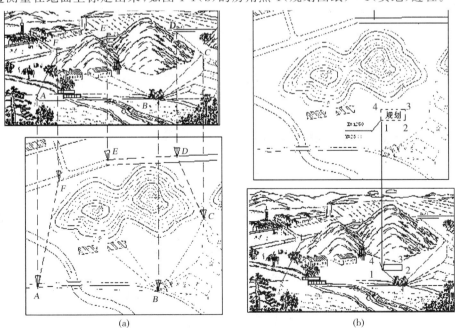

(a)   (b)

图 1-1 测定与测设的关系

1.1.2　测量技术的实质

从上述测量技术定义可以看出,测量是以地球及地球上分布的自然和人文物体为研究对象,并对其进行测定和描绘的科学。由于测量技术研究的对象众多,且涉及多个方面,因此下面仅就本课程涉及的主要内容——地形测绘思想进行阐述。

图1-1(a)描述了通过测量仪器采集地面点空间及属性信息,以获得反映这种自然和人造形态的图纸或地形图的过程。

从形式上说,测量工作可以分成外业和内业两部分进行。从内容上讲,外业工作包含控制测量和碎部测量两项;内业工作包含地面物体位置的确定和形状的图形编绘。从空间坐标定位基准看,碎部测量是基于数学上的极坐标和直角坐标两种方式进行的。

本质上,测量就是研究地面点定位问题。即确定地面目标在三维空间的位置及其随时间的变化。一般是通过测量角度、距离、高差等几何量来实现的。

测量工作就是围绕确定某点所在的空间位置的问题展开的。图1-2中选定地面上的两点A、B,投影到某一水平面上,则AB边投影后水平距离为D。建立平面直角坐标系xOy,设AB边和设定坐标系的x轴夹角为β,点A的坐标为(x_0,y_0),则可以获得点B的坐标(x,y)。

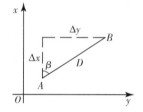

图1-2　地面点的定位

$$\begin{cases} x=x_0+\Delta x=x_0+D\cos\beta \\ y=y_0+\Delta y=y_0+D\sin\beta \end{cases} \quad (1\text{-}1)$$

式中,D为水平距离,β为水平角。通过测量手段,这些数据都可以直接或间接获取。

从宏观方面考虑,测量的任务在于:进行精密控制测量建立国家控制网;提供地形测图和大型工程测量所需要的基本控制;为空间科技和军事工作提供精确的坐标资料;参与对地球形状、大小、地球外部重力场及随时间变化的地壳形变及地震预报等方面的科学研究。从微观方面考虑,测量的任务在于:按照需求测绘各种比例尺的地形图;为各个领域提供定位和定向服务;管理开发土地,建立工程控制网,进行施工放样,辅助设备安装,监测建筑物变形以及为工程竣工服务等。

因此,从以上论述可知,测量技术实质的一个主要方面是如何有效、高精度地实现角度、距离、高差等几何量的采集;另一方面是如何处理采集数据,并为各相关应用领域提供支持。

1.1.3　测量工作的原则和程序

在进行地形图测绘时,由于受观测环境和观测精度的限制,只能连续地逐测站逐区域地施测,然后再拼接出一幅完整的地形图。当一幅图不能包括测量区域的整个范围时,将测区分成若干幅图并先在该地区建立一系列的测站点(或控制点),再利用这些点,分别施测,最后拼接该测区的整个地形图。在实际测量工作中,为防止测量误差的积累,要遵循的基本原则是,在测量布局方面要"从整体到局部";在工作程序方面要"先控制后碎部";在精度控制方面要"由高级到低级"。另外,对测量工作的每个工序,都必须坚持"边工作边检核",前一步工作未做检核不能进行下一步工作,以确保测量成果精确可靠。

被测区域的地形可分为地物和地貌两大类。地面上的固定性物体,如公路、铁路、河流、桥梁、建筑物、居民地等称为地物;地面上的高低起伏形态,如平原、盆地、丘陵、山地等称为地貌,而能够反映地物轮廓和描述地貌特征的点统称为碎部点。在测绘地形图时,并不直接测量这些碎部点,而是首先在测区建立控制网,利用这些控制网才能将测量的碎部点彼此连接成精确的整体。

测量工作的规划设计先要考虑整体布局,然后才是局部的细分,如同建房先要有整体的梁柱框架,然后才能进行局部墙、窗施工,测量布局要求的"从整体到局部"工作也是为了整个测量系统可靠,并给下一步工作提供必要数据、基准提出的。

由测量控制点组成的几何图形称为控制网。国家控制网分为一、二、三、四 4 个等级,它们为建立城市基本平面控制网提供起算依据和质量保证。在城市平面控制网基础上又可建立小区域控制网,它可以为测图、工程建设服务,这些控制网的特点是等级越高级,控制的区域就越大。

测站点的位置必须先进行整体布置,若一开始就从测区某一点起连续进行测量,由前面测站造成的误差必将传递给后面的测站,如此逐站积累,不仅使测站本身位置精度越来越差,而且由它所测绘的地物、地貌的位置误差积累也越来越大,如此将得不到一张合格的地形图。而就多幅图拼成的整个测区而言,就更难保证相互间精度的一致性。因此,必须先整体布置测站点。测站点由控制测量获得,而碎部点则由测站点采集,所以应遵循"从控制到碎部"。

在地形测图中,先选择一些具有控制意义的点,如图 1-1(a)中的 A、B、C、…,使用较精密的仪器和方法把它们的位置测定出来,这些点就是上述的测站点,在地形测量中称其为地形控制点或称为图根控制点,然后再借助它们测定道路、房屋、草地、水塘等地物的轮廓,这些轮廓点称为地形碎部点。

遵循"由整体到局部"或"先控制后碎部"的原则,就可以使测量误差分布比较均匀,制图精度得到保证,而且可以分幅测绘、平行作业、加快测图速度,使整个测区连成一个完整的实体出图。

测量组织工作一般分两个步骤进行。首先,在测区选取少数点位,用精密仪器和比较精确的方法测定它们的相对位置,作为测区的骨架,这些骨架点即为控制点。测定控制点相对位置的工作称为控制测量。控制测量是全局性的、精度较高的测量工作。在范围较大的测区,要由高级到低级,按不同精度要求逐步进行。其次,在控制点的基础上,对碎部点进一步详细测量。如,地形测量时,以控制点为依据,分别测定每个控制点周围的碎部点的相对位置。测定碎部点相对位置的工作称为碎部测量。在控制测量和碎部测量的基础上,最后绘制出整个测区完整的地形图。由于控制点位具有高精度、误差小的特点,且误差传递范围受到限制,因此整个测区的精度均匀统一。同样施工测量时,也是以控制点位为依据,将图上设计的建筑物位置,测设到对应实际地面位置上。测设碎部点相对位置至地面上的工作称为施工放样。

总之,无论地形测量还是施工测量,都必须遵循"从整体到局部""先控制后碎部""由高级到低级"的工作原则,并做到"步步有检核"。

另外,为保证测量精度和过程的规范性,国家相关部门还发布了各种测量规范,实践中要严格遵循相应规范的要求。

1.2 测量技术的任务及分类

从测量学的基本概念可知,测量学研究的内容很多,且涉及许多应用领域和学科。现仅就测绘地表形态为例阐述其主要任务。

第一,在已知地球的形状、大小及其重力场的基础上建立一个统一的地球坐标系统,用以表示地球表面及其外部空间任一点在这个地球坐标系中的准确几何位置。由于地球的外形接近一个椭球(称为地球椭球),所以地面上任一点的几何位置可用这一点在地球椭球面上的经纬度和对应高程表示。

第二,有了大量地面点的坐标和高程,就可以此为基础进行地表形态的绘制工作,包括地表的各种自然形态,如水系、地貌、土壤和植被的分布,也包括人类社会活动所产生的各种人工形态,如居民地、交通线和各种建筑物的位置。对于小面积的地表形态测绘工作,可以利用普通的测量仪器,通过普通测量的方法直接测绘地形图;对于大面积地表形态的测绘工作,通常采用航空或航天摄影方法,获得地表形态和人工设施空间分布的影像信息,再根据摄影测量理论和方法,将地表形态和人工设施的影像信息用模拟的、解析的或数字的方式转变成各种比例尺的地形图或形成地理数据库。

第三,以上用测量仪器和测量方法所获得的自然界和人类社会现象的空间分布、相互联系及其动态变化的信息,最终要以地图图形的形式反映和展示出来。为此要把采集的信息经过地图投影、综合、编制、整饰和制印,或者增加某些专门要素,才能形成各种比例尺的普通地图和专题地图。

第四,各种经济建设和国防工程建设的规划、设计、施工和建筑物建成后的运营管理等都需要进行相应的测绘工作,并利用测绘资料引导工程建设的实施,监视建筑物的变形。这些测绘工程往往要根据具体工程的要求,采取专门的测量方法。而对于一些特殊的工程,还需要特定的高精度测量仪器或使用特种测量仪器去完成相应的测量任务。

第五,在海洋环境(包括江河湖泊)中进行的测绘工作,同陆地测量有很大区别。主要是测量内容综合性强,需多种仪器配合施测,同时要完成多种观测项目。

上述各种测量操作获取的地面空间信息还要与计算机技术结合,通过一系列统计、管理方法,为地球科学、环境科学和工程设计乃至政府行政职能和企业经营提供对决策有用的地理信息,并回答用户提出的有关问题。

针对上述测量要研究的对象,以及获取这些对象位置信息的方法,测量学可以分为以下几类:

(1)普通测量学

普通测量学是研究地球表面较小区域内测绘工作的基本理论、技术、方法和应用的学科,是测量学的基础。主要研究内容有:图根控制网的建立、地形图的测绘及一般工程的施工测量。具体工作有距离测量、角度测量、定向测量、高程测量、观测数据的处理和绘图等。

(2)大地测量学

大地测量学是研究在地面广大区域上建立国家大地控制网,研究确定地球形状、大小和地球重力场的理论、技术与方法的学科。由于人造地球卫星的发射和空间技术的发展,现代大地测量学又有常规大地测量学、卫星大地测量学与空间大地测量学之分。

(3)摄影测量学

摄影测量学是利用摄影像片来研究和测定物体的形状、大小和位置的学科。根据相片采集平台和方法不同,摄影测量学又可分为地面摄影测量学、航空摄影测量学和航天摄影测量学等。

(4)工程测量学

工程测量学是研究工程建设项目在勘测设计、施工和管理阶段所进行的各种测量工作的学科。主要内容有:建立工程控制网、测绘地形图、施工放样、设备安装测量、竣工测量、变形观测和仪器维修养护的理论、技术与方法。

(5)海洋测量学

海洋测量学是研究和测量地球表面水体(海洋、江河、湖泊等)及水下地貌的一门综合性学科。主要研究上述范围内的控制测量、地形岸线测量、水深测量等各种测量工作的理论、技术和应用方法。

1.3 测量技术发展简介

1.3.1 测量技术发展历史

社会生产的需求促进了测绘技术的兴起,社会的进步也使测绘技术得到更大发展。目前考古发现的证据表明,上溯到公元前 2 400 年,古埃及尼罗河三角洲就已有地产边界的测定活动。司马迁在《史记·夏本纪》中叙述了大禹受命治理洪水而进行的测量工作:"左准绳,右规矩,载四时,以开九州,通九道,陂九泽,度九山",这充分说明在我国的历史上,测量技术的应用可追溯到四千年以前。《周髀算经》《九章算术》《管子地图篇》《孙子兵法》等历史文献均记载着我国测量技术、计算技术和军事地形图应用和发展的内容。长沙马王堆汉墓出土的公元前 2 世纪的地形图、驻军图和城邑图(图 1-3),是迄今发现的最古老最翔实的地图。魏晋时期刘徽就在《海岛算经》中阐述了测算海岛之间距离和高度的方法。西晋的裴秀编制的《禹贡地域图十八篇》反映了晋十六州郡国县邑、山川原泽及境界,并总结出分率、准望、道里、高下、方斜、迂直的"制图六体",归纳了地图制图的标准和原则。公元 724 年唐代高僧一行主持了世界最早的子午线测量,在河南平原南北伸展大约分布在 200 km 距离近似位于同一子午线上的 4 个点,测量了春分、夏至、秋分、冬至 4 个时段正午的日影长度和北极星高度角,用步弓丈量了四个点间的实地距离,推算出北极星每差一度相应的地面距离。北宋沈括发展了裴秀的制图理论,编绘了比例尺为"一寸折一百里"(相当于 1∶900 000)的《天下州县图》,并发明发展了许多易行的测量技术。

元代郭守敬在全国进行了天文测量,还通过修渠治水,总结了水准测量的经验,创造性地提出海拔高程的概念。明代郑和七下西洋首次绘制了航海图。清康熙年间开展了大规模的经纬度测量和地形测量,编成了著名的《皇舆全览图》。

近代测量技术由于航海技术的发展,使得人类对地球形状认识逐步深化,并要求精确测定地球形状而得以发展的。从人类最早对地球认识为天圆地方到地球为圆球,再从地球为椭球到证实地球的非椭球而是一个梨形的过程(图 1-4),验证了测绘技术的理论发展和实际应用不断走向成熟。

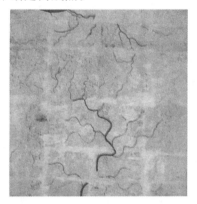

图 1-3 马王堆出土的地图

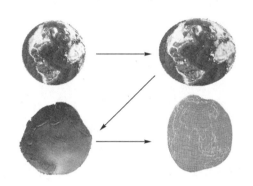

图 1-4 地球形状认识演变

从测量设备说,17 世纪的工业革命,发明了望远镜,使测量手段有了一个质的飞跃。人类能够利用光学仪器进行测量,而 20 世纪初随着飞机和照相机的产生,创立了航空摄影测量,使测量学进行了一次革命,把大量的野外测量工作转入室内,改变了测量的技术途径,减轻了劳动强度,缩短了成图周期,提高了工作效率。20 世纪 50 年代后,由于微电子学、光学以及激光、计算机、摄影和空间技术的迅猛发展,带动了电磁波测距仪、电子全站仪、数字摄影测量系统等的问世,无疑这是继光学测量技术出现后,测量技术的又一次重大革命,这导致地形测量从白纸测图变革为数字测图,测量工作由单一、零散的组织向内外业一体化、自动化、智能化和数字化的方向转变,测绘空间信息技术已成为信息时代不可缺少的组成部分。

1.3.2 现代测绘学的内涵和发展

借助人造卫星的成功发射和航天技术的不断发展,1966 年开始进行卫星大地测量,1972 年开始利用卫星对地球进行观测,这些现代技术再次向传统的测量技术发起了挑战。美国全球定位系统(GPS)可向全球任何用户实时地提供精密的三维空间相对位置、三维速度和时间信息,从根本上改变着三维空间数据的获取方法。

在当代信息革命的过程中,由测量学、摄影测量与遥感学、地图学、地理科学、计算机科学、卫星定位技术、专家系统技术与现代通信技术的有机集成和综合,产生了应用各种现代化方法来采集、量测、分析、存储、管理、显示、传播和应用空间分布数据的新型的地理信息科学。现代测量学正以全新的面貌在更广阔的应用领域内充当重要角色。

现代测绘学是指对空间数据的测量、分析、管理、存储和综合研究的学科,这些空间数据来源于地球卫星、空载和船载的传感器以及地面上各种测量技术,并利用计算机的硬件和软件对这些空间数据进行处理和使用。基于信息时代对空间信息有极大需求所形成的现代测绘学,更准确地描绘了测绘学科在现代信息社会中的作用。而原来几个专门的测绘学科之间的界限已随着计算机技术的发展逐渐变得模糊了。测绘学科的现代发展促使测绘学中出现若干新学科,例如空间大地测量、航天遥感测绘、地图制图与地理信息工程。测绘学科的应用已发展到与空间分布信息确定有关的众多领域,这也是现代测绘工程所要完成的任务。因此现代测绘学作为一门新兴学科,又被赋予一个新的综合性总称——地球空间信息科学(Geo Spatial Information Science),它是以 GPS、RS、GIS 技术及其集成为核心,光缆通信、卫星通信、数字化多媒体网络技术为辅助的多学科交叉的学科。

地球空间信息科学在国民经济建设、国防建设等多个领域中发挥着作用。如军事领域,武器的定位、发射和精确制导需要高精度的定位数据、高分辨率的地面模型和数字正射影像。以地理空间信息为基础的战场指挥系统,可模拟数字化战场环境信息,为作战方案的优化、战场指挥和战场态势评估的自动化提供测绘数据和基础地理信息的保障。

新中国成立以后,我国测绘事业得到了蓬勃发展。在天文大地测量、人造卫星大地测量、航空摄影测量、精密工程测量、近代平差理论、测量仪器研制、南极考察测量、测绘人才培训等方面,都取得了突出的成就。

随着现代科技的发展,测绘新技术层出不穷,由常规的大地测量发展到人造卫星大地测量,由航空摄影发展到航天遥感技术的应用;测量对象由地球表面扩展到空间星球,由静态发展到动态;测量仪器已广泛趋向电子化和自动化。测绘理论方法及应用范围的巨大变化,给我们带来了机遇,也带来了挑战。

1.3.3　传统测绘与现代测绘的区别(表 1-1)

表 1-1　　　　　　　　　　　　　传统测绘与现代测绘区别

名　称	传统测绘	现代测绘
数据源	可见光数据源为主	多重数据源(传感网、激光、SAR、高光谱、FMCW、视频等)
计算工具	刀片机工厂化计算	双并行云计算(CPU 云＋GPU 云＋高速存储)
测绘目的	面向图幅成图(DOM、DLG、DEM)	面向实体,生产全息三维(结构化三维/实体三维/语义三维)
工作范围	地表为主	室内、地下、水下等
更新周期	慢,城市为例 三月一次	逐渐加快,以自动驾驶为例 最终(L5 级)会到秒级以下
与通信融合	依赖通信少,事后计算为主	逐步发展成实时计算,实时服务,实时动态监测
服　务	面向政府及事业单位的 S/CS 结构服务方式	增加面向公众的手机 AR GIS 服务

当代高度信息化社会中,现代化测绘体系表现在测绘成果的感知、认知、表达及行为的计算,产出海量的多时相系列空间大数据、信息及知识产品,并将其服务于信息社会。如图 1-5 所示。

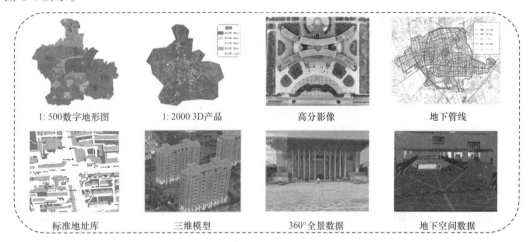

1: 500数字地形图　　1: 2000 3D产品　　高分影像　　地下管线

标准地址库　　三维模型　　360°全景数据　　地下空间数据

图 1-5　面向信息社会服务的现代测绘产品

1.4 测量与工程建设

1.4.1 测量与工程建设的关系

测量是国家经济建设的一项重要的基础性、先行性工作,从工程规划设计,到每项具体工程的建设,都需要有准确的测量成果作依据。伴随社会和科学技术的发展,测量的重要性日益增强,应用的领域不断扩大,在国民经济建设中已成为不可缺少的工具。现代化建设越向前发展,就越需要测量工作及时为之提供准确而有效的服务。

在经济建设中,从资源勘察、能源开发、城乡建设、交通运输、江河治理、土地整治、环境保护、行政界线勘定到经营管理都需要测量;在国防事业中,国界勘定、军用地图测制、航天测控、弹道计算等都离不开测量;在科学研究方面,对地壳升降、海陆变迁、地震监测、灾害预警、宇宙探测、航空航天技术的研究等,也都依赖于测量技术。

如在各种工程、矿山和城市规划建设等方面都必须进行各种地图测绘并建立相应的测绘地理信息系统,以供规划、设计、施工、管理等使用。在桥隧、水利设施的大规模、高难度工程建设中,需要精确勘测大量现势性强的地理信息数据,保证施工的顺利开展。

在信息社会里,测量成果作为地理信息系统的基础,提供了最基本的空间位置信息。国家信息高速公路、基础地理信息系统及各种专题的和专业的地理信息系统迫切要求建立具有统一标准、可共享的测量数据库和测量成果信息系统。测量成为获取和更新基础地理信息库最可靠、最准确的手段。

1.4.2 测绘在土木类专业的应用

测绘科学技术在工业与民用建筑、建筑学、城市规划、道桥工程、环境工程、地下建筑、给水排水等土建类专业中,具有重要的作用。为了决定最适宜的工业建筑场地及大型工程构筑物的位置,首先要进行踏勘,测绘大比例尺地形图。其次在地形图上进行规划设计,然后根据设计图利用测量放样方法把设计的建(构)筑物标定到实地。而在建筑施工过程中,随时需要测量服务。在建(构)筑物竣工以后和使用期间,还要进行测量工作。可见,测量与土建工程的关系是密不可分的。

土建类各专业的学生,学完本课程之后,在业务上应达到如下要求:

①掌握本课程的 3 个测量基本内容(基本理论、基本知识、基本技能);

②掌握工程水准仪、工程经纬仪(全站仪)等的使用;

③了解大比例尺数字地形图的成图原理和方法并能熟练地阅读和使用地形图;

④具有运用所学测量知识解决土建工程中实际测量问题(如建筑现场施工测量等)的能力,并能从设计和工程技术的角度,对测量工作提出合理的要求;

⑤了解当前国内外测量技术和设备(如 GPS)的新成就和发展方向。

本教材主要是介绍土建工程在各个阶段所进行的测量工作,它与普通测量学、摄影测量学、工程测量学等学科都有着密切的联系。主要内容包括了测量数据采集方法和质量评估、数字测图方法、地形图识图及应用、建筑物施工放样、变形观测等。

(1)数据采集和质量评估

利用测量手段,获取地面点定位的三个最基本要素,并对采集的数据质量(精度)进行评估。

(2)数字测图

根据需要,测绘不同比例尺地形图,包括建立控制网,获取地面上的地物(如房屋、道路、管线等)、地貌(如山头、洼地、悬崖)等空间和属性信息,并展绘在图纸上。随着测绘设备和计算机技术的发展,数字测图已成为主流,因此掌握数字化测图从数据采集到成图的全过程是很有必要的。

(3)地形图识图

要有能看懂、理解各种比例尺地形图的能力,并能借助地形图解决若干工程设计、规划方面的基本问题。

(4)建筑物放样

根据控制网提供的已知点将图纸上已设计好的建筑物(如房屋、线路)的平面位置和高程按设计要求测设到地面上,作为施工的依据。

(5)变形观测

测定建筑物及其地基在自身荷重和外力作用下随时间而变形的工作。内容主要有沉降观测、位移观测、倾斜观测、裂缝观测等。变形观测是监视重要建筑物在各种应力作用下是否安全的重要手段,其结果将是验证设计理论和检验施工质量的重要资料。

1.4.3　智能建造中的测绘技术

　　基于土木工程基础的智能建造，是当今数字化、信息化、智能化需求的必然，以智能建筑、智能交通、智慧工地、智慧建筑、智慧城市、智慧消防等智能智慧建设项目的兴起，给土木工程带来了新思维、新手段和新的智能感知，提高了建设效率。它是一门融合了多学科的系统性土木应用学科，除传统土木专业知识外的其他专业，包括计算机应用、通信与自动化、大数据分析、机械与电气、系统工程等。

　　智能测绘体现在空间数据获取、空间信息处理、海量数据挖掘等方面的智能化，这是当代人们进行与空间有关活动中的感知、认知、表达、行为能力提高的重要手段。其包括如智能交通、智慧施工、智慧城市等智能建设对象，无论是从表到里、从建设初始到建设维护，均需要智能测绘技术的支持。

　　智能化测绘的研究与应用涉及测绘、地理、人工智能、大数据等诸多学科，是一项复杂的系统工程，也是跨学科的交叉与融合的产物。而智能化数据采集则是智能化测绘中最核心的部分，也是智能建造管理系统中的重要组成。

　　以云计算、物联网、智能芯片、人工智能为代表的新兴技术，为智能化数据采集测绘设备的研制提供了新思路。全站仪、摄影测量工作站、数码航空相机、高速绘图仪等传统测绘仪器已实现智能化的发展趋势，如智能全站仪、智能化 GIS 系统、智能化的单波束测深系统、测绘无人机、测量机器人、全组合智能导航系统 PNT、识图机器人，以及利用智能设备和其所带的智能传感器（如 iPad 的激光传感器）开发的数据采集系统等。

习　题

1-1　什么是测量学？测定和测设有何区别？

1-2　测量学的任务是什么？

1-3　何谓现代测绘学？现代测量技术发展有哪些特点？

1-4　测绘地形图应遵循什么原则？为何必须遵守这些原则？

1-5　测量学科主要分哪几类，具体定义是什么？

第2章

地面点定位方法

2.1 测量的基准面与坐标系统

地面点位置是在选定的基准面上建立坐标系统后,通过测量点位之间的距离 D、角度 β 和点到基准面的高差 H 这三个基本元素后确定。

为了获取地面点空间点位,首先要建立测量的基准面和坐标系。如图 2-1 所示,为了获取地面点 A 的三维坐标 (x, y, H),将点 A 投影到某一曲面上(基准面),得到点 A_0,由投影点 $A_0(x_0, y_0)$ 及点 A 到投影面的垂直距离 H,我们就可唯一地确定点 A 的空间位置。

可以看出,基准面的选择对点位的确定起到关键作用。在地球表面进行的点位测量,要将上述投影曲面作为基准面应具备两个基本条件:①其形状和大小能与地球总形体拟合;②必须是一个能用简单几何体和方程式描述的规则数学面,并有利于数据处理。

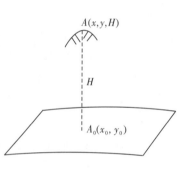

图 2-1　地面点在测量基准面投影

2.1.1 测量基准面

测量工作在地球的自然表面进行,而地球自然表面很不规则,上面分布着江河湖海、平原丘陵和高山深谷,其中海洋占地球表面的 71%,陆地占地球表面的 29%,既有世界最高峰珠穆朗玛峰(高 8 844.43 m),也有最深的马里亚纳海沟(深 11 022 m),两者相对高差接近 20 km,但这样的高差与地球半径(6 371 km)相比,可以忽略不计。由于整个地球的大部分表面积被海水面包裹,因此,由海水面延伸穿过大陆与岛屿的闭合曲面与地球的总形体最拟合。在测量学中,把静止的水面称为水准面。在地球重力场中水准面处处与重力方向正交,重力的方向线称为铅垂线,而铅垂线是测量工作的基准线。潮起潮落的海水水位是动态的,因此,水准面有无穷多个,通常把通过平均海水面并向大陆、岛屿延伸而形成的闭合曲面称为大地水准面[图 2-2(a)]。大地水准面是测量工作的基准面。

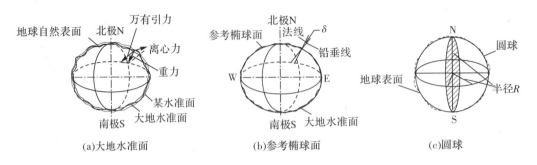

图 2-2　测量基准面变迁

　　大地水准面包裹的地球形体为大地体。尽管大地水准面的形状和大小与地球总形体最拟合，但是由于地球内部质量分布的不均匀性，使得重力方向产生不规则变化，处处与重力方向正交的大地水准面也就不是一个规则的数学面，而是一个其表面也有微小起伏的复杂曲面，缺乏上述用于统一坐标计算基准面的第二条件，所以，还必须选择一个能与大地水准面总形体非常拟合且能用数学模型表达的面，作为计算工作的基准面。这个面通常是用一个椭圆绕其短轴旋转而成的旋转椭球面。测量学中把拟合地球总形体的旋转椭球面称为总地球椭球面，把拟合一个区域的旋转椭球面称为参考椭球面[图 2-2(b)]。椭球的形状与大小用其长半轴 a 和扁率 α 描述。我国目前采用的 1980 年国家大地坐标系参数是 1975 年国际 IUGG 推荐的数值，同时选择陕西泾阳县永乐镇内某点为大地原点(图 2-3)，由此建立的平面坐标系统简称"80 西安坐标"(80 国家大地坐标)。在此之前使用(目前也同时使用)的平面坐标系统称 54 北京坐标，两个坐标系具体定义见 5.3 节。

　　由于地球椭球的扁率很小，因此当测区范围不大时，可近似地把椭球作为圆球[图 2-2(c)]，其半径为 6 371 km。

　　对于高程基准面，我国目前采用的是"1985 年国家高程基准"，它是根据青岛验潮站 1952～1979 年的观测资料所确定的黄海平均海水面(其高程为零)作起算面的高程系统，并在青岛观象山(图 2-4)建立了固定水准原点，水准原点的高程为 72.260 m，全国各地的高程都以它为基准进行测算。由于海平面上升，水准原点高程基准相对 1956 年黄海高程基准低了 29 mm。

图 2-3　永乐镇 80 大地原点

图 2-4　观象山黄海水准原点

国家测绘基准数据库包括大地基准、高程基准、重力基准、深度基准和观测成果数据库，如图 2-5 所示，实现存储和管理国家级重力测量成果、水准测量成果、三角测量成果、GNSS 测量成果、大地水准面成果等信息、规范化的管理及社会化服务。

其为满足国家对于坐标系统和定位的阶段性需求；完成高程控制网建设，实现全国范围的高程基准的传递；补充和完善国家重力基准；需要建立国家测绘基准数据系统，以满足测绘基准成果管理和信息社会大数据服务的需求。

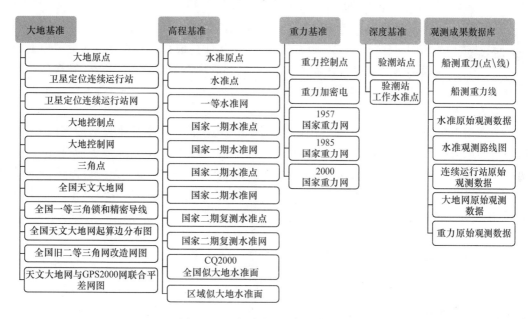

图 2-5　国家测绘基准数据库构架

2.1.2　测量坐标系统

测量学中，地面点的坐标系统由地面点的高程系统和平面（或球面）坐标系统组成。

1. 地面点的坐标

（1）地理坐标

地理坐标是表示地面点在球面上位置的坐标系统，按坐标依据的基准线和基准面的不同以及选择的解算方法不同，可进一步分为大地地理坐标和天文地理坐标。

如图 2-6 所示，地面点与地球南北极的共面称为过该点的子午面，通过地心 O 垂直于地球自转轴的平面为赤道面。子午面与地球表面相交的线为子午线；赤道面与地球面相交的线为赤道。过地球面某点 L 的子午面 $PLKP_1$ 与过伦敦格林尼治天文台的首子午面 PMP_1 组成的二面角，为该点的经度 L（或 λ）。经度由首子午面起算，分别向东西方向各度量 $0° \sim 180°$，对东半球称为东经，对西半球称为西经。过球面某点 L 的法线

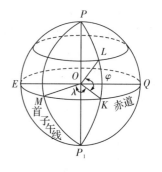

图 2-6　地理坐标

或铅垂线 OL 与赤道面 $EMKQ$ 的夹角,为该点的纬度 B(或 φ)。纬度以赤道起算,分别向南北方向各度量 $0° \sim 90°$,对北半球称为北纬,对南半球称为南纬。

以法线为依据,以参考椭球面为基准面的地理坐标为大地地理坐标(简称大地坐标),点位用 (B,L) 表示;以铅垂线为依据,以大地水准面为基准面的地理坐标为天文地理坐标,点位用 (φ,λ) 表示。天文地理坐标是用天文测量方法直接测定的;而大地地理坐标是根据起始的大地原点的坐标推算的。大地原点的天文地理坐标和大地地理坐标是一致的。

（2）高斯平面直角坐标

地理坐标只能确定点位在球面上的位置,不能直接用于以平面为基准面的测图工作,因此,必须将其从球面坐标转换成平面直角坐标。把球面上的点位投影到平面上有许多种方法,在我国采用高斯正形投影方法,转换后的平面直角坐标是建立在高斯投影面上的,高斯投影面是一种球面坐标与平面坐标相互换算的投影基准面。

为控制由球面正形投影到平面引起的长度变形,高斯投影采取分带投影的方法,使每带区域内的最大变形能够控制在测量精度允许的范围内。通常采用 $6°$ 分带法,即从格林尼治首子午线起经差每隔 $6°$ 划分为一个投影带,由西向东将椭球面等分为 60 带,并依次编排带号 N。位于各带边上的子午线称为分界子午线,位于各带中央的子午线称为中央子午线。$6°$ 带中央子午线的经度为

$$L_0 = 6N - 3 \tag{2-1a}$$

反之,已知地面上任一点经度 L,推算该点所在的 $6°$ 带带号 N 为

$$N = \text{Int}\left(\frac{L}{6} + 1\right) \tag{2-1b}$$

式中,Int 为取整函数。

高斯投影是设想用一个平面卷成一个空心椭圆柱,如图 2-7(a)所示,把它横着套在地球椭球面上,并且使椭圆柱的中心轴线位于赤道面内且通过球心 O,使椭球面上需投影的那个 $6°$ 带的中央子午线 d 与椭圆柱面相切,采用等角投影的方式将这个 $6°$ 带投影到椭圆柱面上,然后将椭圆柱面沿着通过南北极的母线切开并展成平面,便得到此 $6°$ 带在平面上的影像。投影后的高斯平面上,除中央子午线和赤道的投影线是直线,且相互垂直外,其余子午线的投影线为对称于中央子午线的弧线,投影后中央子午线 d 长度不变,距离中央子午线越远的子午线长度变形越大,最大变形为分界子午线 a、b,投影后长度为 a'、b'。为了控制变形,满足精密测量和大比例尺测图的需要,还可细分投影带,即采取 $3°$ 分带法或 $1.5°$ 分带法进行投影分带。$3°$ 分带从东经 $1.5°$ 开始,自西向东每隔 $3°$ 划分为 1 个投影带,带号 N' 依次编为 $1 \sim 120$。高斯分带图如图 2-7(c)所示。在东半球任意 $3°$ 带中央子午线的经度为

$$L_0' = 3N' \tag{2-2a}$$

若已知地面任一点经度 L,推算该所在 $3°$ 带带号 N' 为

$$N' = \text{Int}\left(\frac{L}{3} + 0.5\right) \tag{2-2b}$$

式中,Int 为取整函数。

每带的高斯平面直角坐标系均以中央子午线投影为 X 轴,赤道投影为 Y 轴,两轴交点为坐标原点 O [图 2-7(b)]。考虑到我国领域全部位于赤道以北,因此域内各地面点的纵坐

标 X 均应为正。为避免横坐标 Y 出现负值,通常将每带的坐标原点向西移动 500 km,这样无论横坐标自然值是正还是负,加 500 km 后,都能保证每点的横坐标也为正值。此外为判明点位所在的投影带,规定横坐标值之前加上投影带号。因此高斯直角坐标系横坐标实际由带号、500 km 常数加上自然坐标值组成。这样的横坐标值称为国家统一坐标系的横坐标通用值。

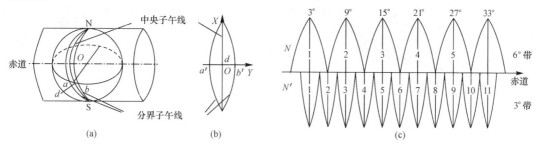

图 2-7　高斯投影

例如,某点位于 19 带,其横坐标自然值为 $-269\ 583.60$ m,加上 500 km 应为 $230\ 416.40$ m,再加带号,则该点的横坐标通用值为 $Y = 19\ 230\ 416.40$ m。

由通用值 Y 看出,以 km 为单位,若小数点前三位数字小于 500,表示该点位于中央子午线西侧,其横坐标自然值取负;反之,位于东侧,自然值取正。三位数前的数字为带号。由于在我国领域内,6° 带号位于 13～23,而 3° 带号位于 25～45,没有重叠带号,因此,根据横坐标通用值就可判定投影带是 6° 带还是 3° 带。

（3）独立平面直角坐标

当测量范围较小时,可直接将测区的球面作为平面,把地面点沿铅垂线投影到水平面上,用直角坐标系表示点的位置。

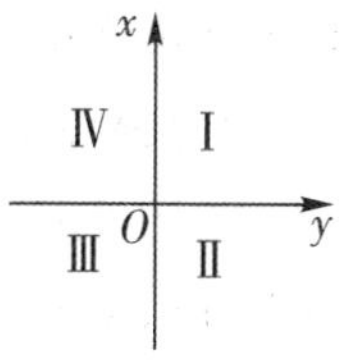

如图 2-8 所示,测量所用的直角坐标系与数学上笛卡儿坐标系基本相似,但纵坐标轴为 x 轴,且正向朝北,横坐标轴为 y 轴,象限编号按顺时针方向,这些与数学上的定义顺序恰好相反。测量上对直线方向的表示,以纵轴（x 轴）的北端为准,顺时针方向度量至被定向的直线。这又恰好与数学上以 x 轴为准,逆时针方向度量角度相反。采取这样的表示方法,目的是为了可以直接采用数学上的三角公式进行如式(1-1)的坐标计算而不必另行建立计算公式。平面直角坐标系的原点可以假定。

图 2-8　独立坐标系

2. 地面点的高程

地面点沿投影方向（铅垂方向）到高程基准面的距离称为高程。最常用的高程系统是以大地水准面作为高程基准面起算。地面点至大地水准面的铅垂距离,称为该点的绝对高程或海拔,用 H 表示(图 2-9)。在局部地区或独立的工程项目中,如果引测绝对高程存在困难时,可以假定一个水准面,作为假定高程基准面。地面点至假定水准面的铅垂距离,称为该点的相对高程或假定高程,用 H' 表示。同一高程基准面下地面上两个点位 A、B 的高程之差称为两点之间的高差,以 h_{AB} 表示,即

$$h_{AB} = H_B - H_A \tag{2-3}$$

由式(2-3)可知,只要点 A 的高程 H_A 及点 A 至点 B 的高差 h_{AB} 已知,点 B 的高程 H_B 即可求得。

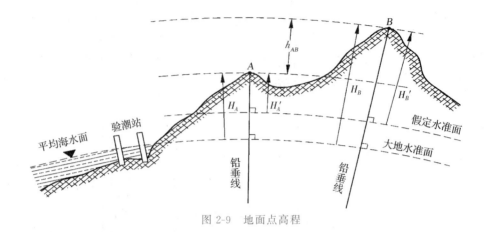

图 2-9　地面点高程

2.2　地球曲率对测量工作的影响

用水平面代替水准面,可以简化各测量要素的解算工作。但反过来,用水平面代替水准面又会对这些要素的确定带来变化或误差。因此,了解用水平面代替水准面误差影响的规律和范围,可以制定相应的替代限值。

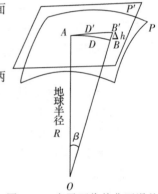

1. 对距离的影响

如图 2-10 所示,设球面 P 与水平面 P' 在点 A 相切,A、B 两点在球面上的弧长为 D,在水平面上的距离为 D',则

$$D = R\beta, \qquad D' = R\tan\beta$$

以水平长度 D' 代替弧长 D 所产生的距离误差为

$$\Delta D = D' - D = R\tan\beta - R\beta = R(\tan\beta - \beta)$$

将 $\tan\beta$ 按级数展开,并略去高次项,得

图 2-10　水平面代替曲面误差

$$\Delta D = R\left[\left(\beta + \frac{1}{3}\beta^3 + \cdots\right) - \beta\right] = \frac{1}{3}R\beta^3$$

将 $\beta = \dfrac{D}{R}$ 代入上式,得

$$\Delta D = \frac{D^3}{3R^2} \qquad\qquad (2\text{-}4)$$

或

$$\frac{\Delta D}{D} = \frac{D^2}{3R^2} \qquad\qquad (2\text{-}5)$$

以地球半径 $R = 6\,371$ km 及不同的距离 D 值代入式(2-5),可得到表 2-1 的结果。从表 2-1 中可见,当距离为 10 km 时,地球曲率影响距离的相对误差为 1∶1 220 000,而现代最精密的距离丈量容许误差为其长度的 1∶1 000 000。故在半径为 10 km 的范围内可以不考虑地球曲率对水平距离的影响。

距离 D /km	距离误差 ΔD/cm	相对误差 $\dfrac{\Delta D}{D}$
10	0.8	1：1 220 000
25	12.8	1：195 000
50	102.6	1：48 700
100	821.2	1：12 000

表 2-1　　　　　　　　　　水平面代替曲面带来的距离误差

2. 对高程的影响

如图 2-10 所示，A、B 两点在同一水准面上，其高差应为零，即 $\Delta h = 0$。但是，当点 B 投影到过点 A 的水平面上得到投影点 B' 时，$BB' = \Delta h$ 就是水平面代替水准面所产生的高程误差。由图可知

$$\Delta h = OB' - OB = R \sec \beta - R = R(\sec \beta - 1)$$

用三角函数的幂级数公式将 $\sec\beta$ 展开，即

$$\sec \beta = 1 + \frac{1}{2}\beta^2 + \frac{5}{24}\beta^4 + \cdots$$

只取前两项，并将 $\beta = \dfrac{D}{R}$ 代入，得

$$\Delta h = R\left(1 + \frac{1}{2}\beta^2 - 1\right) = \frac{D^2}{2R} \tag{2-6}$$

以不同的 D 代入式（2-6），就得到表 2-2 的结果。

表 2-2　　　　　　　　　　水平面代替曲面带来的高程误差

D /km	Δh /cm	D /km	Δh /cm	D /km	Δh /cm	D /km	Δh /cm
0.1	0.08	1	8	3	71	5	196
0.5	2	2	31	4	125	10	785

由表 2-2 可见，高程误差与距离的平方成正比，当距离 $D = 1$ km 时高程误差就有 8 cm。这是高程测量所不允许的。因此，进行高程测量时，即使距离很短也必须顾及地球曲率的影响，并按 $-\Delta h$ 修正到 B 点。

3. 对角度的影响

由球面三角学知，同一空间面积为 P_s 的多边形在球面上投影的各内角和，比在平面上投影的内角和大一个球面角超值 ε''，即

$$\varepsilon'' = \rho'' \frac{P_s}{R^2} \tag{2-7}$$

式中，R 为地球半径，$\rho'' = \dfrac{180}{\pi} \times 3\ 600 = 206\ 265''$（一弧度的秒值）。

由式（2-7）可知，由三点组成的面积为 $100\ \text{km}^2$ 的多边形，其角度误差很小，故对一般工程测量可以不考虑地球曲率对角度测量的影响。

2.3 获取地面点空间位置的数学方法

2.3.1 平面点位坐标测量方法

由式(1-1)和2.2节的叙述可知,在测站点 A 上,只要测出已知点方向和待测点 B 间的水平夹角 β、AB 点水平距离 D 以及两点间的高差,就能确定点 B 的空间位置。因此,水平夹角、水平距离(简称平距)和高差就是确定地面点位的三个基本要素,我们把角度测量、距离测量及高程测量称为测量的三项基本工作。

测量工作最基本的任务就是确定地面点的三维空间位置,采集地面点平面位置的方法以极坐标法和直角坐标法为主。

1. 极坐标法

如图 2-11 所示,选取某坐标已知点 O 为极点(测站点),其坐标为 (x_0, y_0),点 O 与另一互相通视的已知点 A 的连线构成极轴(或称零方向线),点 $P(x_P, y_P)$ 为待求点,则得以测站 O 上求算点 P 的极坐标形式为 $\rho(D, \beta)$,其中 OP 水平距离 D 和 OA、OP 夹角 β 可以通过外业测量获得。为了满足计算机作图的需要,可把由极坐标形式下采集的测点按下式转换成直角坐标形式。

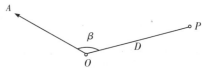

图 2-11 极坐标法测点

$$\begin{cases} x = x_0 + D\cos(\alpha_0 + \beta) \\ y = y_0 + D\sin(\alpha_0 + \beta) \end{cases} \tag{2-8}$$

式中,α_0 为在统一测量直角坐标系中极轴 OA 与 x 轴的夹角,又称为测站零方向线的坐标方位角。

2. 直角坐标法

利用全站仪和全球定位系统(GPS)等新出现的测量仪器可以直接测出地面点位的三维直角坐标。因此,若使用全站仪或全球定位系统,确定地面点位的基本工作可简化为直角坐标测量。测量时,一定要注意采点时测量坐标系统的选择或参数定义。具体实施见第 5 章。

3. 交会法

设 $A(x_A, y_A)$,$B(x_B, y_B)$ 为坐标已知的且互相通视的地面两点,$P(x_P, y_P)$ 为地面待求的未知点,可以根据测量设备和观测对象条件选择如下交会法:

(1)角度交会法

如图 2-12(a)所示,在已知控制点 A、B 上,由经纬仪分别瞄准点 P,并测出 $\angle PAB$ 和 $\angle PBA$ 的水平角 α、β,则按角度前方交会公式得点 P 坐标为

$$\begin{cases} x_P = \dfrac{x_A \cot\beta + x_B \cot\alpha + \Delta y_{AB}}{\cot\alpha + \cot\beta} \\ y_P = \dfrac{y_A \cot\beta + y_B \cot\alpha - \Delta x_{AB}}{\cot\alpha + \cot\beta} \end{cases} \tag{2-9}$$

角度交会法适用于高耸建筑物及人难于到达的地方,如电视塔、烟囱等点位的测量。

(2)距离交会法

距离交会法适用于全站仪作业或场地平整、量距短的钢尺作业。如图 2-12(b)所示,已知 AB 水平距离为 D,测得 AP、BP 水平距离分别为 D_1、D_2,则利用距离交会公式,得到点 P 坐标。

$$\begin{cases} x_P = x_A + \dfrac{q\Delta x_{AB} + h\Delta y_{AB}}{D} \\ y_P = y_A + \dfrac{q\Delta y_{AB} - h\Delta x_{AB}}{D} \end{cases} \tag{2-10}$$

式中,$q = \dfrac{D^2 + D_1^2 - D_2^2}{2D}$,$h = \pm\sqrt{D_1^2 - q^2}$(当 $\triangle APB$ 顺时针编号时取正,反之取负)。

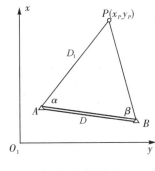
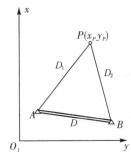

(a)角度(边角)交会   (b)距离交会

图 2-12   交会测量

(3)边角交会法

如图 2-12(a)所示,已知 AB 水平距离为 D,若观测 AP 边的水平距离为 D_1,$\angle PAB$ 的水平角为 α,则按正弦定理可以推出 β 大小。

$$\beta = \text{arccot}\,\dfrac{D - D_1\cos\alpha}{D_1\sin\alpha} \tag{2-11}$$

然后代入式(2-9)即可求出点 P 的平面坐标。

边角交会法形式多样、灵活,在工程实践中经常用到。

4. 摄影测量法

摄影测量法是利用影像点坐标(x,y)和相机的相关参数,通过一定的数学手段,如式(2-12),将其转换成地面坐标(X,Y,Z)的方法。近些年,随着遥感技术的发展和 GIS 地理信息系统建设的需要,以数字摄影测量技术为代表的影像坐标解算方法已成为获取海量地面点坐标的主要手段。

$$\begin{cases} X = f_1(x,y) \\ Y = f_2(x,y) \\ Z = f_3(x,y) \end{cases} \tag{2-12}$$

式(2-13)就是摄影测量中描述两种坐标关系的基本数学模型,或称共线方程。

$$\begin{cases} x - x_0 = -f \dfrac{a_1(X-X_0) + b_1(Y-Y_0) + c_1(Z-Z_0)}{a_3(X-X_0) + b_3(Y-Y_0) + c_3(Z-Z_0)} \\ y - y_0 = -f \dfrac{a_2(X-X_0) + b_2(Y-Y_0) + c_2(Z-Z_0)}{a_3(X-X_0) + b_3(Y-Y_0) + c_3(Z-Z_0)} \end{cases} \tag{2-13}$$

式中，f 为摄影机焦距，(x_0,y_0) 为相片主点坐标，$\{a_i\ b_i\ c_i\}$ 为与相片空间定向元素有关的系数矩阵，(X_0,Y_0,Z_0) 为摄影机中心地面坐标。

2.3.2 获取高程的方法

1. 水平视线法

利用一条水平线（与高程基准面平行）可以间接获取待求点高程，其中以光学视线（包括可见激光）为水平视线的方法，称为几何水准法。

几何水准测量是高程测量中精度最高、用途最广、使用最普遍的一种测量方法。如图 2-13 所示，欲得到地面点 A 到点 B 的高差，分别在 A、B 两点竖立水准尺，利用水准仪提供的一条水平视线，截取尺上读数 a、b，则 A、B 两点的高差为

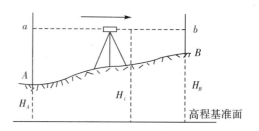

图 2-13　几何水准测量

$$h_{AB} = a - b \tag{2-14}$$

式中，若 $a > b$，h_{AB} 为正，表示点 B 高于点 A；若 $a < b$，h_{AB} 为负，表示点 B 低于点 A。

若点 A 的高程 H_A 已知，则 a 称为后视读数，点 A 称后视点，b 称为前视读数，点 B 称为前视点。待定点 B 的高程 H_B，可由 H_A 和 h_{AB} 求得，即

$$H_B = H_A + h_{AB} = H_A + (a-b) \tag{2-15a}$$

水平视线到基准面的距离称为视线高程或仪器高程 H_i，可以看出：

$$H_i = H_A + a = H_B + b \tag{2-15b}$$

水平视线也可由激光提供，采用这种光源进行水准测量的方法称为激光水准法，主要用于建筑工程和变形监测中。

2. 三角几何法

利用三角函数关系，也可以获取 A、B 两点的高差。三角高程测量是根据两点的水平距离和竖直角，计算两点的高差。如图 2-14 所示，已知点 A 的高程 H_A，欲测定点 B 的高程 H_B，可在点 A 安置经纬仪（或全站仪），在点 B 竖立标杆（或棱镜），用望远镜中丝瞄准标杆的顶点，测得竖直角 α，量出仪器高 i 及标杆高 v，再根据测量的 AB 之平距 D，算出 AB 的高差为

$$h = D \tan \alpha + i - v \tag{2-16}$$

结合式(2-15a)，计算出点 B 的高程为

$$H_B = H_A + h = H_A + D \tan \alpha + i - v \tag{2-17}$$

高程测量还可借助物理手段，包括气压测高、液体静力水准测量以及 GPS 高等。

高程测量具体实施方法见 4.1 节和 6.5 节。

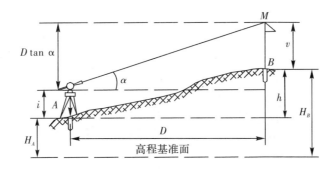

图 2-14　三角高程测量

2.4　水下地形点测量方法

　　在水利工程或桥梁、港口码头以及沿江河的铁路、公路等工程的建设中都需要进行一定范围的水下地形测绘。水下地形高程有两种表示方法：一是以航运基准面为基准的等深线表示的航道图，用以显示水道的深浅、暗礁、浅滩、深潭、深槽等水下地形分布情况，我国沿海各港口测量均采用各自的理论深度基准面为基准（按当地水文验潮资料推算，一般以理论最低潮面为理论深度基准面）；二是用与陆上高程一致的等高线表示的水下地形图，它以大地水准面为基准，目前基本采用"1985 年国家高程基准"。

　　测量水面以下的地形，是根据陆地上布设的控制点，利用测船行驶在水面上，按等时间间隔或等距离间隔来测定水下地形点（简称测深点）的水深并结合水面高程信息获得水下地形高程和对应平面位置来实现的。其主要测量工作包括水位观测、水深测量及平面定位测量等。

1. 水位观测及计算

　　水下地形点的高程等于测深时的水面高程（称为水位）减去测得的水深。因此，在测深的同时，必须同时进行水位观测。观测水位首先要设置水尺，再把已知水准点联测到水尺，得其零点高程 H_0。定时读取水面在水尺上截取的读数 $a(t)$，则某时刻水面高程为

$$H' = H_0 + a(t) \tag{2-18}$$

　　水位观测的时间间隔一般按测区水位变化大小而定，观测结束后绘出水位与观测时间曲线用于各测点采样时的瞬时水位的内插值获取。

2. 水深测量

　　回声测深仪可以完成水深测量任务，基本原理是，假设声波在水中的传播速度为 v，在换能器探头加窄脉冲声波信号后，声波经探头发射到水底，并由水底反射回来，被探头接收，测得声波信号往返行程所经历的时间为 t，则

$$h = \frac{1}{2} v t \tag{2-19}$$

式中，h 是从换能器探头到水底的深度。

　　利用测深仪可获得换能器到水底的距离 h，考虑换能器入水深度 h_0，如图 2-15 所示，则

水下地形点高程为

$$H = H' - h - h_0 \qquad\qquad (2\text{-}20)$$

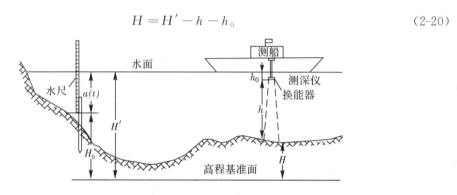

图 2-15　水下高程测量

3. 平面定位测量

测深点除了水深数据和瞬时水面高程数据外,还要确定其平面位置。根据测量对象和设备不同,平面测量方法包括断面索法、经纬仪角度前方交会法、微波定位法及 GPS 坐标法等。其中前两种为传统水下平面定位方法,GPS 定位法则在近些年才应用于水上测量。目前利用差分 GPS 进行实时动态的定位,其定位精度已达到亚米级。相比传统水下测绘方法,差分 GPS 具有灵活、不受距离和气候的限制、自动化程度高的特点,也不会出现微波定位时由于干扰或图形条件不佳而出现掉信号或定位精度降低的现象。作业时,测船上 GPS 设备只需连续接收到一个岸台的信标或基准站的 GPS 差分信号,就可以实现实时的连续定位甚至还可以替代水位观测而得到瞬时水位高程,并且可以借助相关软件实现与测深点的同步自动采集和记录。

习　题

2-1　名词解释:大地水准面,旋转椭球面,中央子午线,高斯平面直角坐标,绝对高程,相对高程。

2-2　测量学的平面直角坐标系是怎样建立的?它与数学上的平面直角坐标系有何不同?

2-3　设我国某处点 A 的横坐标 $Y = 19\ 689\ 513.12$ m,问该坐标值是按几度带投影计算而得的?点 A 位于第几带?点 A 在中央子午线的东侧还是西侧,距中央子午线多远?

2-4　现在我国统一采用的高程系统叫什么?高程原点在哪里?大小是多少?

2-5　测量的 3 个基本要素是什么?测量的 3 项基本工作是什么?

2-6　测量工作中用水平面代替水准面时,地球曲率对距离、高差的影响如何?

2-7　测量地面点平面和高程的方法一般有哪些,各有什么特点?

2-8　简述水下地形点测量的主要内容。

第3章

测量数据的误差及精度分析

3.1 测量误差基本知识

对于某一个量测量了很多次,会发现各个测量结果并不相同,说明测量值是随机的,即包含着误差。而根据测不准原理,任何测量都是对测量事件本身的扰动,即任何测量都会有误差,绝对精确测量是不可能的。这也意味着,某一个欲求得的量,其真值是客观存在,但不能够确定其真值。所以,我们只能尽可能获得一个所谓的好的观测值。如式(3-1),设观测值为 L,其真值为 $\tilde{L}$,Δ 称为观测值的真误差。

$$\Delta = L - \tilde{L} \tag{3-1}$$

真误差更多的具有理论意义。为了研究的方便,应将误差按其性质进行分类,在相同的观测条件下,一般可分为下面几种:

(1)偶然误差

在相同的观测条件下,对某个固定量做一系列的观测,如果观测误差的符号和大小都没有表现出一致的倾向,即表面上没有任何规律性,则该误差称为偶然误差,也称为随机误差。偶然误差可以由各种小误差累计而构成,即

$$\Delta_\text{偶} = \Delta_1 + \Delta_2 + \cdots + \Delta_n \tag{3-2}$$

例如,经纬仪或全站仪的角度测量值中就包括对中误差、视准轴误差、水平轴误差、竖轴误差、照准误差、读数误差、目标位置误差、视线的弯曲等。偶然误差就单个误差而言,其大小和符号都不可预测。但对于大量偶然误差而言,具有统计上的规律性。偶然误差是不可避免的。

(2)系统误差

系统误差是在相同的观测条件下,对某个固定量做一系列的观测,观测值的大小和符号呈现出某种规律性的误差,它通常是很多误差中,某项误差占主导地位引起的。由于系统误差具有某种规律性,因而通常可采用某种方式事先或事后予以消除。例如,可以采用气象改正公式,对电磁波测距值进行气象改正。

(3)粗差

粗差是失误造成的个别大误差。在现代测量技术中,常会出现大规模自动化数据采集的情形,此时粗差通常是不可避免的。粗差会对最终结果造成很大损害,应予以消除。

误差按来源分类,一般可分为以下三种:

（1）仪器误差

测量总是用某种仪器或工具来进行的,仪器或工具不可能十分完善,因而将对观测结果带来影响。

（2）人为因素

观测或仪器的操作总是需要人的,而人的辨识能力是有限的,会对观测结果带来影响。

（3）外界环境

观测总是在某种特定环境中进行的,且环境在不断变化,因而将对观测结果造成影响。如电磁波测距会受到空气温度、气压、湿度、密度分布等的影响。

粗差只存在于个别观测值中,而偶然误差和系统误差存在于每个观测值之中。系统误差有某种规律性,因而总是可以找到原因和解决方法。偶然误差是随机的,不论是大小和符号都没有规律性,因而只能研究其统计特性。通过统计实际测量得到的大量偶然误差,可以总结出偶然误差的特性。假如对某一未知量,在相同的观测条件下进行了大量观测,则其偶然误差具有如下特性:

（1）有界性:在观测次数有限的情形下,偶然误差的绝对值不会超出一定的限差。

（2）密集性:绝对值较大的偶然误差出现的概率小,绝对值较小的偶然误差出现的概率大。

（3）对称性:绝对值相同的偶然误差出现的概率相同。

（4）抵偿性:由于正负误差相互抵消,当观测次数无限增加时,偶然误差的算术平均值趋向于零,即

$$\lim_{n \to \infty} \frac{[\Delta]}{n} = 0 \tag{3-3a}$$

则算术平均值的极限为

$$\lim_{n \to \infty} \frac{[L]}{n} = \lim_{n \to \infty} \frac{[\tilde{L}]}{n} - \lim_{n \to \infty} \frac{[\Delta]}{n} = \tilde{L} \tag{3-3b}$$

即算术平均值趋向于真值,它可以抵消偶然误差的影响,因而通常采用算术平均值作为最终结果。这样的值称为最可靠值,或称最或是值。

对于由偶然误差构成的随机量,也可以采用概率密度函数表述其特性。若偶然误差的概率密度函数为 $f(\Delta)$,则偶然误差落在范围 (a, b) 内的概率为

$$P(a < \Delta < b) = \int_a^b f(\Delta)\mathrm{d}\Delta \tag{3-4}$$

伯努利和拉普拉斯等人发现,误差或观测值的分布为钟形分布。根据此特性,高斯推导出了偶然误差分布的概率密度函数公式,称为误差分布定律。这种分布称为正态分布,也称为高斯分布。偶然误差的正态分布概率密度函数为

$$f(\Delta) = \frac{1}{\sigma\sqrt{2\pi}} e^{-\frac{\Delta^2}{2\sigma^2}} \tag{3-5}$$

式中,参数 σ 称为标准差,在测量上称为中误差。当 $\sigma = 1$ 时,称为标准正态分布。实际上

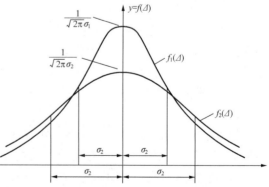

图 3-1　正态分布概率密度函数

自然界中的许多现象都符合正态分布。从正态分布概率密度函数图(图 3-1)中可以看出,正态分布属于对称分布,且偶然误差由于其值为零附近范围时的概率最大,也意味着,观测值越接近真值,其出现概率越大。

3.2　衡量精度的指标

1. 方差及中误差

为了理论及实际应用上的方便,对于观测值质量的好坏,应有明确合理的概念。对于同一个观测值,假设进行了两组观测,第一组观测值误差小得多,而另一组误差大得多,则可以认为前一组观测值的质量相对较好。因此观测值的离散程度,就可以表征观测值质量的好坏。这种离散程度可以用如下方差予以计算和表征。

$$\sigma^2 = \lim_{n \to \infty} \frac{[\Delta^2]}{n} \tag{3-6}$$

式中,σ 为均方根误差。由于观测值的个数有限,可以用方差的估值 $\hat{\sigma}$ 或中误差 m 来代替上式,即

$$\hat{\sigma}^2 = m^2 = \frac{[\Delta^2]}{n} \tag{3-7}$$

$$\sigma = m = \pm \sqrt{\frac{[\Delta^2]}{n}} \tag{3-8}$$

式(3-8)即为由观测值的真误差推算中误差的计算公式。

【例 3-1】　对某一三角形的内角和进行了 10 次测量,各测量值的真误差数值如下,单位是秒。试计算三角形内角和的测量中误差。

-8.00　$+1.42$　$+4.22$　-9.16　$+7.92$　-9.59　-6.56　$+0.36$　$+8.49$　-9.34

解　根据式(3-8),中误差为

$$m = \pm \sqrt{\frac{[\Delta^2]}{n}} = \pm \left(\frac{8^2 + 1.42^2 + \cdots + 9.34^2}{10} \right)^{\frac{1}{2}} = \pm 7.34''$$

这一中误差可以看作是每次观测的精度,或称是每个观测值的精度,它们均是相同的,与每个观测值本身误差的大小无关,不能认为某个单个观测值的误差大,则其精度较误差小的观测值低。

2. 极限误差

在测量中经常用到极限误差的概念。极限误差表示一种限差,偶然误差超出此限差的概率极小,因而一旦超出此限差,即认为是粗差,而应舍去。超出 2 倍或 3 倍中误差的误差出现的概率极小,对于偶然误差而言,超出 2 倍或 3 倍中误差的概率为

$$p(|\Delta| > 2\sigma) = 1 - \int_{-2\sigma}^{2\sigma} f(\Delta)\mathrm{d}\Delta = 4.6\% \tag{3-9a}$$

$$p(|\Delta| > 3\sigma) = 1 - \int_{-3\sigma}^{3\sigma} f(\Delta)\mathrm{d}\Delta = 0.3\% \tag{3-9b}$$

因而把 2 倍或 3 倍中误差称为极限误差,即

$$\Delta_{极} = 2\sigma, \quad \Delta_{极} = 3\sigma \tag{3-10}$$

在工程图纸中提出施工的精度要求,往往就是这里所说的限差。

【例 3-2】 在桥梁的施工中,对向施工的桥梁对接误差不能超过 ± 3 mm,则纵向施工放样中误差不应超过多少?

解 对接误差不能超过 ± 3 mm,是指极限误差 $\Delta_{极}$,则施工中的对接中误差不应超过

$$m = \pm \frac{3}{3} = \pm 1 \text{ mm}$$

若按 2 倍中误差为极限误差,则施工中误差不应超过

$$m = \pm \frac{3}{2} = \pm 1.5 \text{ mm}$$

在实际当中,应选择适当的测量仪器和测量方法,并通过相应的公式,预先算出纵向施工中误差是否小于上述计算数值。若小于,则相应的测量仪器和测量方法应予以采用,否则应重新选择测量仪器或测量方法。

3. 相对误差

相对误差 K 指某种误差与观测值(主要指距离)之比。常用的相对误差有:

(1)相对真误差,指真误差与观测值之比,即

$$K = \frac{|\Delta|}{D} \tag{3-11}$$

(2)相对中误差,指中误差与观测值之比,即

$$K = \frac{|m|}{D} \tag{3-12}$$

(3)相对极限误差,指极限误差与观测值之比,即

$$K = \frac{|\Delta_{极}|}{D} \tag{3-13}$$

规范当中经常会提出对于相对精度的限差要求,即所谓的相对极限误差。

【例 3-3】 距离 A 的测量值为 1 354.151 m,测量中误差为 3.5 mm。距离 B 的测量值为 5 139.855 m,测量中误差为 4.6 mm。问两个观测值,哪个质量更好些?

解 距离测量值的误差大小与测量值本身大小是相关的,因此,比较质量时应采用相对误差的概念。A 观测值的相对中误差为

$$\frac{3.5}{1\ 354.151} \approx \frac{1}{387}$$

B 观测值的相对中误差为

$$\frac{4.6}{5\ 139.855} \approx \frac{1}{1\ 117}$$

可知,B 观测值的质量要远好于 A 观测值。

3.3　误差传播定律

在测量当中,直接的观测量往往不是我们最终需要的量,而是利用观测值计算的函数量。例如,需要利用距离和角度或方向观测值,来组成公式计算地面点位坐标。显而易见,由于观测值有误差,必然导致利用观测值所计算的函数量也有误差。我们把阐述直接独立观测值误差项与观测值函数误差项之间关系的定律,称为误差传播定律。

首先对观测值线性函数进行分析。设有系列独立观测值 x_1、x_2、$\cdots$、x_n 的线性函数:

$$y = k_1 x_1 + k_2 x_2 + \cdots + k_n x_n + k_0 \tag{3-14a}$$

为了讨论问题的方便,考虑只有两个观测值的线性函数的情形,即

$$y = k_1 x_1 + k_2 x_2 + k_0 \tag{3-14b}$$

设观测值 x_1 和 x_2 的真值为 $\widetilde{x}_1$ 和 $\widetilde{x}_2$,则相应的函数的真值为

$$\widetilde{y} = k_1 \widetilde{x}_1 + k_2 \widetilde{x}_2 + k_0 \tag{3-15}$$

上两式相减得

$$\Delta y = k_1 \Delta x_1 + k_2 \Delta x_2 \tag{3-16}$$

对于第 i 对观测值 x_{1i} 和 x_{2i},相对应的函数值及其真误差为

$$y_i = k_1 x_{1i} + k_2 x_{2i} + k_0 \quad (i = 1, 2, \cdots, n) \tag{3-17}$$

$$\Delta y_i = k_1 \Delta x_{1i} + k_2 \Delta x_{2i} \quad (i = 1, 2, \cdots, n) \tag{3-18}$$

上式取平方得

$$\Delta y_i^2 = k_1^2 \Delta x_{1i}^2 + k_2^2 \Delta x_{2i}^2 + 2 k_1 k_2 \Delta x_{1i} \Delta x_{2i} \quad (i = 1, 2, \cdots, n) \tag{3-19}$$

上式取和得

$$[\Delta y^2] = k_1^2 [\Delta x_1^2] + k_2^2 [\Delta x_2^2] + 2 k_1 k_2 [\Delta x_1 \Delta x_2] \tag{3-20}$$

上式取算术平均值,即两边除以 n 得

$$\frac{[\Delta y^2]}{n} = k_1^2 \frac{[\Delta x_1^2]}{n} + k_2^2 \frac{[\Delta x_2^2]}{n} + 2 k_1 k_2 \frac{[\Delta x_1 \Delta x_2]}{n} \tag{3-21}$$

现假设各观测值是独立的,则偶然误差之积仍具有偶然误差的性质,即仍是随机的,则上式中最后一项

$$\frac{[\Delta x_1 \Delta x_2]}{n} \to 0$$

根据方差的定义,由式(3-21)得函数的方差为

$$m_y^2 = k_1^2 m_1^2 + k_2^2 m_2^2$$

函数的中误差为

$$m_y = \pm \sqrt{k_1^2 m_1^2 + k_2^2 m_2^2}$$

同理对于 n 个互相独立观测值的线性函数,其方差及中误差计算公式为

$$m_y^2 = k_1^2 m_1^2 + k_2^2 m_2^2 + \cdots + k_n^2 m_n^2 \tag{3-22}$$

$$m_y = \pm \sqrt{k_1^2 m_1^2 + k_2^2 m_2^2 + \cdots + k_n^2 m_n^2} \tag{3-23}$$

对于一般非线性函数

$$y = F(x_1, x_2, \cdots, x_n) \tag{3-24}$$

式中，$x_1, x_2, \cdots, x_n$ 为可直接观测的互相独立的未知量，y 为不便于直接观测的未知量，已知 $x_1, x_2, \cdots, x_n$ 的中误差分别为 $m_1, m_2, \cdots, m_n$，欲求 y 的中误差 m_y。

假定观测值 $x_1, x_2, \cdots, x_n$ 的近似值为 $x_1^0, x_2^0, \cdots, x_n^0$，则可将式（3-24）按泰勒级数在点 $(x_1^0, x_2^0, \cdots, x_n^0)$ 处展开

$$y = F(x_1^0, x_2^0, \cdots, x_n^0) + \left(\frac{\partial F}{\partial x_1}\right)_0 (x_1 - x_1^0) + \left(\frac{\partial F}{\partial x_2}\right)_0 (x_2 - x_2^0) + \cdots +$$

$$\left(\frac{\partial F}{\partial x_n}\right)_0 (x_n - x_n^0) + (二次以上项) \tag{3-25}$$

式中，$\left(\frac{\partial F}{\partial x_i}\right)_0$ 是函数对各个变量所取的偏导数，并以近似值 x_i^0 代入后所算得的数值，它们都是常数，当 x_i^0 与 x_i 比较接近时，上式中二次以上项为高阶无穷小，故可以略去不计。因此可将上式写为

$$y = \left(\frac{\partial F}{\partial x_1}\right)_0 (x_1 - x_1^0) + \left(\frac{\partial F}{\partial x_2}\right)_0 (x_2 - x_2^0) + \cdots + \left(\frac{\partial F}{\partial x_n}\right)_0 (x_n - x_n^0) + F(x_1^0, x_2^0, \cdots, x_n^0)$$

$$\tag{3-26}$$

令

$$k_i = \left(\frac{\partial F}{\partial x_i}\right)_0, \quad k_0 = F(x_1^0, x_2^0, \cdots, x_n^0) - \sum_{i=1}^{n} \left(\frac{\partial F}{\partial x_i}\right)_0 x_i^0$$

这样就将一般函数式（3-24）化成了式（3-14a）线性函数式，并可按式（3-23）计算函数中的误差。有时式（3-24）还可以直接用全微分方式线性化为式（3-16），即

$$dy = \left(\frac{\partial f}{\partial x_1}\right)_0 dx_1 + \left(\frac{\partial f}{\partial x_2}\right)_0 dx_2 \tag{3-27}$$

【例 3-4】 已知观测量 x 的中误差为 m_x，且 $\begin{cases} y = 4x + 3 \\ z = 9x^2 - 1 \\ F = -2y + 5z \end{cases}$，试求 y、z、F 的中误差 m_y、m_z、m_F。

解 由已知式，进行偏导计算有

$$\frac{\partial y}{\partial x} = 4, \quad \frac{\partial z}{\partial x} = 18x$$

再将式 y、z 表达式代入 F 式

$$F = 45x^2 - 8x - 11$$

由上式有

$$\frac{\partial F}{\partial x} = 90x - 8$$

根据误差传播定律

$$m_y = \pm \sqrt{\left(\frac{\partial y}{\partial x}\right)^2 m_x^2} = 4m_x$$

$$m_z = \pm\sqrt{\left(\frac{\partial z}{\partial x}\right)^2 m_x^2} = 18x \cdot m_x$$

$$m_F = \pm\sqrt{\left(\frac{\partial F}{\partial x}\right)^2 m_x^2} = (90x - 8)m_x$$

【例 3-5】　在 1:2 000 地形图中,测量了矩形房屋的两个边长,测量值为 $a = 5.7$ mm, $b = 3.5$ mm,测量中误差均为 $m = \pm 0.11$ mm。问实际房屋的面积及其精度是多少?

解　实际房屋的面积为

$$S = 2\,000^2 ab = 2\,000^2 \times 3.5 \times 5.7 = 79.8 \text{ m}^2$$

房屋面积全微分式为

$$dS = 2\,000^2 b\,da + 2\,000^2 a\,db$$

根据式(3-23),实际房屋面积中误差为

$$m_S = \sqrt{(2\,000^2 \times 3.5)^2 \times 0.11^2 + (2\,000^2 \times 5.7)^2 \times 0.11^2} = \pm 2.94 \text{ m}^2$$

【例 3-6】　AB 两点间的斜距测量值为 $D_{AB} = 1\,549.158$ m,测量中误差为 $m_D = 2.3$ mm。竖直角度测量值为 $\alpha = 15°23'34.6''$,竖直角度观测中误差为 $m_\alpha = 1.3''$。问 AB 两点间的高差及其中误差是多少?

解　AB 两点间的高差为

$$h_{AB} = D_{AB}\sin\alpha = 1\,549.158\sin 15°23'34.6'' = 411.204\,5 \text{ m}$$

高差中误差为

$$m_h = \sqrt{\sin^2\alpha \cdot m_D^2 + D_{AB}^2\cos^2\alpha \cdot \frac{m_\alpha^2}{\rho^2}} = \pm 9.4 \text{ mm}$$

式中,$\rho = 206\,265''$,为弧度与秒的转换系数,即 1 个弧度等于 $206\,265''$。

【例 3-7】　在测角网中有 n 个三角形,各三角形闭合差为 w_i,设角度为独立观测量,求角度测量中误差。

由于三角形内角和的理论值为 180°,因此三角形闭合差的计算值即是三角形内角和的真误差,三角形闭合差的理论值为零。各三角形闭合差 w_i 为

$$w_i = \alpha_i + \beta_i + \gamma_i - 180°$$

由中误差的定义式得三角形内角和闭合差的中误差为

$$m_w = \pm\sqrt{\frac{[ww]}{n}}$$

由三角形闭合差 w_i 计算公式和误差传播定律公式得

$$m_w^2 = m_\alpha^2 + m_\beta^2 + m_\gamma^2 = 3m_角^2$$

因此角度测量中误差为

$$m_角 = \frac{m_w}{\sqrt{3}} = \pm\sqrt{\frac{[ww]}{3n}} \tag{3-28}$$

式(3-28)是利用三角形闭合差估算测角精度的公式又称为费列罗公式。

3.4 ┇ 观测值的最可靠值

进行观测是为了求某些或某一个量值。如前所述,这些量的真值并不能求得。那么如何由观测值,求所谓这些未知量的最优值,不仅涉及什么是最优估计量问题,也涉及如何求这些最优估计量的问题。例如,为了求得一段距离的值,测量了 n 次,这段距离的真值不可能知道,所以如何由这些观测来估计这段距离值,使估计量是最可靠或是最优的,才是我们关心的问题。

3.4.1 观测数据的可靠性

测量的可靠性是指在相同测量条件下,对同一测量对象使用相同的测量手段,重复测量结果的一致性程度。

测量数据的可靠性和测量数据的准确性是两个不同的概念。在大多数情况下,测量的可靠性并不等价测量结果的准确性,原因如下:

(1)可靠性的引入是人们在无法测得观测值真值,即无法确知测量真误差的情况下,试图依靠多次重复测量,对结果进行确认的一种无奈之举。

(2)测量的可靠性是以测量方法的正确性和测量工具的精确性为前提的。

(3)对测量可靠性的估计,是与所使用的测量方式、计算处理手段相关联的。

但另一方面,测量数据精度的提高也是测量成果可靠性保障的主要条件。如等精度对同系列对象 $I_i(i=1\cdots n)$ 重复观测,可以证明其算术平均值 l 最可靠(式3-29)。从图3-2可以看出,观测次数 n 越多,观测精度 m 越高。

$$\overline{I} = l_1 + l_2 + \cdots + l_n \tag{3-29}$$

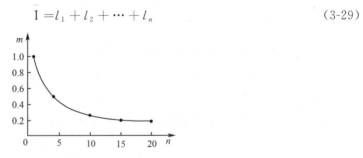

图 3-2 重复观测次数与平均值精度

3.4.2 权

在测量数据处理当中,经常用到权的概念。它是表征观测值相对精度的指标,其定义式为

$$p_i = \frac{c}{m_i^2} \tag{3-30a}$$

或

$$p_i = \frac{m_0^2}{m_i^2} \tag{3-30b}$$

式中,c 是某一正的实数,可以任意设定；m_i 为观测值 i 的中误差；m_0 为单位权中误差。在同一个问题中,c 或 m_0 应取唯一值。之所以称 m_0 为单位权中误差,是因为当某一观测值的权为 1 时,其中误差等于 m_0。由权的定义式可知,权是衡量观测精度高低的相对指标,而前面提到的中误差,则是衡量观测精度高低的绝对指标。从式(3-30)可以看出,观测值中误差越大,权就越小；精度越低,反之亦然。在测量的数据处理中,一般需要预先确定各观测值的方差,这一点是难以做到的。但是,衡量相对精度的指标权是能够预先确定的,称为先验权。测量中几种常用观测值的权的确定方法如下：

（1）角度观测值的权的确定

一般角度观测值的精度是相同的,因而其观测值的权是相同的。

$$p_1 = p_2 = \cdots = p_n \tag{3-31}$$

（2）边长观测值权的确定

各边长观测值的中误差可以表述为 $m_i = a + bD_i$。因此,边长观测值的权为

$$p_i = \frac{c}{(a + bD_i)^2} \tag{3-32}$$

可以看出,同组观测值,距离越大,权越小。

（3）水准测量观测值权的确定

设水准测量第 i 段观测值的测站数为 N_i,距离为 S_i,则第 i 段观测高差为

$$h_i = h_1 + h_2 + \cdots + h_{N_i} \tag{3-33}$$

根据误差传播定律,第 i 段观测高差观测值的中误差为

$$m_i^2 = m_1^2 + m_2^2 + \cdots + m_{N_i}^2 \tag{3-34}$$

设每个测站高差观测值为等精度观测值,即

$$m_0 = m_1 = m_2 = \cdots = m_{N_i} \tag{3-35}$$

则各段高差观测值的权为

$$p_i = \frac{m_0^2}{m_i^2} = \frac{1}{N_i} \tag{3-36}$$

同理可得

$$p_i = \frac{1}{S_i} \tag{3-37}$$

可见,高差观测值的权与水准路线长度或测站数成反比。

3.4.3　最小二乘原理

1794 年,高斯首先提出了最小二乘原理,它主要用来解决利用含有误差的一组不等精度观测值($L_1, L_2, \cdots, L_n$),求最优估值的问题,并成功地应用于谷神星的轨道预测。随后于 1806 年,法国勒戎德尔从代数观点出发,得出了同样的方法,并定名为最小二乘法。最小二乘法广泛应用于测量及统计数据处理领域。最小二乘法原理可由下述公式予以表述：

$$[pvv] = p_1 v_1^2 + p_2 v_2^2 + \cdots + p_n v_n^2 = \min \tag{3-38}$$

式中，p_i 为对应各观测值的权。其中

$$v_i = \hat{L}_i - L_i \quad (i = 1, 2, \cdots, n) \tag{3-39}$$

称为观测值的改正数，也称为残差。最小二乘法也可简述为观测值残差平方和为最小。称 $\hat{L}_i$ 为第 i 个观测值的最优估值，是需要求解的量。可以证明，由最小二乘法获得的估值是最优估值。

【例 3-8】 对于某一个量测量了 n 次，求此量的最可靠值。

解 设欲求的最可靠或最优估值为 $\hat{L}$，根据最小二乘法有

$$[pvv] = p_1 v_1^2 + p_2 v_2^2 + \cdots + p_n v_n^2 = \min$$

即

$$p_1 (\hat{L} - L_1)^2 + p_2 (\hat{L} - L_2)^2 + \cdots + p_n (\hat{L} - L_n)^2 = \min$$

求最可靠值 $\hat{L}$，变成为求极值问题。将上式对 $\hat{L}$ 求导，得

$$2 p_1 (\hat{L} - L_1) + 2 p_2 (\hat{L} - L_2) + \cdots + 2 p_n (\hat{L} - L_n) = 0$$

整理得

$$\hat{L} = \frac{p_1 L_1 + p_2 L_2 + \cdots + p_n L_n}{p_1 + p_2 + \cdots + p_n} \tag{3-40}$$

称为加权平均值。当各观测值精度相同时，上式变成

$$\hat{L} = \frac{[L]}{n} = \frac{L_1 + L_2 + \cdots + L_n}{n} \tag{3-41}$$

可见，一组等精度观测的最可靠值就是算术平均值。

【例 3-9】 等精度观测了三角形三个内角 β_1、β_2、β_3。试利用最小二乘原理对角度进行调整，求三个内角最优估值 $\hat{\beta}_1$、$\hat{\beta}_2$、$\hat{\beta}_3$。

解 设各角度的改正数为 v_1、v_2、v_3，则调整后的角度值应满足下列方程：

$$\hat{\beta}_1 + \hat{\beta}_2 + \hat{\beta}_3 - 180° = \beta_1 + v_1 + \beta_2 + v_2 + \beta_3 + v_3 - 180° = 0 \tag{3-42}$$

通常称式(3-41)为条件方程式。改正数的求解，应符合如下最小二乘原理，即

$$p_1 v_1^2 + p_2 v_2^2 + p_3 v_3^2 = \min$$

求解满足上述两条件的改正数，等于求解条件极值。设

$$\Phi = p_1 v_1^2 + p_2 v_2^2 + p_3 v_3^2 - 2k(\beta_1 + \beta_2 + \beta_3 + v_1 + v_2 + v_3)$$

对上式各改正数 v_i 求导，并令其为零，得

$$2 p_1 v_1 - 2k = 0$$
$$2 p_2 v_2 - 2k = 0$$
$$2 p_3 v_3 - 2k = 0$$

得

$$v_1 = \frac{k}{p_1}, \quad v_2 = \frac{k}{p_2}, \quad v_3 = \frac{k}{p_3}$$

代入式(3-42)，因为各观测值为等精度观测值，且令 $p_1 = p_2 = p_3 = 1$，则有

$$k = \frac{1}{3}(180° - \beta_1 - \beta_2 - \beta_3)$$

因而各观测值改正数为

$$v_1 = v_2 = v_3 = \frac{1}{3}(180° - \beta_1 - \beta_2 - \beta_3)$$

观测值与改正数相加,便可得每个观测值的最优估值$\hat{\beta}_i$,即

$$\hat{\beta}_i = \beta_i + v_i \quad (i = 1, 2, 3) \tag{3-43}$$

3.5　由最可靠值计算观测值中误差

对于单个观测量进行了 n 次观测,求其中误差的问题可以分为两种情形予以讨论,一种情形是观测量的真值为已知,得到的观测值中误差如式(3-8)。而另一种情形是观测量的真值为未知,这也是测量工作中常见到的情况。下面推导在观测量真值未知时中误差计算公式。

对某一量 x 进行了 n 次观测,观测值分别为 $x_1, x_2, \cdots, x_n$,且是等精度观测。由前面可知,观测量真值未知时,一组观测量的最可靠值为其算术平均值,即

$$\bar{x} = \frac{1}{n}[x] \tag{3-44}$$

而对应改正数为

$$v_i = \bar{x} - x_i \quad (i = 1, 2, \cdots, n) \tag{3-45}$$

设观测量的真值为 $\tilde{x}$,则有

$$\Delta_i = x_i - \tilde{x} \quad (i = 1, 2, \cdots, n) \tag{3-46}$$

上两式相加得

$$\Delta_i = -(v_i + \tilde{x} - \bar{x}) \quad (i = 1, 2, \cdots, n) \tag{3-47}$$

将上式取和并考虑到

$$[v] = n\bar{x} - [x] = n\frac{[x]}{n} - [x] = 0 \tag{3-48}$$

得

$$[\Delta] = n(\bar{x} - \tilde{x}) \tag{3-49}$$

$$\bar{x} - \tilde{x} = \frac{[\Delta]}{n} \tag{3-50}$$

对式(3-47)两边取平方,并取和得

$$[\Delta\Delta] = [vv] + n(\bar{x} - \tilde{x})^2 \tag{3-51}$$

由式(3-50)得

$$(\bar{x} - \tilde{x})^2 = \left(\frac{[\Delta]}{n}\right)^2 = \frac{1}{n^2}(\Delta_1^2 + \Delta_2^2 + \cdots + \Delta_n^2) +$$

$$\frac{2}{n^2}(\Delta_1\Delta_2 + \Delta_1\Delta_3 + \Delta_i\Delta_j + \cdots + \Delta_{n-1}\Delta_n) \tag{3-52}$$

因为相互独立的偶然误差的积仍然具有偶然误差的特性,因此有

$$\lim_{n \to \infty} \frac{1}{n}(\Delta_1\Delta_2 + \Delta_1\Delta_3 + \Delta_i\Delta_j + \cdots + \Delta_{n-1}\Delta_n) = 0 \tag{3-53}$$

因此式(3-52)等号右边第二项近似为零,式(3-52)可以写成

$$(\bar{x} - \tilde{x})^2 = \frac{[\Delta\Delta]}{n^2}$$

代入式(3-51)得

$$[\Delta\Delta] = [vv] + \frac{[\Delta\Delta]}{n}$$

因此

$$\frac{[\Delta\Delta]}{n} = \frac{[vv]}{n-1} \tag{3-54}$$

$$m = \pm\sqrt{\frac{[\Delta\Delta]}{n}} = \pm\sqrt{\frac{[vv]}{n-1}} \tag{3-55}$$

式(3-55)也称为白塞尔公式,用于计算在真值未知情况下,等精度观测量的中误差。

【例 3-10】 设用经纬仪等精度测量某个角度 6 测回,观测值列于表 3-1 中,试求观测值的中误差 m 及算术平均值的中误差 M。

表 3-1 观测值

编号	观测角	v	vv
1	62°18′29″	+1″	1
2	62°18′32″	−2″	4
3	62°18′25″	+5″	25
4	62°18′30″	0	0
5	62°18′33″	−3″	9
6	62°18′31″	−1″	1
	$\bar{\beta} = 62°18′30″$	$[v] = 0$	$[vv] = 40$

解 根据式(3-55)得观测值的中误差

$$m = \pm\sqrt{\frac{[vv]}{n-1}} = \pm\sqrt{\frac{40}{6-1}} = 2.8″$$

又 n 个测回角度算术平均值为

$$\bar{\beta} = \frac{\beta_1 + \beta_2 + \cdots + \beta_n}{n} = \frac{1}{n}\beta_1 + \frac{1}{n}\beta_2 + \cdots + \frac{1}{n}\beta_n$$

显然,$\dfrac{\partial \bar{\beta}}{\partial \beta_1} = \dfrac{\partial \bar{\beta}}{\partial \beta_2} = \cdots = \dfrac{\partial \bar{\beta}}{\partial \beta_n} = \dfrac{1}{n}$,根据误差传播公式(3-23),有

$$M = \pm\sqrt{\frac{1}{n^2}m^2 + \frac{1}{n^2}m^2 + \cdots + \frac{1}{n^2}m^2} = \pm\sqrt{\frac{1}{n^2} \cdot n \cdot m^2} = \pm\frac{m}{\sqrt{n}} \tag{3-56}$$

则观测值的算术平均值的中误差为

$$M = \frac{m}{\sqrt{n}} = \pm\sqrt{\frac{[vv]}{n(n-1)}} = \pm\sqrt{\frac{40}{6(6-1)}} = \pm1.2″$$

习　题

3-1　测量误差的来源有哪几个方面？测量误差一般是如何分类的？

3-2　尺长误差会导致测距误差，测距误差属于什么类型的误差？尺子的读数误差属于什么类型的误差？

3-3　如何定义偶然误差的精度？解释极限误差的含义，何时会用到极限误差？

3-4　什么是相对误差，其种类有哪些？对于角度测量，是否可以用相对误差进行精度的比较？

3-5　对某一距离，利用测距仪进行了多次测量。假设距离值真值为已知，其中一次测量的真误差为 $+5$ mm，另一次测量的真误差为 -1 mm，问这两次测量精度是否相同，为什么？

3-6　误差传播定律的含义是什么？对于观测值的一般函数，如何由相互独立观测值的中误差，计算函数的中误差？

3-7　对某段距离等精度测量了 10 次，测量值分别为100.123、100.125、100.120、100.121、100.127、100.124、100.125、100.124、100.126、100.122（单位为 m），此段距离的最优估值是多少？距离一次测量中误差是多少？最优估值的相对中误差是多少？（在此假设测量值只含有偶然误差）

3-8　假设观测值只含有偶然误差，则其算术平均值会随着观测值的增加而趋近于真值，为什么？

3-9　某仪器一测回测角中误差为 $6''$，则测量几个测回，才能使角度值中误差达到 $4''$。

3-10　有一函数 $h = D\tan\alpha$，其距离观测值为 $D = 100$ m ± 0.001 m，角度观测值为 $\alpha = 30° \pm 6''$，则函数值 h 的中误差是多少？

3-11　设正方形边长为 a，测量边长中误差为 m，分别求测量正方形到一条边和测量每条边对应的正方形周长中误差。

3-12　如图 3-3 所示的水准测量路线，为了求点 P 的高程，从 A、B、C 三个已知水准点出发分别测量了与点 P 间的高差。已知点 A 的高程为 $H_A = 120.232$ m，点 B 的高程为 $H_B = 121.331$ m，点 C 的高程为 $H_C = 137.328$ m，各水准路线长分别为 $s_1 = 3.1$ km，$s_2 = 2.8$ km，$s_3 = 5.2$ km，高差测量值分别为 $h_1 = 28.110$ m、$h_2 = 27.025$ m、$h_3 = 11.012$ m，问点 P 的高程是多少？

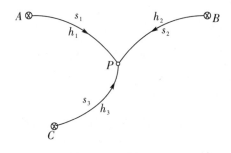

图 3-3　习题 3-12

3-13　地面上有一圆，利用测距仪对圆的半径进行了测量，测量值为 35.733 m，设测量误差忽略不计。将此圆描绘到1∶5 000 比例尺的地形图上，半径描绘误差为 ± 0.1 mm。为了求此圆的面积，对图上圆的半径进行了测量，测量误差为 ± 0.1 mm，求得图上的实地面积的精度是多少？（提示：$m_s = \sqrt{m_{s描}^2 + m_{s量}^2}$）

第4章

测量基本元素的采集技术

水准测量原理

4.1 几何水准测量

在测量当中，作为具有物理意义的量，地面点高程或两点间高差值常常需要单独测量，它是科学研究及工程建设中所必需的。这种高程或高差是以水准面为基准的，而水准面是不规则的。因此，大范围高精度测量地面点高程，显得较为复杂。如，沿不同水准路线测量两点间高差，其值会不同。因而基于不同基准面，水准测量引入了正高、正常高、力高等概念。我国高程系统采用的是正常高系统。高程或高差测量，主要采用水准测量和三角高程测量，近年也有利用 GPS 测量进行高程拟合。其中第 2 章介绍的几何水准测量法精度最高，也是其他高程测量方法的基础。我国已在全国建立了几万个各个等级的水准点，水准路线达几十万公里，作为测绘工作的基础，为国民经济建设做出了巨大贡献。

4.1.1 DS₃ 水准仪介绍

1. 水准仪

水准仪是提供水平视线的仪器，其类型有普通光学水准仪、自动安平水准仪、激光水准仪、电子水准仪等，它们的功能基本相同。从标称精度上看，水准仪分为 DS_{05}、DS_1、DS_3、DS_{10}、DS_{20} 几个等级。下标数字表示水准仪的标称精度值，表示每公里水准路线往返测平均值的中误差，单位为 mm。

如图 4-1 所示，DS_3 微倾式水准仪由望远镜、水准器和基座 3 部分组成。

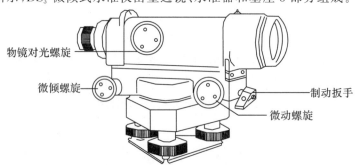

物镜对光螺旋
微倾螺旋
制动扳手
微动螺旋

图 4-1   DS₃ 微倾式水准仪

（1）望远镜

测量用望远镜通常都属于内调焦望远镜,其目的是为了避免长期野外作业过程中尘埃、水汽等进入望远镜及保持仪器本身的坚固性。如图 4-2 所示,望远镜主要由物镜、调焦透镜、物镜对光螺旋、十字丝分划板、目镜组成。

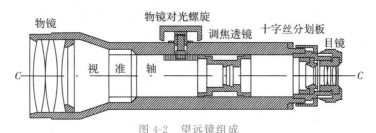

图 4-2　望远镜组成

望远镜成像原理如图 4-3 所示,利用调焦透镜,将远处目标 AB 成像于十字丝分划板上 ab,再由目镜将其放大至 a_1b_1。目标构象对眼睛形成的视角 β 与眼睛直接看目标形成的视角 α 之比,称为望远镜的放大倍数。物镜光心与十字丝分划板中心之间的连线 CC 称为视准轴。观测时,以十字丝分划板中心为准进行读数,且必须使视准轴水平,这一点由水准器来指示和判别。如果目标成像与十字丝分划板不重合,则眼睛上下移动时,目标读数会发生变化,进而产生读数误差,称为视差。观测时应认真调整物镜与目镜的焦距,进而消除视差。当观察望远镜时会看到一十字丝,分别称为横丝和竖丝。竖丝上有上下两根短横丝,称为视距丝,用于测量距离。水准观测时,应将中间的横丝对准水准尺读数。

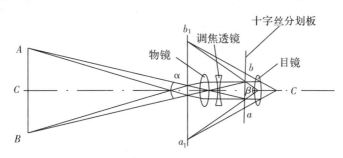

图 4-3　望远镜成像原理

（2）水准器

水准器是指示仪器各种轴系是否处于水平或垂直状态的一种装置。水准仪上一般有两个水准器,一个是管水准器,又称水准管;另一个是圆水准器。

①管水准器

管水准器内壁呈圆曲面状,玻璃管内部灌满酒精等液体,加热并封口后,冷却形成管状气泡,如图 4-4 所示。

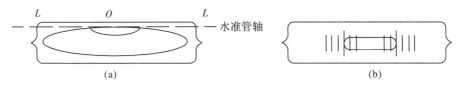

（a）　　　　　　　　　　　　（b）

图 4-4　管水准器

管水准器内圆弧中央称为零点,过零点作一内壁切线,称为水准管轴。当气泡居中时,水准管轴处于水平状态。距水准管中央两侧有以 2 mm 为间隔的分划线,其所对应的圆心角,称为水准器的分划值或格值 τ,如图 4-5 所示。

通常水准管的 τ 值为 $10''\sim 20''$,τ 越小,水准器越灵敏。在水准测量仪器中为了使水准器气泡居中精度提高,常采用如图 4-6 所示的符合水准器的构造,将两端对称气泡影像反射到一个窗口之中。当两边气泡半影像相切时[图 4-6(a)],表明水准气泡居中,此时视准轴应与水准管轴平行。当水准管气泡居中时,视准轴便处于水平状态。

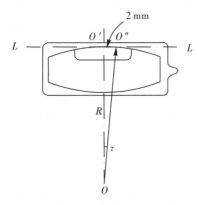

图 4-5　水准仪的分划值

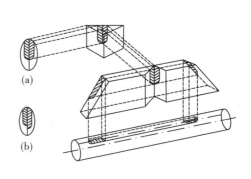

图 4-6　水准管与符合棱镜

②圆水准器

如图 4-7 所示,圆水准器中央称为零点,在零点作一内壁圆弧的法线,称为圆水准器轴 $L'L'$。当气泡居中时,表明圆水准器轴处于铅垂状态。圆水准器的分划值一般为 $4'\sim 15'$。

(3)基座

基座是连接望远镜与三脚架的部件,中央有一空心轴套,以便与三脚架相连,且有三个脚螺旋。调节三个脚螺旋,使圆水准器气泡居中。圆水准器轴应与水准管轴垂直,且与仪器旋转轴平行。

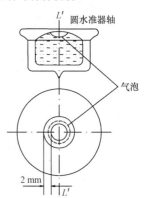

图 4-7　圆水准器

2. 水准尺和尺垫

水准测量用的水准尺有木质和铝合金材质两种。有些中间还夹有铟瓦钢尺。普通水准尺通常都可以伸缩,而高精度水准尺,如附有铟瓦钢尺的高精度水准尺,则不能伸缩,且附有一圆水准器,以指示尺子是否处于竖直状态。一般水准尺尺长为 3 m,正反两面都有刻画。有的正反面底部刻画相差一常数,可分别读取正反面读数,以校核测量过程中的读数及测量误差。普通水准尺的最小读数刻画为 1 cm 或 0.5 cm,读数应估读到 mm。

尺垫是用来在转点处放置水准尺的,以避免尺子移动和升降。

3. 水准仪的使用

使用普通光学水准仪可按下列步骤进行:

（1）安置水准仪

将水准仪安置在距前后水准尺距离大致相同的位置处,固紧三脚架和仪器。将水准仪紧固在地面上。

（2）粗略整平

利用三脚架和脚螺旋使圆水准器气泡居中,以粗略整平水准仪。首先使圆水准器处于两个脚螺旋的一侧,并同时反方向旋转两脚螺旋,使气泡左右居中,再调节另一个脚螺旋,使气泡前后居中。应重复进行调节,直至望远镜转至任何方向时,气泡均居中。值得注意的是气泡运动方向总是与左手大拇指运动方向一致。

（3）瞄准水准尺

利用制动扳手和微倾螺旋精确瞄准水准尺,并消除视差,且使十字丝与目标均清晰。

（4）精平及读数

读数前应调节微倾螺旋,使管水准器气泡精确居中,然后立即读数,读取横丝切准的水准尺读数并估读到 mm。当转动望远镜瞄准另一端水准尺时,若管水准器气泡偏离,应调节微倾螺旋,使气泡居中,再读数。

4. 自动安平水准仪

自动安平水准仪与普通水准仪一样,通过提供水平视线来测量两点间的高差。自动安平水准仪只需粗略整平仪器,便可由仪器自动获得相应于水平视线的读数,这可以大大缩短观测时间,进而提高观测精度,目前已在工程建设中得到普及。自动安平水准仪的安平部件是补偿器。补偿器按其位置形式可分为物镜前、物镜本身、十字丝本身、物镜与十字丝之间等;按其元件形式可分为吊丝式、簧片式、滚珠轴承式、液体式等。其中吊丝式补偿器精度高且稳定,应用较广。下面以吊丝式补偿器为例,叙述其工作原理。

（1）自动安平水准仪原理

如图 4-8(a)所示,在物镜和十字丝之间安置一补偿器,在视准轴处于微倾 α 角情形下[图 4-8(b)],水平视线经补偿器后,仍然到达十字丝交点 b,以提供水平视线读数,从而起到补偿的作用。补偿器的位置和水平视线的转角 β 应满足式(4-1)条件

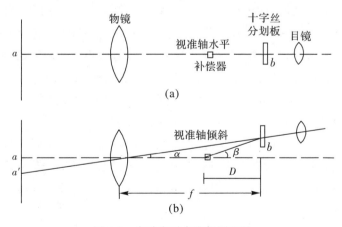

图 4-8　自动安平水准仪原理图

$$f\alpha = D\beta \qquad\qquad (4\text{-}1)$$

式中，D 为补偿器至十字丝分划板的距离，α 为视准轴倾斜角度，f 为物镜等效焦距，而 $\dfrac{f}{D} = n$ 为补偿器的补偿系数。

(2)补偿器补偿原理

如图 4-9(a)所示，补偿器由屋脊棱镜、两个直角棱镜、摆锤、阻尼器组成。直角棱镜与摆锤固连在一起，并由两对相互交叉的金属丝悬吊着，可自由转动。屋脊棱镜与仪器固连在一起。当仪器处于倾斜状态时，摆锤在重力作用下与直角棱镜同时旋转，旋转方向与望远镜倾斜方向相对，并由阻尼器使其迅速静止。当仪器处于水平状态时，视准轴水平，水平视线会通过十字丝交点，获取正确读数。如图 4-9(b)所示，视准轴倾斜角度为 α，屋脊棱镜亦旋转 α，而两个直角棱镜在重力作用下旋转 γ。可以选择合适的悬挂材料和重心位置，使 $\alpha = \gamma$。此时水平视线经过两次直角棱镜的反射后，其总的偏转角度将达到 $\beta = 4\alpha$，适当选择补偿器的位置可以使水平光线恰好通过十字丝，从而获得水平视线读数，达到补偿的目的。满足 $D = \dfrac{f}{4}$ 或补偿器安置在图 4-8(b)中距十字丝交点 b 的 $\dfrac{f}{4}$ 处，不同型号自动安平水准仪的结构与普通光学水准仪的结构相同，只是用补偿器代替了微倾精平装置。

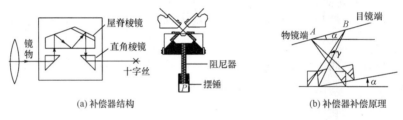

(a)补偿器结构   (b)补偿器补偿原理

图 4-9   补偿器补偿原理图

5. 数字水准仪

数字水准仪改变了传统光学仪器的读数方式，从主机本身来说，它把观测、记录、检查和平差计算合为一体；从所使用的水准尺来说，它采用了印制有摩尔条纹码尺的铟钢或玻璃钢尺[图 4-10(a)]，不仅使用方便，精度也很高，同时还兼有测距功能。它的工作原理如下：

望远镜接收到标尺上的条纹码影像后[图 4-10(b)]，探测器将采集到的标尺编码光信号转换成电信号，并与仪器内部存储的标尺编码信号进行比较，若两者信号相同，则水平视线的读数即可确定。由于标尺和仪器的距离时刻在变，条纹码在探测器内成像的"宽窄"也相应在变，转换成的电信号也应随之不同，这就需要内部处理器按一定的步距改变一次电信号的"宽窄"，实时地与仪器内部存储的信号进行对比，直到两者信号相同。为了缩短比较的时间，仪器中安置一传感器，通过调焦在使标尺成像清晰的过程中，由传感器获取调焦棱镜的移动量，并对编码电信号进行缩放，使其接近仪器内部存储的信号。这样就可以在较短的时间内确定水平视线读数。

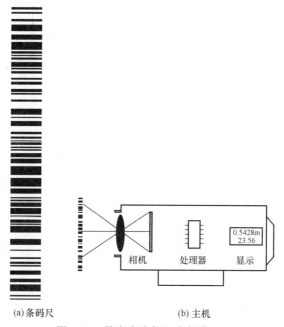

(a)条码尺　　　　　　　　　　(b)主机

图 4-10　数字水准仪组成部分

由于是采用图像转换匹配技术,不像光学仪器仅需要一条水平视线通视即可完成读数,数字水准仪需要一个有一定宽度的光束通视方可完成读数。概况说,数字水准仪读数过程如下:

获取图像 —— 图像数字化 —— 数据比对匹配 —— 数据化算 —— 结果显示

苏州一光 EL302A 数字水准仪(图 4-11)是目前国产自动化程度较高的数字水准仪。仪器望远镜放大倍数为 $30\times$,采用磁阻尼摆式补偿器安平视线,补偿范围为 $\pm14'$,安平精度为 $\pm0.5''$。1 km 往返测高差中数中误差为 ±0.7 mm,屏幕显示的最小中丝读数到 0.01 mm,测距范围为 $2\sim105$ m,最小显示视距为 0.001 m;128 MB 内存/2GB SD 卡,可存储测点数据无限制;6 V/1 800 mA 锂电池供电,可供连续测量。图 4-11(b)为其主界面构成。

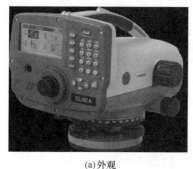

(a)外观

闸门
电源开 / 关键
显示屏幕
测量键
圆水准器测量值
目镜
无线位水平
微动幅度
水平度盘
物镜调焦螺旋
无限位水平微动螺旋
RS-232 接口

(b)主界面构成

图 4-11　苏州一光 EL302A 数字水准仪

水准测量的内业计算

4.1.2　水准测量数据的内外业处理方法

1.水准点与水准测量的路线

水准测量中,需从一个已知高程的点出发才能推求出其他点的高程。为了不同工程的建设,需要已知高程点作为起算控制点,它们应有统一的高程系统,都需要用水准测量的方法事先测定,我们把这些已知高程点称为水准点,简称 BM 点(Bench Mark),水准点按其精度和作用的不同,分为国家等级水准点和普通水准点,前者需要埋设规定形式的永久性标志,以利于国家建设的长期需要;而后者根据需要,可以做成永久性标志(如用于建筑物的沉降监测基准点),也可设定临时性的标志(如作为测区控制或施工的高程引测点)。

永久性国家 BM 点用钢筋混凝土或条石制成,埋深要大于冻土线,其顶部嵌入不锈钢或其他不易锈蚀且坚硬的材料制成的半球状标志,如图 4-12(a)所示,在城市矿区也可将金属标志埋设在稳定的建筑物墙角上,如图 4-12(b)所示。普通水准点如做永久性标志点,可用钢筋混凝土按图 4-12(c)所示制成,而临时性的水准点可以选用地面上坚硬凸出地物、砸入地面的顶端磨圆的钢筋或顶面有凸出铁钉的木桩[图 4-12(d)]等。

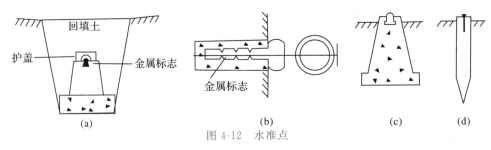

图 4-12　水准点

实践中,根据测区条件要初步拟定水准测量线路。如图 4-13 所示,当点 BM_A(水准点)与点 B 相距较远(超过限定的最长视线距离)、高差较大或遇障碍物视线受阻,不能安置一站仪器完成观测任务时,可采用分段、连续设站的方法施测。设点 BM_A 的已知高程为 H_A,欲测点 B 高程 H_B,可将仪器置于Ⅰ站,一尺立于点 BM_A 上,另一把尺沿点 B 前进方向,选一稳固的地面突出点作为高程传递的转点 TP_1(临时高程传递点)立尺。当仪器视线水平后,先读后视 a_1,再读前视 b_1,即可求得第一测段高差 $h_1 = a_1 - b_1$。同理将仪器搬至Ⅱ站,TP_1 的尺转过面后仍立在原地,点 BM_A 的尺移至转点 TP_2 上,读数 a_2、b_2,得高差 $h_2 = a_2 - b_2$。以此类推,直到终点 B 为止,得各测段高差。归纳上述观测过程以式(4-2)可表达为

$$\begin{cases} h_i = a_i - b_i & (i = 1, 2, \cdots, n) \\ h_{AB} = \sum h = \sum a - \sum b \\ H_B = H_A + h_{AB} \end{cases} \tag{4-2}$$

终点 B 的高程,也可通过沿线转点的高程按式(4-3)依次传递求出,即

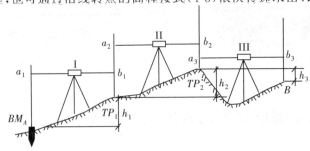

图 4-13　水准线路测量

$$\begin{cases} TP_1 \text{ 高程}: H_1 = H_A + h_1 \\ TP_2 \text{ 高程}: H_2 = H_1 + h_2 \\ \qquad\qquad \vdots \\ \text{点 } B \text{ 高程}: H_B = H_{n-1} + h_n \end{cases} \tag{4-3}$$

由此可见,水准路线测量就是利用一条水平视线,截取各测站前后视水准尺上的读数,并根据式(4-2)计算相邻两点间的高差,并将已知点高程通过高差传递到待测点上。

根据水准路线的特点,可以将其划分为三种基本形式:

(1)闭合水准路线

闭合水准路线是指水准路线由一已知点出发,经由待测点构成一个环状路线,如图 4-14(a)所示。

(2)附合水准路线

附合水准路线是指水准路线从一个已知点出发,附合到另一个已知水准点所形成的路线,如图 4-14(b)所示。

(3)支水准路线

支水准路线是从一个已知水准点出发测量至未知点,但并不与已知点附合或回到原点,如图 4-14(c)所示。为了发现粗差,支水准路线通常要往返测,且未知点不能过多。

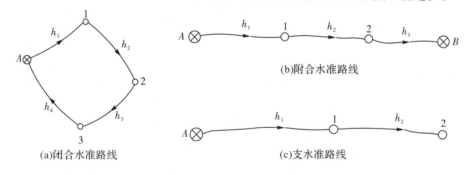

(a)闭合水准路线　(b)附合水准路线　(c)支水准路线

图 4-14　水准路线

测量当中为了避免粗差的出现,各观测值通常要测量两次以上。水准测量每测站也应观测两次,以便检核。

2. 一个测站上的水准测量检核方法

为了提高测量精度并检核观测成果,通常采用双仪高法或双面尺法。

(1)双仪高法

在前后水准尺中间位置安置水准仪,照准后视尺并读数,转动望远镜照准前视尺并读数。后视尺读数减去前视尺读数等于前后两水准点间高差。调整仪器高度,照准前视尺并读数,转动望远镜照准后视尺并读数,计算前后两水准点间高差。对于图根水准测量,两次测量高差的绝对值小于 5 mm 时,取两次高差平均值,作为一测站测量高差值。水准尺读数应估读到毫米。

(2)双面尺法

双面尺的黑面(正面)底部为零刻画,红面(反面)底部刻画为某一常数。双面尺法并不改变仪器高,而是分别测量黑面后前视尺中丝读数和红面前后视尺中丝读数。当黑面尺测得高差与红面尺测得高差之差的绝对值小于 5 mm 时，取两次高差平均值，作为一测站测量高差值。表 4-1 为双面尺法水准测量记录。

表 4-1   水准测量记录（双面尺法）

测站	点号	水准尺读数/m		高差/m	平均高差 $h_\text{平}$/m	改正后高差/m	高程/m
		后视	前视				
1	BM_A	0.134					13.428
		5.922					
	TP_1		0.676	−0.542	（+0.003）	−0.539	12.889
			6.464	−0.542	−0.542		
2	TP_1	1.444					
		6.229					
	TP_2		1.324	+0.120	（+0.003）	+0.121	13.010
			6.113	+0.116	+0.118		
3	TP_2	0.876					
		5.662					
	C		1.822	−0.946	（+0.003）	−0.943	12.067
			6.608	−0.946	−0.946		
4	C	1.820					
		6.607					
	BM_B		1.435	+0.385	（+0.003）	+0.387	12.454
			6.224	+0.383	+0.384		

注   平均高差栏括号内数字即为高差改正值，具体计算方法见水准测量成果计算部分。

$\sum 后 = 28.694$ m，$\sum 前 = 30.666$ m，$\frac{1}{2}\left(\sum 后 - \sum 前\right) = -0.986$ m，$\sum h_\text{平} = -0.986$ m，

$H_B - H_A = -0.974$ m，$f_h = -0.986 - (-0.974) = -0.012$ m $= -12$ mm

3. 水准测量成果计算

水准测量过程中可能会出现粗差，如果在测量过程中未能发现，则需要在观测结束后，通过计算来检核。另外，由于在测量过程中偶然误差不可避免，导致观测成果与理论值不符。如何合理地消除或分配这些偶然误差，使观测值尽可能趋向于最优估值，也要通过计算实现。

粗差的认定，应有一个标准限差，这种限差一般由测量规范规定，再通过理论计算及经验确定。不同等级的水准测量，有不同的限差要求。对于常用的普通水准测量或等外水准测量的闭合差限差要求为

$$f_{h容} = \pm 40\sqrt{L} \text{（mm）} \quad \text{（适合平地）} \tag{4-4}$$

或

$$f_{h容} = \pm 12\sqrt{n} \text{（mm）} \quad \text{（适合山地）} \tag{4-5}$$

式中，L 为水准路线长，以 km 计算；n 为测站数。

基本水准路线闭合差的计算公式分别为

（1）闭合水准路线

$$f_h = \sum h_{测} \tag{4-6}$$

（2）附合水准路线

$$f_h = \sum h_{测} - \sum h_{理} \tag{4-7}$$

（3）支水准路线

$$f_h = \sum h_{往} + \sum h_{返} \tag{4-8}$$

当 $|f_h| < |f_{h容}|$ 时，测量成果合格，否则应重新测量。当成果合格时，根据基于最小二乘法最优化理论，可将闭合差反号，与距离成正比分配，或与测站数成正比分配。每段高差改正数为

$$v_{h_i} = -\frac{n_i}{\sum n_i} f_h \tag{4-9}$$

或

$$v_{h_i} = -\frac{D_i}{\sum D_i} f_h \tag{4-10}$$

式中，n_i 和 D_i 表示每段高差测站数和距离。

改正后的各段高差为

$$\hat{h}_i = h_i + v_{h_i} \tag{4-11}$$

应利用改正后的高差，计算各点高程。表 4-2 为附合水准路线测量成果计算表。

表 4-2　　　　　　　　　附合水准路线测量成果计算表

点号	距离 D/km	测得高差 h/m	改正数/m	改正后高差/m	高程/m
BM_A					45.286
	1.6	+2.331	-0.008	+2.323	
1					47.609
	2.1	+2.813	-0.011	+2.802	
2					50.411
	1.7	-2.244	-0.008	-2.252	
3					48.159
	2.0	+1.430	-0.010	+1.420	
BM_B					49.579
$\sum$	7.4	+4.330	-0.037	+4.293	

注　$\sum h_{理} = H_B - H_A = 49.579 - 45.286 = 4.293$ m

　　$f_h = \sum h - (H_B - H_A) = +4.330 - 4.293 = +0.037$ m $= +37$ mm

　　$f_{h容} = \pm 40\sqrt{\sum D} = \pm 40\sqrt{7.4} = \pm 109$ mm

　　每千米的高差改正数 $= \dfrac{-f_h}{\text{路线总长度}} = \dfrac{-37}{7.4} = -5$ mm/km

4.1.3　水准测量误差分析

1. 水准仪需满足的几何条件

根据水准测量原理，在进行水准测量时，水准仪（图 4-15）必须提供一条水平视线，才能正确地测出两点间高差。为此，水准仪应满足下列几何条件：

（1）圆水准器轴 $L'L'$ 平行于竖轴 VV，即 $L'L' /\!/ VV$；

（2）十字丝横丝垂直于竖轴 VV；

（3）水准管轴 LL 平行于视准轴 CC，即 $LL /\!/ CC$。

其中第三个条件即水准管轴与视准轴平行为主条件，由于其关系不满足所产生的误差

称为 i 角误差,工程测量中要求 DS₃ 水准仪校正后的 i 小于 $20''$。

2.水准测量误差的来源及消除方法

(1)仪器误差

① 水准仪的视准轴 CC 不平行于水准管轴 LL 产生的误差

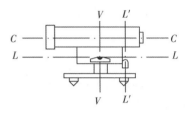

图 4-15　水准仪主要轴系

尽管水准仪进行了检验与校正,但仍然残留一些误差,导致观测时视线倾斜,这会产生读数误差,这种误差可通过使前后视距相等的方法来消除。

②水准尺的误差

水准尺的刻画误差、零点误差、弯曲、尺长发生变化等都会使水准测量的读数产生误差,因此水准尺应进行检验。对于水准尺的零点误差可以通过设立偶数个测站来消除。

(2)外界环境的影响

①地球曲率及大气折光的影响

理论上讲,视线应平行于水准面,因而实际上总是把读数读大了。而大气折光的影响使视线向下弯曲。两者可以相互抵消一部分,其对读数的综合影响如图 4-16 所示,其中视线弯曲半径约为地球半径的 7 倍。两者综合影响公式为

$$f=C-r=\frac{D^2}{2R}-\frac{D^2}{2\times 7R}=0.43\frac{D^2}{R} \tag{4-12}$$

式中,D 为仪器至水准尺的距离;C 为用水平面代替水准面对读数产生的影响;r 为大气折光对读数的影响;R 为地球曲率半径;f 称为球气差。

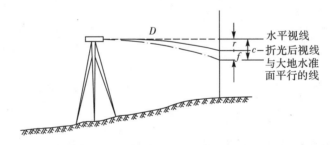

图 4-16　地球曲率及大气折光的影响

地球曲率及大气折光的影响可以通过使前后视距大致相等的方法来消除或减弱。在观测时,应使视线不要过于接近地面,至少要高出地面 0.5 m。

②阳光照射的影响

当太阳光线强烈,且直接照射仪器时,会使仪器水准管气泡产生偏移,影响测量精度,此时应采取遮阳措施。

③水准仪(尺)沉降的影响

水准仪沉降引起的读数误差与水准尺沉降引起的读数误差,可通过采用后—前—前—后的观测程序予以减弱。

3. 观测误差

观测误差的来源包括以下几方面。

（1）水准管气泡居中误差

水准管气泡居中误差会导致水准管轴倾斜，进而导致视准轴倾斜，引起读数误差。设水准管分划值为 $\tau = 20''/2\ \text{mm}$，视线长为 100 m，气泡偏离中心 0.2 格，则对视距尺读数的影响中误差为

$$m_{\tau} = \pm \frac{0.2 \times 20''}{206\ 265''} \times 100 \times 10^3 = \pm 2\ \text{mm} \tag{4-13}$$

采用符合水准管系统，精度会增加 1 倍，则中误差为 ± 1 mm。

（2）照准误差

一般人眼的分辨能力为 $60''$。望远镜的放大倍数为 v，则使用望远镜时，产生的照准误差为 $60''/v$。设望远镜的放大倍数为 $v = 24$，视线长度为 100 m，则照准误差为

$$m_v = \pm \frac{60''}{24} \frac{100 \times 10^3}{206\ 265''} = \pm 1.2\ \text{mm} \tag{4-14}$$

（3）水准尺读数误差

水准尺读数的估读误差与水准尺的分划值、望远镜的放大倍数和视距大小有关。因为普通水准尺的基本分划值的单位为 cm，因此只能估读到 1 mm。如果视距过远，会使望远镜内视距丝宽超过水准尺基本分划值的 $\frac{1}{10}$，即超过 1 mm。如果望远镜的放大倍数大，则估读误差会小一些。一般认为，在 100 m 的视距内，估读误差 $m_{\text{估}} \approx \pm 1.4$ mm。

（4）水准尺倾斜误差

水准尺的倾斜会使读数变大。如果水准尺读数为 l，水准尺倾斜角度为 ε，则对读数的影响为

$$\delta = l - l \cos \varepsilon$$

当水准尺读数为 2 m，水准尺倾斜角度为 3°时，对读数的影响为

$$\delta = (2 - 2\cos 3°) \times 10^3 = 2.7\ \text{mm}$$

读数越大、水准尺倾斜角度越大，读数误差越大。

（5）调焦误差

若在对前后视距尺读数前均调焦，会导致视准轴发生不同的变化，进而影响测量精度。

4. 水准测量精度分析

由前面的分析可知，水准测量一次观测中误差为

$$m_{\text{观}} = \pm \sqrt{m_{\tau}^2 + m_v^2 + m_{\text{估}}^2} = \pm \sqrt{1^2 + 1.2^2 + 1.4^2} = \pm 2.1\ \text{mm} \tag{4-15}$$

考虑到其他的误差，水准测量中一次观测或读数误差应增大一倍，则有 $m_{\text{观}} = \pm 4.2$ mm。

每一测站的高差观测值为

$$h_i = a_i - b_i \quad (i = 1, 2, \cdots, n)$$

因此每一测站高差观测中误差为

$$m_{\text{站}} = \pm \sqrt{m_{\text{观}}^2 + m_{\text{观}}^2} = \sqrt{2}\, m_{\text{观}} = \pm 6.0\ \text{mm} \tag{4-16}$$

某段观测设有 n 个测站，其高差为

$$h = h_1 + h_2 + \cdots + h_n \tag{4-17}$$

则每段高差观测中误差为

$$m_h = \sqrt{n}\, m_{站} \tag{4-18}$$

若一测站前后尺之间平均距离为 d，水准路线长度为 L，则 $n = \dfrac{L}{d}$，有

$$m_h = \sqrt{\frac{L}{d}}\, m_{站} \tag{4-19}$$

若设 d 为 100 m，那么对于 1 km 水准路线，高差中误差为

$$m_{公里} = \sqrt{\frac{1}{0.1}}\, m_{站} = \pm 20 \text{ mm} \tag{4-20}$$

则

$$m_h = m_{公里}\sqrt{L} = \pm 20\sqrt{L} \ (\text{mm}) \tag{4-21}$$

以两倍中误差作为限差，则有

$$f_{h容} = \pm 12\sqrt{n} \ (\text{mm}) \tag{4-22}$$

或

$$f_{h容} = \pm 40\sqrt{L} \ (\text{mm}) \tag{4-23}$$

应注意的是，在很多情况下，限差的推算应根据大量实验数据或观测数据确定更为符合实际，因为理论推算可能顾及不到实际当中出现的许多随机性及系统性的因素对观测结果的影响。

4.2　角度测量

角度测量原理
和测回法测角

4.2.1　角度测量的基本原理

角度测量包括测量水平角与竖直角。水平角指两个方向在水平面 P 上的投影形成的角度；竖直角指某一方向与此方向对应的水平方向线在竖直面内的夹角。如图 4-17 所示，可以设想有一仪器，它有水平度盘和竖直度盘，将水平度盘置于点 O，当望远镜瞄准点 A 时读取读数 β_a，瞄准点 B 时读取读数 β_b。则 OA、OB 两个方向间的水平角度为 $\beta = \beta_b - \beta_a$，在竖直度盘上，视线与水平线的读数之差构成竖直角度 α。竖直角分为仰角和俯角，仰角为正，俯角为负。竖直角为 $0 \sim 90°$。

图 4-17　水平角测量原理

1. DJ$_6$ 光学经纬仪构造

经纬仪是测量水平角度与竖直角度的仪器，属于光学测量仪器。它是经典的测量仪器，现今仍在发挥着不可替代的作用。目前广泛使用的

是电子经纬仪和全站仪,它们的原理与构造都是基于光学经纬仪。

光学经纬仪按精度等级可分为 DJ_{07}、DJ_1、DJ_2、DJ_6、DJ_{15} 五个等级。其中下标表示一测回方向测量中误差数值,如 DJ_6 表示 $m_方 = \pm 6''$。

经纬仪的构造可分为照准部、水平度盘和基座三部分,图 4-18 所示为 DJ_6 光学经纬仪。

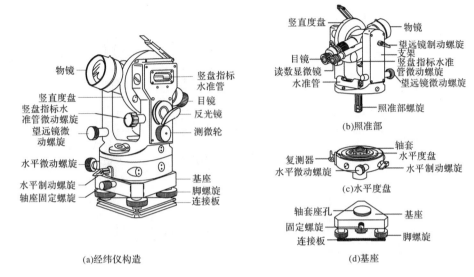

图 4-18 DJ_6 光学经纬仪

(1)照准部[图 4-18(b)]

照准部可绕竖轴旋转,同时望远镜可绕横轴旋转,支架上附有一竖直度盘和竖盘指标水准管。照准部旋转轴中心线称为竖轴,望远镜旋转轴中心线称为横轴。竖轴应垂直于横轴。望远镜制动螺旋和微动螺旋用于精确照准目标。照准部水准管和圆水准器,用于使仪器精确置平。经纬仪望远镜的结构与水准仪望远镜的结构相同。

(2)水平度盘[图 4-18(c)]

水平度盘及竖直度盘均由玻璃制成,在边缘刻有分划。水平度盘通常分顺时针刻画和逆时针刻画,刻画值一般为 $0 \sim 360°$。经纬仪每 $1°$ 或 $30'$ 含有一个刻画,称为格值。小于 $1°$ 或 $30'$ 的值由分微尺或光学测微器读取。每种经纬仪的竖直度盘刻画方式可能有些差异。为了配置水平度盘读数,经纬仪设置有复测器,当向上拨动复测器扳手时,照准部与水平度盘分离。当向下拨动复测器扳手时,复测器的弹簧片夹住复测盘,使照准部与水平度盘固定,此时转动照准部,水平度盘读数不会发生变化。有的经纬仪没有复测器,而是利用拨盘手轮配置水平度盘。当拨动拨盘手轮时,水平度盘读数会不断变化。

(3)基座[图 4-18(d)]

基座主要起到使照准部与三脚架连接的作用。

2. DJ_6 光学经纬仪的读数法

DJ_6 光学经纬仪有两种读数法,一种是分微尺读数法,另一种是单平板玻璃测微器读数法,如图 4-19 所示。

（1）分微尺读数法

分微尺读数窗口有上下两个分微尺，用以分别读取水平度盘和竖直度盘读数不足 1° 的值。分微尺有 60 个刻画，每个刻画代表 1′。分微尺长度与水平度盘一个刻画的成像长度相同，因此可以读取唯一的读数。不足 1′ 的部分由分微尺读取，可估读到 0.1′。如图 4-19（a）所示，水平度盘和竖直度盘的读数分别为 215°07.1′ 和 78°52.0′。

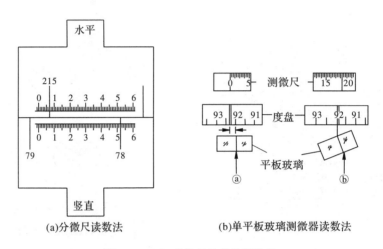

(a)分微尺读数法   (b)单平板玻璃测微器读数法

图 4-19　DJ₆光学经纬仪的读数法

（2）单平板玻璃测微器读数法

在单平板玻璃测微器读数窗口读数时，需先转动测微手轮，使双丝与某一度盘刻画平分，此刻画即为读数，不足 30′ 的分与秒由上面的测微尺窗口读取，如图 4-19（b）所示。其中最上面窗的测微尺由 30 个大格构成，每个大格 1′，逢 5 的倍数注记，一个大格分为 3 个小格，每小格 20″，故最小估读数为 20″。

测微器由平板玻璃、测微尺、测微手轮和传动装置等构成。转动测微手轮时，测微尺和平板玻璃同轴同时转动。由于光线的折射，此时会看到度盘读数会偏移一个量，这个偏移量与测微尺的偏移量是相同的。因此，两个读数相结合，会得到正确的读数。如图 4-20 所示，单平板玻璃测微读数窗口由 3 个小窗口构成，上面的是测微尺窗口，中间的是竖直度盘窗口，下面的是水平度盘窗口。图 4-20 中水平度盘和竖直度盘读数分别是 49°52′40″ 和 107°01′40″。

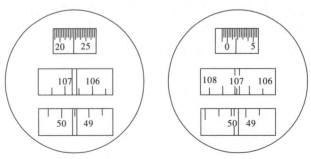

图 4-20　单平板玻璃测微器读数窗口

3. 经纬仪的竖直度盘读数系统

(1)竖直度盘读数系统的结构(图 4-21)

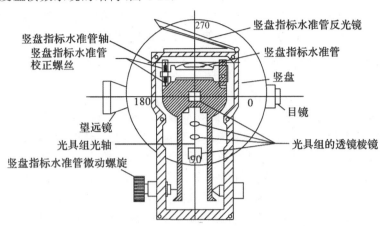

图 4-21　竖直度盘读数系统结构

竖盘指标与竖盘指标水准管是保证竖盘读数和位置的重要依据,它们随着竖盘指标水准管微动螺旋的转动而转动。竖直度盘与望远镜固连在一起,当望远镜瞄准时,竖直度盘读数会发生变化;当望远镜处于水平状态时,竖直度盘读数应是一个常数(90°或 270°)。读取望远镜瞄准任意方向时的读数,其与常数之差便是竖直角角度。读数前应调节竖盘指标水准管微动螺旋,使竖盘水准管气泡居中。

(2)竖盘指标自动归零补偿

许多光学经纬仪采用竖盘指标自动归零补偿,用以代替水准管结构。它可以简化操作,提高测量精度。

经纬仪竖盘指标自动归零补偿装置,采用 V 形或 X 形吊丝结构,在指标与竖盘之间悬吊一块平行玻璃板。当仪器竖直且望远镜水平时,玻璃板处于水平状态,指标读数为 90°。当仪器倾斜一个小角度 α 时,假设望远镜水平,没有平行玻璃板时,读数窗口竖盘指标会偏离 90°;有平行玻璃板时,平行玻璃板在重力的作用下,旋转一个角度 β,只要平行玻璃板和吊丝的尺寸、结构及位置设计合理,竖盘指标会通过旋转后的平行玻璃板产生一段平移,使读数仍为 90°。

为了避免补偿器和吊丝在仪器的搬动过程中受到震动和撞击而损坏,仪器设有专门的锁紧装置——自动归零旋钮。使用仪器时松开旋钮,听到补偿器的叮当声,表明仪器正常;无声音时表明仪器有故障。仪器不使用时,应锁紧自动归零旋钮。

补偿器的工作范围是 $\pm 2'$,DJ$_6$ 光学经纬仪的补偿精度可以达到 $\pm 2.0''$。

4. 电子经纬仪的读数系统

电子经纬仪的构造与普通光学经纬仪基本相同,不同的只是它们的自动读数与记录系统。电子经纬仪自动读数系统有编码度盘系统、光栅度盘系统及动态测角系统三种。其中编码度盘系统、光栅度盘系统介绍见 5.1 节,下面简要介绍动态测角系统。

动态测角系统度盘是由明暗条纹组成的玻璃度盘,如图 4-22(a)所示,明暗条纹宽度均相同,且一对明暗条纹构成一个分划,共有 1 024 个分划。玻璃度盘内外各有两对光栏,每对光栅中,外面光栅 L_S 固定,里面光栅 L_R 可随照准部一起转动,图中另一对 L_S、L_R 未画出。光栅上侧为发光二极管,发射红外光,下侧为光电二极管。当测角时,随着度盘的转动,光栅中间处于明条纹时,红外光可透过度盘,被光电二极管接收。而光栅处于暗条纹时,红外光不能通过。光电二极管可将接收到的光信号转换成正弦电信号并整形成方波输出[图 4-22(b)]。L_R 与 L_S 之间的角度为

$$\varphi = n\varphi_0 + \Delta\varphi \tag{4-24}$$

式中,$n\varphi_0$ 为整周期数相位;$\Delta\varphi$ 为不足整周期数相位。

求电信号 $n\varphi_0$ 和 $\Delta\varphi$ 的过程,即为粗测和精测的过程,粗测与精测过程同时进行。为了进行粗测,在同一半径线上有两个标志——a 和 b。当度盘旋转时,从标记 a 通过 L_S 起计数,当标志 b 通过 L_R 时,计数器停止计数,便得到整周期个数 n。$\Delta\varphi$ 可由 L_R 和 L_S 产生的正弦波相位差求得,而相位差可由脉冲数求得。当 L_S 右侧的最近分划通过 L_S 时,开始记录通过的填充脉冲个数,当 L_R 右侧的最近分划通过 L_R 时,停止记录。通过记录的脉冲数,可求得 $\Delta\varphi$。度盘旋转一周,两对光栅各测得 1 024 个 $\Delta\varphi$,取平均值作为最终结果。粗测和精测数据会自动合成完整的读数并显示。

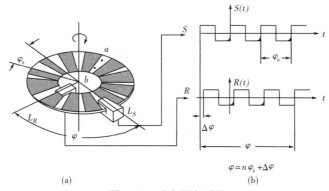

(a)　　　　　　　　　　　　　　(b)

图 4-22　动态测角系统

4.2.2　角度测量及内外业数据处理

1. 经纬仪的安置及操作

经纬仪的安置与操作步骤如下:

(1)对中

对中的目的是使仪器中心与地面点位于同一铅垂线上。可使用垂球,也可使用光学(或激光)对中器进行对中。使用垂球对中,误差不能超过 3 mm。使用光学(或激光)对中器对中,误差不应超过 1 mm。使用光学(或激光)对中器时,要调节物镜与目镜的焦距,使地面标志与对中器标志影像同时清晰。

(2)整平

整平的目的是使水平度盘水平,竖轴竖直。先利用三脚架初步整平,再利用三个脚螺旋,每次转动照准部 90°,使水准管平行或垂直于其中两个脚螺旋连线,并使管水准器气泡居中,当转动经纬仪,使照准部处于任意方向时气泡均居中,表示整平完成。

在松软的地面进行对中与整平将很困难,应在实践当中不断积累经验,以便加快安置仪器的速度。相对而言,使用垂球对中更加方便一些,尤其是在松软的地面。

（3）照准

照准前应调节目镜螺旋,使十字丝清晰。再调节望远镜焦距,使目标影像清晰,然后用竖丝精确照准目标,并消除视差。照准目标时,应尽可能瞄准目标下端。

（4）读数

可按前面介绍的方法进行水平度盘及竖直度盘读数。

2.水平角观测

为了消除仪器的一些误差,通常角度观测要采用盘左盘右的观测方式。盘左又称正镜,指竖直度盘在观测者左侧位置;盘右又称倒镜,指竖直度盘在观测者右侧位置。角度观测常采用测回法和方向法两种形式,测回法适用于观测只有两个方向的角度测量,而方向法适用于观测含有两个以上方向的角度测量。

（1）测回法

测回法测角原理如图 4-23 所示。需要测量角度 $\beta = \angle AOB$,观测程序如下:

①盘左位置

a.安置经纬仪于点 O,并对中、整平;

b.盘左（正镜）瞄准起始方向 A,并精确瞄准点 A,得读数

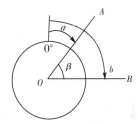

图 4-23　测回法测角原理

$a_左$,应调节照准部制动螺旋和微动螺旋精确照准目标;

c.顺时针转动望远镜至方向 B,并精确瞄准点 B,得读数 $b_左$,则有

$$\beta_左 = b_左 - a_左$$

上述过程称为上半测回。

②盘右位置

a.倒转望远镜,变换成盘右位置（倒镜）,逆时针转至点 B,并精确瞄准,得读数 $b_右$;

b.逆时针旋转望远镜至方向 A,并精确瞄准,得读数 $a_右$,则有

$$\beta_右 = b_右 - a_右$$

上述过程称为下半测回。

通过盘左、盘右观测,可以抵消许多仪器误差。对于 DJ₆ 光学经纬仪,上下半测回所测角度之差,应满足限差 $|\beta_左 - \beta_右| < 40''$ 的要求。当限差得到满足时,取上下半测回角度平均值,作为一测回角度测量结果为

$$\beta = \frac{1}{2}(\beta_左 + \beta_右) \tag{4-25}$$

测回法水平角观测记录见表 4-3。

表 4-3　水平角观测记录（测回法）

日期：　　　　　　　　天气：　　　　　　　　仪器号：

观测者：　　　　　　　　　　　　　　　　　记录者：

测站	测站	竖盘位置	水平度盘读数 (°) (′) (″)	半测回角值 (°) (′) (″)	一测回角度 (°) (′) (″)	备注
B	C	左	4　20　30	125　14　15	125　14　30	
	A		129　34　45			
	C	右	184　20　45	125　14　45		
	A		309　35　30			

盘左、盘右观测合称为一测回。当需要观测多测回时,为了减少度盘刻画误差,不同测回起始方向读数应不同,即要配置度盘。各测回起始方向读数应为 $180°/n$,其中 n 为测回数。配置度盘要用复测器或拨盘手轮,方法如前所述。

（2）方向法

方向法的观测原理与测回法基本相同。如图 4-24 所示,需要观测 A、B、C、D 四个方向,观测程序如下:

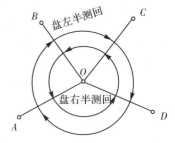

图 4-24　方向法测角原理

①上半测回

盘左顺时针依次观测 A、B、C、D、A 方向值,并记录。

半测回观测中,两次照准起始方向并读取度盘读数,称为归零,其读数差称为半测回归零差。

②下半测回

盘右逆时针依次观测 A、D、C、B、A 方向值,并记录。

方向法观测需要考虑三个限差。

a. 归零差

归零差为上下半测回起始方向值之差,DJ₆ 光学经纬仪的归零差限差为 $18''$。

b. 两倍照准差 2C

两倍照准差 2C 的计算公式为

$$2C = 盘左读数 - (盘右读数 \pm 180°) \tag{4-26}$$

对于 DJ₂ 光学经纬仪,一测回各方向 2C 互差限差为 $18''$。对于 DJ₆ 光学经纬仪,不做此项要求,仅供参考。

c. 测回差

将一测回中各方向读数平均值减去起始方向平均值,即为各方向的归零方向值。各测回同一方向归零方向值之差,称为测回差。对于 DJ₆ 光学经纬仪,测回差不应超过 $24''$。方向法观测手簿见表 4-4。

表 4-4　方向法观测手簿

测站	测回数	目标	读数 盘左 (°) (′) (″)	读数 盘右 (°) (′) (″)	2C＝左－(右±180°) (′)(″)	平均读数＝$\frac{1}{2}$[左＋(右±180°)] (°) (′) (″)	归零方向值 (°) (′) (″)	各测回归零方向值的平均值 (°) (′) (″)	略图及角度
O	1	A	0 02 12	180 02 00	＋12	(0 02 10) 0 02 06	0 00 00	0 00 00	
		B	37 44 15	217 44 05	＋10	37 44 10	37 42 00	37 42 04	
		C	110 29 04	290 28 52	＋12	110 28 58	110 26 48	110 26 52	
		D	150 14 51	330 14 43	＋ 8	150 14 47	150 12 37	150 12 33	
		A	0 02 18	180 02 08	＋10	0 02 13			
	2	A	90 03 30	270 03 22	＋ 8	(90 03 24) 90 03 26	0 00 00		
		B	127 45 34	307 45 28	＋ 6	127 45 31	37 42 07		
		C	200 30 24	20 30 18	＋ 6	200 30 21	110 26 57		
		D	240 15 57	60 15 49	＋ 8	240 15 53	150 12 29		
		A	90 03 25	270 03 18	＋ 7	90 03 22			

略图及角度：$37°42'04''$　$72°44'48''$　$39°45'41''$　B、C、A、O、D

3. 竖直角度观测

(1)竖直角度计算公式

经纬仪竖直度盘有顺时针注记和逆时针注记两种形式。望远镜处于水平状态时,竖直度盘读数为一常数。因此,只需读取照准某一目标时的竖直度盘读数,就可以计算出竖直角度。不论是顺时针刻画,还是逆时针刻画,当望远镜目镜端抬起时,若读数增加,则竖直角度计算公式为

$$竖角＝竖直度盘读数－常数$$

否则应是

$$竖角＝常数－竖直度盘读数$$

应同时利用盘左、盘右进行观测,观测时应用横丝切准目标。如图 4-25 所示,以逆时针刻画的竖直度盘为例,图 4-25(a)为盘左观测,图 4-25(b)为盘右观测,竖直角度计算公式为

$$\alpha_{左}=L-90° \tag{4-27}$$

$$\alpha_{右}=270°-R \tag{4-28}$$

对于顺时针刻画的度盘,竖直角度计算公式为

$$\alpha_{左}=90°-L \tag{4-29}$$

$$\alpha_{右}=R-270° \tag{4-30}$$

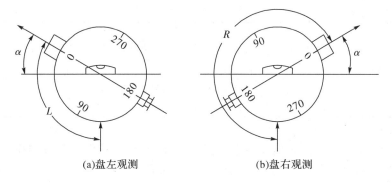

(a)盘左观测　　　　　　　(b)盘右观测

图 4-25　逆时针刻画的竖直度盘

(2)竖盘指标差

由于仪器总会存在某些误差,所以当视线水平、竖盘符合气泡居中时,竖盘指标并不会严格指向正确的位置,这将产生读数误差,称为竖盘指标差。设指标差 x 使读数增大取正号,反之取负号,如图 4-26 所示,竖盘逆时针刻画。读数增加一个 x,(指标偏右为正),即望远镜水平时,读数为 $90°+x$ 和 $270°-x$,设正确角度为 α,则盘左与盘右竖角观测值为

$$\alpha_{左}=L-90°=\alpha+x \tag{4-31}$$

$$\alpha_{右}=270°-R=\alpha-x \tag{4-32}$$

$$\alpha_{平}=\frac{1}{2}(\alpha_{左}+\alpha_{右}) \tag{4-33}$$

可知,当取盘左、盘右观测平均值时,可以抵消指标差的影响。竖盘指标差(逆时针刻画时)的计算公式为

$$x=\frac{1}{2}(\alpha_{左}-\alpha_{右})=\frac{1}{2}(L+R-360°) \tag{4-34}$$

关于竖盘指标差,对于不同刻画的度盘,计算公式将有所不同。

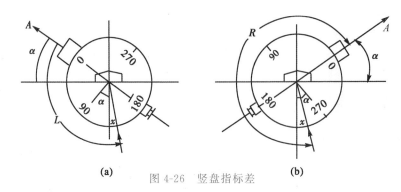

图 4-26　竖盘指标差

(3)竖直角度观测方法

竖直角度观测方法有中丝法和三丝法两种。

①中丝法

中丝法利用中丝观测并读取读数。在测站安置经纬仪,进行对中及整平。利用望远镜制动螺旋与微动螺旋精确照准目标,应用横丝切准目标,调节竖盘指标水准管微动螺旋,使竖盘指标水准管气泡居中,然后读取竖盘读数并记录。观测应盘左、盘右进行,并取盘左、盘右观测角度平均值作为最终结果。表 4-5 为中丝法竖直角度观测手簿。

表 4-5　　　　　　　　　　　　中丝法竖直角度观测手簿

测站	目标	竖盘位置	竖盘读数	竖直角度		指标差
				半测回值	一测回值	
			(°) (′) (″)	(°) (′) (″)	(°) (′) (″)	
O	A	左	95 50 30	5 50 30	5 50 38	−7.5″
		右	264 09 15	5 50 45		

②三丝法

三丝法利用上、中、下三丝依次照准目标并读数,它可以减少度盘分划误差的影响。由于上下丝与中丝间夹视角约为 $17'$,因此可取三次观测竖直角度的平均值作为最终结果,以减弱竖盘分划误差的影响。

4.2.3　角度测量的误差分析

1. 经纬仪应满足的几何条件

为使经纬仪的测量精度得到保证,经纬仪的轴系结构必须满足设计要求,这些要求包括:

①经纬仪的竖轴必须竖直;

②水平度盘必须水平且中心位于竖轴上;

③望远镜上下旋转时,其视准轴形成的面必须是一竖直平面,如图 4-27 所示。

因此,经纬仪轴系必须满足下列几何条件:

①照准部水准管轴垂直于竖轴,即 $LL \perp VV$;

②视准轴垂直于横轴,即 $CC \perp HH$;

③横轴垂直于竖轴,即 $HH \perp VV$。

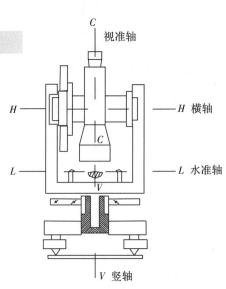

图 4-27　经纬仪结构

此外,为了观测方便,还要求十字丝竖丝垂直于横轴,及竖盘指标差在限差范围之内。在观测之前,应检验经纬仪的上述指标,当超限时应进行校正。

2. 角度观测的误差来源及分析

(1)仪器误差

仪器误差属于仪器本身固有的误差,这种误差是指与理论结构之间的差异,由制造误差与使用过程中的损伤等引起。其中一些误差可用盘左、盘右观测方法抵消。有些则不能,因此,必须对仪器进行校正。这些仪器误差主要包括:

①水平度盘偏心误差

水平度盘偏心误差指度盘分划中心与仪器旋转轴不一致引起的误差。如图 4-28 所示,点 O 为照准部旋转中心,点 O' 为水平度盘的中心。两者重合时水平度盘的正确读数为 M,实际读数是 M',正确读数比实际读数大 δ。在图中作 $OC \perp O'M$,则有

$$\delta = \frac{MM'}{R}$$

且

$$MM' = OC = OO'\sin\angle CO'O = e\sin\angle CO'O$$

因此

$$\delta = \frac{e}{R}\sin\angle CO'O = \frac{e}{R}\sin(M+\theta) \tag{4-35}$$

式中,M 为读数;e 为偏心距;R 为水平度盘分划的半径。

由于 $\sin(M+\theta) = -\sin(180° + M + \theta)$,因此,在与水平度盘读数相差 $180°$ 处的两读数误差 δ,其绝对值相等而符号相反。因此,盘左、盘右观测时的径向分划读数取平均值,就可以消除水平度盘偏心误差对水平度盘读数的影响。

②视准轴误差

视准轴误差指仪器视准轴不与横轴垂直而产生的误差。其原因有十字丝分划板安置有误差、仪器本身的热胀冷缩不均匀引起的仪器视准轴位置变化等。如图 4-29 所示,当视准轴垂直于横轴时,照准目标方向为 OA,当视准轴不垂直于横轴时,照准目标方向为 OA',两者相差角度 c,即视准轴误差。设点 A 与点 A' 同高,其在水平面上的投影分别为点 a 与点 a',则角度 $\angle aOa' = x_c$ 为视准轴不垂直于横轴所引起的读数误差。由图 4-29 可知

$$\sin x_c = \frac{aa'}{Oa'} = \frac{AA'}{Oa'} = \frac{OA'\sin c}{OA'\cos\alpha} = \frac{\sin c}{\cos\alpha}$$

1,2]由于 c 和 x_c 均为小角度,因此有

$$x_c = \frac{c}{\cos\alpha} \tag{4-36}$$

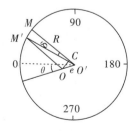

图 4-28　水平度盘偏心误差

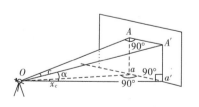

图 4-29　视准轴误差

由于盘左、盘右观测时,视准轴会向两侧对称偏离角度 C。因此,取盘左、盘右观测的平均值,就可以消除视准轴误差。由于观测中存在各种误差,使得一测回中各方向观测计算的 $2C$ 并不相同,它们的互差可以反映观测的质量。通常对观测过程中的 $2C$ 互差提出限差要求,而 $2C$ 本身过大时,应对仪器进行校正。

③横轴倾斜误差

横轴倾斜误差指经纬仪横轴与竖轴不垂直引起的误差。如图 4-30 所示,假设仪器处于竖直状态。仪器水平横轴 H_1H_1 与倾斜横轴 A_1A_1 相差一个角度 i,即横轴倾斜误差。两轴相垂直时仪器照准方向为 OH,两轴不垂直时仪器照准方向为 OA,HA 在水平面上的投影为 ha。$\angle hOa = x_i$,即横轴倾斜引起的水平角度读数误差。由图 4-30 可知

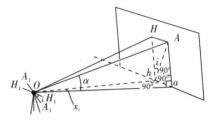

图 4-30　横轴倾斜误差

$$\sin x_i = \frac{ha}{Oa} = \frac{Aa \cdot \tan i}{Aa/\tan \alpha} = \tan i \cdot \tan \alpha$$

由于 x_i 与 i 均是小角度,因此有

$$x_i = i \cdot \tan \alpha \tag{4-37}$$

由以上分析可知,目标越高对水平方向读数的影响就越大。同理,此项误差可以通过盘左、盘右观测的方式消除。横轴倾斜误差是由于仪器支架两端不等高,或横轴两端轴径不相等所引起的。

④竖轴倾斜误差

若仪器未严格整平,将使竖轴产生倾斜,称为竖轴倾斜误差。此项误差是由于仪器竖轴不垂直于水准管轴或水准管轴未完全整平引起的。此项误差不能通过盘左、盘右观测的方式消除。因此,观测前应严格整平仪器,并对仪器进行检验和校正。竖轴倾斜误差的影响与竖直角度大小成正比,且照准方向不同,其影响也不同。

(2)观测及操作误差

①仪器对中误差

当仪器未严格对中时产生的误差,称为仪器对中误差,又称测站偏心差。如图 4-31 所示,点 O 为测站中心,点 O' 为实际仪器的中心,$OO' = e$ 为偏心距。由图可知,仪器对中误差对水平角度观测值的影响为 $\beta - \beta'$。

$$\beta = \varepsilon_1 + \varepsilon_2 + \beta'$$

$$\varepsilon_1 = \rho \frac{e}{D_1} \sin \theta$$

$$\varepsilon_2 = \rho \frac{e}{D_2} \sin(\beta' - \theta)$$

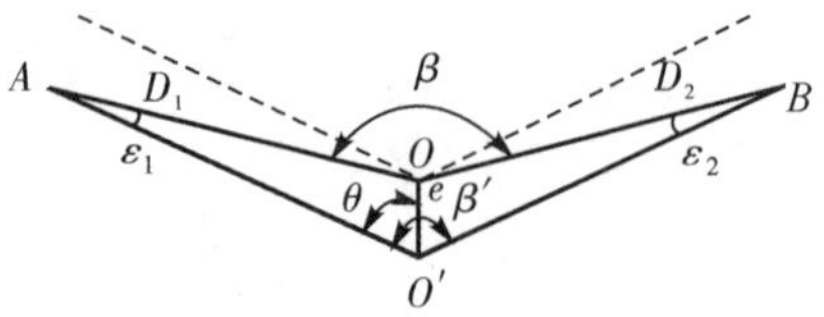

因此总的影响为

$$\varepsilon_1 + \varepsilon_2 = \rho \frac{e}{D_1} \sin \theta + \rho \frac{e}{D_2} \sin(\beta' - \theta) \tag{4-38}$$

图 4-31　仪器对中误差

由式(4-38)可知,仪器对中误差对水平角度的影响与偏心距 e 成正比,与边长 $D_i(i=1,2)$ 成反比。

②目标偏心误差

目标偏心误差指照准目标标志偏离实际地面点位引起的误差。如图 4-32 所示,仪器实际照准点为 A',实际标志为点 A。目标偏心误差对水平角度观测读数的影响为

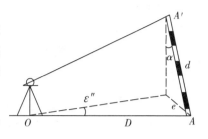

图 4-32　目标偏心误差

$$\varepsilon'' = \frac{e}{D}\rho'' = \frac{d\sin\alpha}{D}\rho'' \qquad (4\text{-}39)$$

由式(4-39)可知,目标偏心误差对水平角度观测读数的影响与偏心距 e 成正比,与边长 D 成反比。

水平角度观测时应尽量瞄准目标的底部。高精度观测时,应用垂球或对中杆对点,并将垂球线作为瞄准目标。

③照准误差

照准误差与望远镜放大倍数、目标的形状、人眼的判别能力、目标影像的亮度及清晰度等有关。照准误差大小的确定,可参考水准测量中的相关分析。

④读数误差

读数误差主要与仪器读数装置有关。可以将读数误差确定为估读误差。估读误差一般为最小分划值 t 的 $\frac{1}{10}$,即

$$m_{估} = \pm 0.1t$$

(3)外界条件的影响

外界环境中的空气密度、大气透明度、地面的坚固程度等,都会对测角产生影响。我们应采取措施,尽量减少其影响,如选择有利的观测时间,观测视线应尽可能规避邻近建筑物及水面等。

3.水平角观测的精度分析

对于 DJ$_6$ 光学经纬仪而言,其一方向一测回观测中误差为 $\pm 6''$,以此为出发点,可以分析其他计算量值的精度。

(1)同一方向各测回中误差

由于一测回方向观测中误差为 $\pm 6''$,因此同一方向测回中误差为

$$m_{方较} = \pm 6''\sqrt{2} \qquad (4\text{-}40)$$

取 2 倍或 3 倍中误差作为限差,则有

$$m_{方较容} = \pm 6''\sqrt{2} \times 2 = \pm 16.97'' \qquad (4\text{-}41)$$

$$m_{方较容} = \pm 6''\sqrt{2} \times 3 = \pm 25.5'' \qquad (4\text{-}42)$$

对于 DJ$_6$ 光学经纬仪,同一方向各测回较差不得超过 $\pm 24''$。

(2)半测回角度中误差

一测回方向测量中误差为 $\pm 6''$,则半测回方向测量中误差为

$$m_{半方} = \pm 6''\sqrt{2} \qquad (4\text{-}43)$$

半测回角度测量中误差,或两个半测回方向值较差的中误差为

$$m_{半方较} = \pm 6''\sqrt{2} \times \sqrt{2} = \pm 12'' \qquad (4\text{-}44)$$

两个半测回角度较差的中误差为

$$m_{半角较} = \pm 6'' \sqrt{2} \times 2 = \pm 16.97'' \tag{4-45}$$

取两倍或三倍中误差作为限差，两个半测回角度较差的容许值为

$$m_{半角较容} = \pm 12'' \sqrt{2} \times 2 = \pm 33.9'' \tag{4-46}$$

$$m_{半角较容} = \pm 12'' \sqrt{2} \times 3 = \pm 50.9'' \tag{4-47}$$

取 $\pm 40''$ 作为两个半测回角度较差的容许值。

4.3 距离测量

在距离测量当中需要测定的是两点间沿水准面或大地水准面上的投影长度，因而实际上应测量水平距离。测量距离通常是为了计算地面点位坐标，也是测量的三个基本元素之一，因此，应将测得的斜距换算成水平距离。目前距离测量大多采用电磁波测距的方法，根据具体情形及精度要求也可采用钢尺量距及视距测量的方法。

过去由于测距工具的限制，往往难以高精度、大范围地直接测定两点间距离，因而大规模距离测量很少应用，只是通过测量少量距离并结合角度传递来间接计算其他所需的距离。如今由于电磁波测距的普及与 GPS 技术的广泛应用，距离测量操作越来越方便，且精度越来越高。

4.3.1 钢尺量距

1. 普通钢尺量距方法

普通钢尺量距的工具有钢尺、测钎、花杆、弹簧秤和温度计。普通钢尺的量距精度可达 1/10 000，钢瓦尺的量距精度可达 1/1 000 000。

（1）直线定线

直线定线是指把许多点确定在一条直线上的工作，以满足分段距离测量精度要求。

可以用目估的方法，利用花杆在需要测距的两点连线地面点上做标志，标志间距应小于钢尺长度。具体做法是，在两地面标志点上安置花杆，离花杆一侧 1～2 m 处一人指挥两花杆间另一立花杆者，使三个花杆处于一条直线上，并在地面上做标记。依此类推，可以确定其他标志点。

（2）量距

平坦地面量距时，定线完成后，在平坦地区可以直接目估使尺子水平，沿标志量取整尺长距离 l 与不足整尺长距离 Δl，则两点间水平距离为 $D = nl + \Delta l$，其中 n 为整尺长度个数，如图 4-33 所示。距离应往返测量，其相对误差为

$$K = \frac{|D_往 - D_返|}{D} \tag{4-48}$$

一般要求 K 为 1/3 000～1/10 000，当满足限差要求后，取往返测距离平均值作为最终结果。

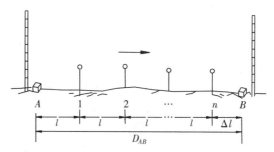

图 4-33　平坦地面量距方法

倾斜地面量距时,若倾斜度不大,可以直接目估使尺子水平,分段量取水平距离,并取和,如图 4-34 所示,读数可以取至 cm 或 mm。当地面坡度较大时,也可以直接测定两点间的斜距,并测定倾斜角度 α 或高差 h,然后将斜距改正成水平距离,如图 4-35 所示。

$$D = \sqrt{L^2 - h^2} = L + \Delta D_h \approx L - \frac{h^2}{2L} \qquad (4\text{-}49)$$

或

$$D = L\cos\alpha \qquad (4\text{-}50)$$

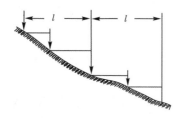

图 4-34　倾斜地面量距方法

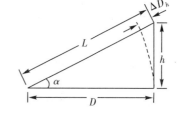

图 4-35　倾斜改正

2. 精密钢尺量距方法

距离测量精度要求达到 mm 级时,应采用精密钢尺量距方法。此时应用经纬仪进行定线,定线点用木桩做标记。利用水准仪测量木桩间高差,作为改正斜距之用。测量时应用检定过的钢尺,且用检定时的标准拉力,拉力可用弹簧秤控制。每段应测量三次,三次读数之差不应超过 2~5 mm,并记录温度。测量的距离应进行下列三项改正:

(1)尺长改正

钢尺尺长方程为

$$l_t = l_0 + \Delta l + \alpha l_0(t - t_0) \qquad (4\text{-}51)$$

式中,l_t 为钢尺在温度 t 时的实际长度;l_0 为钢尺名义长度;$\Delta l = l_t - l_0$ 为钢尺在检定温度时的尺长改正;α 为钢尺的膨胀系数,其值为 $(11.6 \sim 12.5) \times 10^{-6}$ mm/m·℃;t 为测量时的温度,t_0 为钢尺检定时的温度,称为标准温度,一般取 20 ℃。

若某段距离的测量值为 L,则尺长改正为

$$\Delta D_l = \frac{\Delta l}{l_0} L \qquad (4\text{-}52a)$$

（2）温度改正

$$\Delta D_t = \alpha(t - t_0)L \qquad\qquad (4\text{-}52b)$$

式中物理量意义同前。

（3）倾斜改正

$$\Delta D_h = D - L = -\frac{h^2}{2L} \qquad\qquad (4\text{-}52c)$$

式中，D 为欲求的水平距离，改正后所求水平距离为

$$D = L + \Delta D_l + \Delta D_t + \Delta D_h \qquad\qquad (4\text{-}52d)$$

每段距离相加则为整个距离。每段距离应往返测，当往返测距离之差小于限差时，取平均值作为最终结果。

3. 钢尺量距误差来源分析

影响钢尺量距精度的因素，主要有：

（1）定线误差

由于定线误差的影响，使所测距离变大。若定线误差为 ε，量距长度为 l，则对量距的最大影响为

$$\Delta\varepsilon = 2\left[\sqrt{\left(\frac{l}{2}\right)^2 - \varepsilon^2} - \frac{l}{2}\right] = -\frac{2\varepsilon^2}{l} \qquad\qquad (4\text{-}53)$$

若要求相对误差达到 1/30 000，对于 30 m 长的钢尺，定线误差不应超过 0.12 m。

（2）尺长误差

尺长误差属于系统误差，使量距误差不断累加。对于精密钢尺量距应加上此项改正。

（3）钢尺的倾斜误差

此项误差属于系统误差，使量距变大，它的情形与定线误差类似。若倾斜误差为 h，则倾斜改正为

$$\Delta l_h = -\frac{h^2}{2l} \qquad\qquad (4\text{-}54)$$

普通钢尺量距时，目估尺子水平时一般会产生 $50'$ 的倾斜误差，对 30 m 的量距会产生 3 mm 的误差。

（4）温度变化的影响

由式(4-52b)得知，温度变化 Δt 对尺长量距 L 的影响大小为 $\alpha L\Delta t$。当温度变化为 3 ℃ 时，引起的量距相对误差可以达到 1/30 000。对于一般钢尺量距可不加此项改正。

（5）拉力大小的影响

钢尺会随着施加拉力的增大而伸长。设钢尺的弹性模量为 $E = 2 \times 10^6$ kg/cm^2，钢尺截面积为 $A = 0.04$ cm^2，钢尺拉力误差为 Δp，按胡克定律，钢尺的伸长误差为

$$\Delta l_p = \frac{\Delta p l}{EA} \qquad\qquad (4\text{-}55)$$

尺长为 30 m，拉力误差为 3 kg 时，钢尺伸长误差为 1 mm。对于精密钢尺量距，应施加检定时的标准拉力。

（6）钢尺垂曲的误差

钢尺在自重的作用下会垂曲，使量距变长。此项误差属于系统误差。水平量距时的垂

曲误差改正公式为

$$\Delta l_f = -\frac{q^2 l^3}{24p} \qquad (4\text{-}56)$$

式中,q 为每米钢尺的重量;l 为钢尺长度;p 为量距时的拉力。

倾斜量距时的改正公式为

$$\Delta l_\delta = \Delta l_f \cos^2 \delta \qquad (4\text{-}57)$$

式中,δ 为所量边的倾角。

钢尺检定时,可采用拖地和悬空两种方式,求出两种尺长改正方程,这样就可不必加上此项改正。

(7)测量误差

测量误差包括量距时的钢尺对点误差、读数误差、测钎标志误差等,都属于偶然误差。

4.3.2 电磁波测距

电磁波测距具有精度高、测距远、劳动强度低等诸多优点。电磁波在空气中的传播速度与光速相同。因而,可以通过测量电磁波在待测距离上往返传播的时间来测量距离。电磁波测距原理如图 4-36 所示。

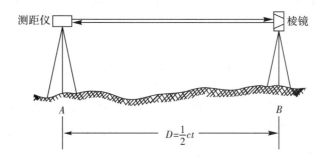

图 4-36 电磁波测距原理

根据所采用电磁波的波段不同,可将电磁波测距仪分为微波测距仪、激光测距仪、红外测距仪等。也可采用两种及两种以上电磁波段作为测距载波。其中微波测距仪和激光测距仪测程较远,通常用于大地测量,也可用于测量地球到卫星和月球的距离。按测量电磁波传播时间的方式可将电磁波测距仪分为脉冲式测距仪和相位式测距仪。脉冲式测距仪通过直接测定电磁脉冲往返传播时间来测量距离;而相位式测距仪则通过测量调制光在往返路径上的相位差来间接测量时间和距离。电磁波测距仪的精度指标可表示为

$$m_D = a + bD \qquad (4\text{-}58)$$

式中,a 为固定误差,单位为 mm;b 为比例误差,单位为 10^{-6};D 为所测距离,单位为 km。

测量当中常用的是红外测距仪,通常采用相位式测距方法,且测程较短(几千米),精度较高,便于携带。红外测距仪常用于地形测绘及各种工程测量和小范围控制测量等。下面主要讲述相位式红外测距仪的测距原理。

如图 4-37 所示,红外光在待测距离 AB 内往返所经历的相位移为

$$\varphi = N \times 2\pi + \Delta\varphi \qquad (4\text{-}59)$$

因为

$$\varphi = 2\pi f t$$

所以 AB 距离内红外光的传播时间为

$$t = \frac{\varphi}{2\pi f} = \frac{1}{2\pi f}(2N\pi + \Delta\varphi) \tag{4-60}$$

因此 AB 距离为

$$D = \frac{1}{2}ct = \frac{c}{2f}\left(N + \frac{\Delta\varphi}{2\pi}\right) = u(N + \Delta N) = Nu + \Delta D \tag{4-61}$$

式中,c 为电磁波在真空中的传播速度;u 称为一个测尺长度或光尺,为半波长,即 $\frac{\lambda}{2}$。

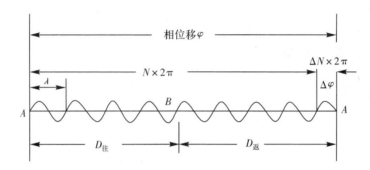

图 4-37 红外光测距

测相装置只能测出不是整数的尾数 $\Delta\varphi$,而不能测出整相位数 N。可以通过采用不同波长测尺相组合的方式测出整相位数 N。我们可以令测尺长度足够大,使得 $N=0$。这样便可以测量距离,但测量精度通常只能达到 1/1 000,即长测尺用于测量距离的前面几位数,而后几位精确值难以测定。可用短测尺测定距离的后几位精确值,长测尺 λ_1 与短测尺 λ_2 所测数值相组合,便构成完整而又精确的距离值。

(1)相位式红外测距仪的基本原理

在砷化镓(GaAs)发光二极管的正向施加强电流时,二极管发出红外光。当电流大小发生周期性变化时,光强也随之变化,形成调制光。调制光的周期与电流变化的周期相同。当电流强度超过一定阈值(100 A/mm²)时,将发射激光;低于此阈值时,发射红外光。

仪器内有石英晶体振荡器,产生四个频率,两个是主振频率,分别为 15 MHz 正弦信号(精主振)和 150 kHz 正弦信号(粗主振)。这两个信号作为测距信号发射,同时送入参考混频器,作为比相的标准。此外还有两个本机振荡频率,分别是频率为 15 MHz~6 kHz(粗本振)与 150 kHz~6 kHz 的正弦信号(精本振)。

主振、本振信号分别受电子开关 I 和 II 的控制,精主振、精本振信号和粗主振、粗本振信号同时输出。

主振信号放大发射,并对砷化镓发光二极管进行调制。调制光经光学系统后,发射出去,经反射棱镜反射后,回到物镜,并送入光电二极管,将光信号转换成电信号。此电信号频率与主振频率一致,但包含一个往返于待测距离的相位差。测距信号经过高频放大后,送入信号混频器。

为了提高测相精度,仪器设有参考混频器和信号混频器。混频器可以输出频率为两个输入信号频率之差的信号。

参考混频器将仪器内送入的主振信号频率(15 MHz)和本振信号频率(15 MHz～6 kHz)混频得到 6 kHz 的正弦参混信号,如图 4-38 所示,经放大整形后,变成参考信号方波 e_0。信号混频器将高频放大器送来的主振信号和本振信号混频,得到的是 6 kHz 的正弦信混信号,它包含了测距信号往返于待测距离的相位差,经放大整形后,变成测距信号方波 e_1。混频后,频率 6 kHz 为原频率 15 MHz 的 1/2 500,检相精度将提高 2 500 倍,由高频 15 MHz 混频后变为低频 6 kHz(周期相应扩大,表象时间得到放大)。参考信号方波和测距信号方波同时送入检相计,进行检相。相位计输入与输出信号形状如图 4-38 所示。

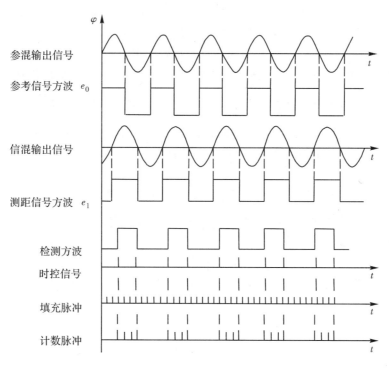

图 4-38　相位计输入与输出信号形状

(2)自动数字测相原理

相位式红外测距仪通常采用自动数字测相方法,原理如图 4-39 所示。

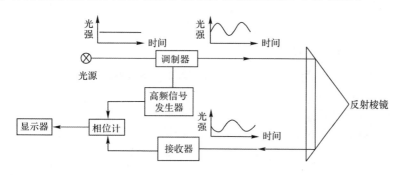

图 4-39　相位式红外测距仪工作原理

如前所述,光源发出的红外光经过调制器调节后,变成调制光发射出去,经反射棱镜反射后到达接收器,并送入相位计。高频信号发生器发出的信号不仅用于调制红外光,同时被送入相位计。相位计比较高频信号发生器发出的信号与接收器送入的信号,两信号的相位差,便是调制光在往返距离内传播的相位值 $\Delta\varphi$。

相位计如图4-40所示。参考信号方波 e_0 和测距信号方波 e_1 分别经过通道Ⅰ和通道Ⅱ,经过放大、整形变成方波信号,其频率皆为 f_0,周期皆为 T_0。它们分别被加到检相触发器(也叫 RS 触发器)的两个输入端 S 和 R 中,而输出端可输出一检相脉冲 $\Delta\varphi$,它的宽度对应于测距时间或两信号的相位差 $\Delta\varphi$。相位计由 RS 触发器构成,当 R 端输入负脉冲时,Q 端输出低电平;当 S 端输入负脉冲时,Q 端输出高电平。可将参考信号方波送入 S 端,将测距信号方波送入 R 端,RS 触发器 Q 端便输出检相方波。检相脉冲的频率也是 f_0。将 $\Delta\varphi$ 检相脉冲作为电子门 Y_1 的开关控制信号。开启时,填充脉冲可以通过电子门 Y_1,输出的脉冲数为 m。此脉冲数将反映测距时间或参考信号与测距信号的相位差 $\Delta\varphi$,因而也能够精确反映待测距离。为了减少如大气影响、电路本身的影响等引起的误差,应取多次测量的平均值作为最终结果。因此,应加上另一个电子门 Y_2,其开启时间为 T,则在 T 时间内的测相次数为 $n = \dfrac{T}{T_0}$,经过电子门 Y_2 的总脉冲数为 $M = nm$。希望使脉冲数与某一个单位距离相对应,如 0.1 mm,1 mm 或 1 m 等,应采用两组以上的测尺进行组合测距,不同频率的测尺组合方式有直接测尺频率方式和间接测尺频率方式两种。

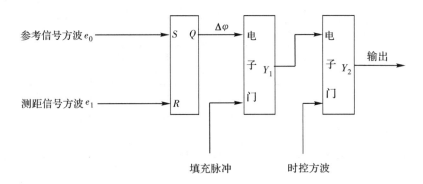

图 4-40 相位计

(3)电磁波测距的误差分析

相位法测距仪的测距公式可写为

$$D = \frac{c_0}{2nf}\left(N + \frac{\Delta\varphi}{2\pi}\right) + K \tag{4-62}$$

式中,K 为加常数;n 为大气折射率。

由式(4-62)可以分析,相位法测距仪测距的误差来源主要有:

①真空中光速 c_0 的确定误差;

②折射率 n 的确定误差;

③测距仪调制频率 f 的误差;

④相位 $\Delta\varphi$ 的测定误差；

⑤仪器加常数 K 的测定误差；

⑥由于仪器内部的信号相互干扰引起的周期误差，以一个精测尺长度为周期重复出现，使所测相位发生变化；

⑦照准误差。

根据误差传播定律，可以将测距误差表述为

$$m_D^2 = \left[\left(\frac{m_c}{c}\right)^2 + \left(\frac{m_n}{n}\right)^2 + \left(\frac{m_f}{f}\right)^2\right]D^2 + \left(\frac{\lambda}{4\pi}\right)^2 m_\varphi^2 + m_{对}^2 + m_K^2 + m_A^2 + m_{照}^2 \quad (4\text{-}63)$$

式中，m_A 为周期误差；$m_{对}$ 为对中误差；$m_{照}$ 为照准误差。

可以看出，测距误差可分为固定误差和比例误差（与距离成比例的误差）两部分。固定误差包括加常数误差、测相误差、照准误差；比例误差包括光速值测定误差、大气折射率测定误差、测距频率误差。

（4）电磁波测距成果的改正

如前所述，电磁波测距有各种误差，其中包括仪器本身所产生的误差，因此在使用前应对测距仪进行严格检定，包括仪器加常数的检定及周期误差的检定。对所测距离应加上以下几项改正：

①加常数改正

对所测距离应加上固定棱镜常数改正。

②周期误差改正

周期误差改正项可以写成

$$\Delta D_\varphi = A\sin(\Delta\varphi_i + \theta) \quad (4\text{-}64)$$

式中，A 为周期误差振幅；$\Delta\varphi_i$ 为对应于精测尺尾数的相位；θ 为初相角。参数 A 与 θ 应通过周期误差检定得出其具体值。

③乘常数改正

由于实际调制频率与标准频率不同而引起的距离误差与距离成正比。设标准频率为 f，工作频率为 f'，则乘常数改正公式为

$$\Delta D_f = -RD' \quad (4\text{-}65a)$$

$$R = -\frac{\Delta f}{f'} = \frac{f' - f}{f'} \quad (4\text{-}65b)$$

④气象改正

当大气状态，如温度 t、气压 p、湿度 e 与标准状态不一致时，大气折射率也不同，导致光速发生变化，影响测距精度。对于红外测距仪而言，气象改正公式为

$$\Delta D_{tp} = \left(279 - \frac{0.29p}{1 + 0.003\,7t}\right)D' \quad (4\text{-}66)$$

式中，t 的单位为℃；p 的单位为 hPa（百帕）；ΔD_{tp} 的单位为 mm；实测距 D' 的单位为 km。

气象改正可通过对仪器输入温度与气压自动进行，也可以通过对所测距离计算进行改正，或查表获得。

测距仪的使用,可参看使用说明书,一般都有较为详细的说明。

4.3.3　视距测量

视距测量是利用望远镜内十字丝分划板上的视距丝,根据几何光学原理并配合视距尺间接测量水平距离和高差的一种方法。这种方法操作简便,观测方便快捷,不受地形条件限制。但是其作业范围有限,测距精度较低,一般相对精度可达到 1/300～1/200,高精度视距测量精度可达到 1/2 000。过去常用于较低精度的平面与高程控制和碎部测量。视距测量常用仪器是经纬仪,也有其他类型仪器,如水准仪、哈默视距仪等。

(1)视线水平时的视距公式

视线水平时的视距原理如图 4-41 所示,L_1 为物镜,L_2 为调焦凹透镜,瞄准竖立的视距尺(水准尺)R。

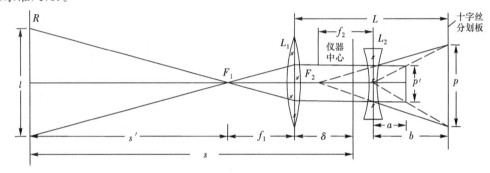

图 4-41　视线水平时的视距原理

由透镜 L_1 的成像原理得

$$\frac{s'}{f_1}=\frac{l}{p'} \tag{4-67}$$

整理得

$$s'=\frac{f_1}{p'}l \tag{4-68}$$

由透镜 L_2 的成像原理得

$$\frac{p}{p'}=\frac{b}{a} \tag{4-69}$$

p 为 p' 的像,因此

$$\frac{1}{b}-\frac{1}{a}=\frac{1}{f_2} \tag{4-70}$$

$$\frac{1}{a}=\frac{f_2-b}{bf_2}$$

代入式(4-69)得

$$\frac{p}{p'}=\frac{f_2-b}{f_2} \tag{4-71}$$

整理得

$$\frac{1}{p'} = \frac{f_2 - b}{pf_2}$$

代入式(4-68)得

$$s' = \frac{f_1(f_2 - b)}{pf_2}l$$

由图 4-41 可知,仪器中心至视距尺的距离 s 为

$$s = s' + f_1 + \delta$$

即

$$s = \frac{f_1(f_2 - b)}{pf_2}l + f_1 + \delta \tag{4-72}$$

令

$$b = b_\infty + \Delta b \tag{4-73}$$

式中,b_∞ 为视距 s 无穷大时的 b 值。

代入式(4-72)得

$$s = \frac{f_1(f_2 - b_\infty - \Delta b)}{pf_2}l + f_1 + \delta = \frac{f_1(f_2 - b_\infty)}{pf_2}l - \frac{f_1 \Delta b}{pf_2}l + f_1 + \delta \tag{4-74}$$

令

$$K = \frac{f_1(f_2 - b_\infty)}{pf_2} \tag{4-75}$$

$$c = -\frac{f_1 \Delta b}{pf_2}l + f_1 + \delta \tag{4-76}$$

得

$$s = Kl + c \tag{4-77}$$

式中,Δb 和 l 随着 s 变化,通过设计可以使 $K = 100$,且使 $\frac{f_1 \Delta b}{pf_2}l$ 与 $f_1 + \delta$ 基本相同,则 c 可以忽略,得水平距离计算公式为

$$s = Kl = 100l \tag{4-78}$$

（2）视线倾斜时的视距公式

如图 4-42 所示,两视距丝在竖直视距尺上的间隔为 l,可以计算出相应的垂直于视线方向视距尺上两视距丝的间隔为

$$GM = l_0$$

其中

$$GM = GQ + QM \approx G'Q\cos\alpha + QM'\cos\alpha \approx \frac{1}{2}l\cos\alpha + \frac{1}{2}l\cos\alpha = l\cos\alpha$$

即

$$l_0 = l\cos\alpha \tag{4-79}$$

得倾斜视线 NQ 的长度为

$$S = Kl_0 = Kl\cos\alpha \tag{4-80}$$

得水平距离 D 为

$$D = Kl\cos^2\alpha \qquad (4\text{-}81)$$

AB 两点间高差计算公式为

$$h = D\tan\alpha + i - v \qquad (4\text{-}82)$$

式中,i 为仪器高 AN;v 为中丝读数 BQ。

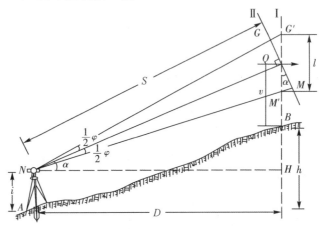

图 4-42　视线倾斜时的视距原理

(3)视距测量误差来源

视距测量的视距尺既可以用普通水准尺,也可以用专用视距尺。

视距测量误差来源有:

①乘常数 K 变化的影响;

②角度测量误差的影响;

③视距尺分划误差的影响;

④视距尺读数误差的影响;

⑤视距尺倾斜误差的影响等。

4.4　直线定向

在日常生活中经常会用到方向或方位的概念,如某地在哪个方向或方位,应往哪个方向行驶等。同理,在测量当中,方向是进行科学计算和表达地理现象所需要的最基本的量之一。一般来说,描述方向需要有参照系或标准方向(基准线),并且待描述方向总是有一个起始点和一个终点。因此直线定向就是指确定直线与标准方向夹角的工作。

标准方向的
种类和定义

1. 标准方向

测量当中常用的标准方向有下列三种:

(1)真北方向

地面上一点的真子午线切线北方向,称为真北方向。真子午线指真子午面与地球表面的交线。真北方向可以利用陀螺仪或天文观测的方法予以确定。

（2）坐标北方向

平面直角坐标系统中，坐标纵轴所指方向称为坐标北方向。这里的平面直角坐标系统，通常是指高斯平面直角坐标系统。

（3）磁北方向

罗盘仪的磁针静止时，其所指向的北方向称为磁北方向，也称为磁子午线方向。

2. 标准方向间的相互关系

（1）子午线收敛角

如第 2 章所述，中央子午线在高斯平面上是一条直线，作为该带的坐标纵轴，其他子午线为投影后收敛于两极的曲线。

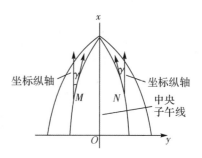

图 4-43　子午线收敛角

如图 4-43 所示，在高斯平面直角坐标系统中，某一点的子午线收敛角 γ 就是过该点作的子午线切线北方向与中央子午线北方向间的夹角，子午线收敛角有正负之分。当坐标北方向位于真北方向东侧时（N 点），称为东偏，子午线收敛角为正。当坐标北方向位于真北方向西侧时（M 点），称为西偏，子午线收敛角为负。

（2）磁偏角

由于地球的南北极与地球的磁极不重合，导致地面上某一点的真北方向和磁北方向不一致，两者的差异称为磁偏角。磁偏角有正负之分。当某一点的磁北方向位于真北方向东侧时，称为东偏，磁偏角为正；当某一点的磁北方向位于真北方向西侧时，称为西偏，磁偏角为负。某些地区磁偏角可以达到几度，并且某一点磁偏角的大小不是固定不变的。此外，在磁力异常地区，磁偏角会发生较大变化。

3. 方位角

从直线起始点上的标准方向起，顺时针旋转至直线位置所形成的角度，称为该直线的方位角。方位角的取值为 $0° \sim 360°$。随标准方向的不同，有不同种类的方位角。

（1）真方位角

由真北方向作为标准方向的方位角，称为真方位角，用 A 表示。

（2）坐标方位角

由坐标北方向作为标准方向的方位角，称为坐标方位角，用 α 表示。如图 4-44 所示，由于起始点的不同，一条直线可以有正反坐标方位角。如果以 AB 线段的 A 点为起始点，则 α_{AB} 是正方位角，α_{BA} 是反方位角。由于在高斯平面直角坐标系统中，过各点的坐标北方向是相互平行的，因此，正反坐标方位角相差 $180°$，即

$$\alpha_{AB} = \alpha_{BA} \pm 180° \tag{4-83}$$

（3）磁方位角

由磁北方向作为基本方向的方位角，称为磁方位角，用 A_m 表示。

同一条直线的真方位角、坐标方位角和磁方位角如图 4-45 所示。对应真方位角、坐标方位角和磁方位角之间的相互关系为

$$A = A_m - \delta \tag{4-84}$$

$$A = \alpha + \gamma \qquad (4\text{-}85)$$

$$\alpha = A_m - \delta - \gamma \qquad (4\text{-}86)$$

式中,δ 为磁偏角。

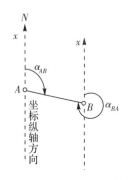

图 4-44　正反坐标方位角

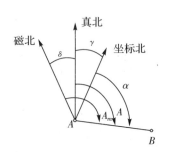

图 4-45　同一条直线的真方位角、
坐标方位角和磁方位角

4. 象限角

象限角是由标准方向线的北端或南端,顺时针或逆时针量到某直线的水平夹角,用 R 表示,取值为 $0°\sim90°$。如图 4-46 所示,线段 $O1$、$O2$、$O3$、$O4$ 的象限角分别为 R_1、R_2、R_3、R_4。象限角不但要表示角度的大小,而且还要注记该直线位于第几象限。从标准北方向起,顺时针编号,象限被分为Ⅰ~Ⅳ象限,分别用北东、南东、南西和北西表示。如线段 $O4$ 在Ⅳ象限,角值为 $45°$,则该象限角表示为北西 $45°$。

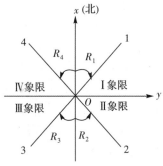

图 4-46　象限与象限角

象限角一般用于坐标方位角计算时的判断和改算,这时所说的象限角是指坐标象限角。坐标象限角 $R_i (i=1,2,3,4)$ 与坐标方位角 α 之间的关系如下:

Ⅰ象限:

$$\alpha = R_1, \quad R_1 = \alpha \qquad (4\text{-}87)$$

Ⅱ象限:

$$\alpha = 180° - R_2, \quad R_2 = 180° - \alpha \qquad (4\text{-}88)$$

Ⅲ象限:

$$\alpha = 180° + R_3, \quad R_3 = \alpha - 180° \qquad (4\text{-}89)$$

Ⅳ象限:

$$\alpha = 360° - R_4, \quad R_4 = 360° - \alpha \qquad (4\text{-}90)$$

5. 坐标方位角推算

通常测量工作中的坐标方位角不是直接测定,而是通过测定各相邻边之间的水平夹角

β_i 和与已知边的联结角 Ψ，并结合已知边的坐标方位角和观测点的水平角 β_i 推算出各边的坐标方位角。在推算时 β_i 角有左角和右角之分，相应公式也略有所不同。所谓左角（右角）是指该角位于测量前进方向左侧（右侧）的水平夹角，如图 4-47 所示。

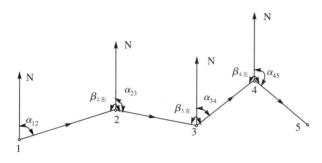

图 4-47　左角推算线路

图 4-47 中已知 α_{12}，观测线路前进方向的左角分别是 $\beta_{2左}$、$\beta_{3左}$、$\beta_{4左}$（右角分别是 $\beta_{2右}$、$\beta_{3右}$、$\beta_{4右}$），则左角 α_{23}、α_{34}、α_{45} 的计算公式为

$$\begin{cases} \alpha_{23} = \alpha_{12} + \beta_{2左} \pm 180° \\ \alpha_{34} = \alpha_{23} + \beta_{3左} \pm 180° \\ \alpha_{45} = \alpha_{34} + \beta_{4左} \pm 180° \end{cases}$$

通用公式为

$$\alpha_{i,i+1} = \alpha_{i-1,i} + \beta_{i左} \pm 180° \tag{4-91}$$

同样，对右角有通用公式：

$$\alpha_{i,i+1} = \alpha_{i-1,i} - \beta_{i右} \pm 180° \tag{4-92}$$

式（4-91）与式（4-92）中的 i 为线路上点号。

对于两点坐标已知的边 AB，坐标方位角 α_{AB} 可以采用下式确定：

$$\alpha_{AB} = \text{arctg} \frac{y_B - y_A}{x_B - x_A} \tag{4-93}$$

为了防止象限判断错误造成 α_{AB} 计算错误，通常对式（4-93）右侧取绝对值计算得到 R_{AB}，并通过 Δx_{AB}、Δy_{AB} 的正负判断线段所处象限，再按式（4-87）～式（4-90）计算得到正确的 α_{AB}。

习　题

4-1　普通光学水准仪有几个轴系，它们之间应满足什么关系，为什么？

4-2　什么是视差，产生的原因是什么？如何消除视差的影响。

4-3　什么是水准器的分划值，它与水准器的灵敏度有何关系？

4-4　自动安平水准仪的原理是什么？

4-5　有一附合路线水准测量数据记录见表 4-6，计算表格中其他各项数值。

表 4-6   附合路线水准测量数据记录表

测站	测点	后视水准尺读数(a)	前视水准尺读数(b)	实测高差/m	高差改正数/mm	改正后高差/m	高程/m
①	A	1.813		+0.231			129.233
	1		1.582				
②	1	1.682		+0.173			
	2		1.509				
③	2	1.581		−0.315			
	3		1.896				
④	3	1.933		+0.482			
	B		1.451				129.800
$\sum$							

4-6 图 4-13 所示的等外闭合水准测量路线,路线长度与各路线高差测量值见表 4-7。问测量精度是否满足限差要求,若满足则计算各待定水准点的高程。

表 4-7   路线长度与各路线高差测量值表

点号	距离/km	测量高差/m	高差改正数/mm	改正后高差/m	高程/m
A					130.541
	2.4	+21.345			
1					
	2.6	+19.319			
2					
	2.7	−18.239			
3					
	1.8	−22.405			
A					130.541
$\sum$					

4-7 测量中,水平角和竖直角的概念是什么?

4-8 经纬仪有哪几个主要轴系,它们之间应满足怎样的关系?

4-9 在水平角度的测量过程中,通过盘左观测与盘右观测可以抵消哪些仪器误差,一测回观测中 $2c$ 互差过大意味着什么?

4-10 竖直角度观测过程中,盘左观测与盘右观测可以抵消什么仪器误差?假设仪器的横轴倾斜,则会对竖直角度的测量值产生怎样的影响?

4-11 利用 DJ$_6$ 经纬仪进行角度观测时,有哪些限差要求?

4-12 简述电子经纬仪动态测角系统的测角原理。

4-13 表 4-8 和表 4-9 分别是水平角度观测记录与竖直角度观测记录,计算表中其余各项内容。仪器的竖直度盘注记与图 4-25 相同,且设竖盘指标差使读数增加时为正。

表 4-8   水平角度观测记录表

测站	方向	竖盘位置	水平度盘读数 (°) (′) (″)	半测回角值 (°) (′) (″)	一测回角值 (°) (′) (″)
O	A	盘左	1 32 36		
	B		145 15 18		
	A	盘右	181 32 48		
	B		325 15 42		

表 4-9　　　　　　　　　　　　　　　　竖直角度观测记录表

测站	目标	竖盘位置	竖盘读数			竖直角		指标差
			(°)	(′)	(″)	半测回值	一测回值	
O	A	左	94	12	42			
		右	265	47	24			

4-14　钢尺量距中直线定线的作用是什么？绘图说明如何进行定线。

4-15　已知一名义长度为 30 m 的钢尺,在标准温度(20 ℃)和拉力下进行了检定,其实际长度为 29.998 m。利用此钢尺测量 AB 两点间的距离为 150.778 m,高差为 1.2 m,测量时的温度为 32 ℃,且使用的是标准拉力。AB 两点间的实际距离是多少？

4-16　对某段距离利用钢尺往返测量了两次,测量值分别为 L_1 和 L_2,测量值应满足限差要求 $\dfrac{|L_1-L_2|}{L_{平}}\leqslant\dfrac{1}{2\,000}$,问不等式两边的式子属于哪一类相对误差？

4-17　钢尺量距的误差来源有哪些？指出它们属于偶然误差还是系统误差。

4-18　相位式电磁波测距的误差来源有哪些？加常数是由什么原因引起的？

4-19　表 4-10 为视距测量记录,计算其余的各项数值,仪器的竖直度盘注记与图 4-25 相同。

表 4-10　　　　　　　　　　　　　　　　视距测量记录表

点号	上丝读数下丝读数	中丝读数	竖盘读数 (°) (′) (″)	竖直角	高差	水平距离	高程	备注
1	1.773 0.654	1.19	87 23 30					
2	1.983 0.741	1.36	85 46 12					
3	1.837 0.846	1.34	94 27 54					

测站高程 $H_0=100.00$ m,仪器高 $i=1.55$ m

4-20　如图 4-48 所示,试推算各边坐标方位角。

4-21　已知图 4-49 中 AB 边坐标方位角 $\alpha_{AB}=137°48′$,各点观测角值已标于图中,试推算五边形各边的坐标方位角。

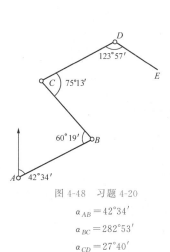

图 4-48　习题 4-20

$\alpha_{AB}=42°34′$

$\alpha_{BC}=282°53′$

$\alpha_{CD}=27°40′$

$\alpha_{DE}=83°43′$

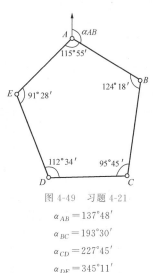

图 4-49　习题 4-21

$\alpha_{AB}=137°48′$

$\alpha_{BC}=193°30′$

$\alpha_{CD}=227°45′$

$\alpha_{DE}=345°11′$

$\alpha_{EA}=73°43′$

第5章

坐标测量

坐标测量是数字化测量的重要组成部分,其特点是测量仪器采集的数据直接以空间三维坐标的形式显示,并存入测量仪器的内存,供数字化成图等工作使用。

目前,以全站仪及GPS设备为代表的电子测量设备基本都具备此功能。

5.1 全站仪坐标测量

5.1.1 全站仪简介

1. 主要结构

全站仪(total station)是由电子测角、光电测距、微型机及其软件组成的智能型光电测量仪器,其结构如图5-1所示。世界上第一台商品化的全站仪是1971年联邦德国OPTON公司生产的RegEldal4。

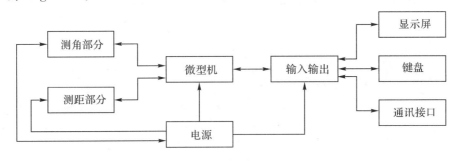

图 5-1 全站仪结构

利用光电技术和微处理机,可实现观测数据自动处理、存储和显示,因而减少了人为的读数误差和记录误差,提高了测量精度和效率。全站仪可以通过显示屏和操作键,观测和显示水平角、竖直角、斜距或者三维点位坐标,获得一个测站上测取空间点位所需的全部数据,故被称为全站仪。

全站仪的基本功能是可测定三个基本测量元素(水平角、斜距和高差),并借助于机内固化的软件,组成多种测量功能,如进行多种模式的放样、偏心测量、悬高测量、对边测量、面积计算等。从结构上看全站仪具有如下主要组成部分:

（1）三同轴望远镜

在全站仪的望远镜中,照准目标的视准轴以及光电测距的往、返光轴三个轴同轴,如图5-2所示。测量时使望远镜照准目标棱镜的中心,就能同时测定水平角、竖直角和斜距,这使一个点的测量工作量相对传统光电积木组合式测量减少至少一半。

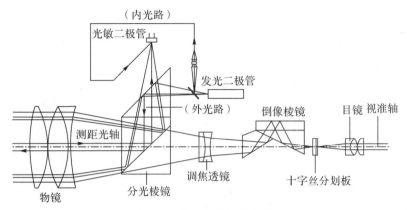

图 5-2　全站仪轴系及光路

（2）键盘操作

全站仪通过键盘输入指令进行测量操作。键盘上的键分为硬键和软键两种,每个硬键有一个固定功能,或兼有第二、第三功能。通过屏幕最下一行相应位置显示的字符提示,软键（一般为 F1、F2、F3、F4 等）可在不同的菜单下进行不同功能操作。图 5-3、图 5-4 为 RTS112 外观全貌。现在部分国产全站仪和大部分进口全站仪都实现了全中文大屏幕显示,且操作界面非常直观和友好,这也极大地方便了全站仪的操作。

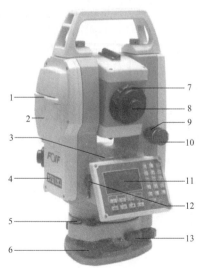

图 5-3　RTS112 全站仪正面

1—横轴中心;2—SD 卡槽（选配）;3—长水准器;
4—仪器型号;5—圆水准器;6—脚螺旋;
7—调焦手轮;8—目镜;9—竖盘制动手轮;
10—竖盘微动手轮;11—显示屏;
12—RS232C 接口 USB 接口;13—基座锁紧钮

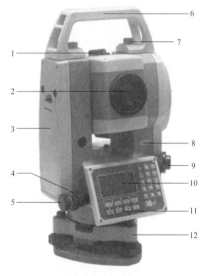

图 5-4　RTS112 全站仪反面

1—粗瞄准器;2—物镜;3—电池;
4—水平制动螺旋;5—水平微动螺旋;
6—提手;7—提手固定螺旋;8—仪器号码;
9—下对点;10—显示屏;11—按键;12—基座

（3）数据存储与通信

主流全站仪一般都带有至少可以存储 3 000 个点观测数据的内存,有些配有 CF 卡增加存储容量,仪器设有一个标准的 RS-232C 通信接口或 USB 接口,使用专用电缆与计算机的COM 或 USB 接口连接,再通过专用软件或 Windows 的超级终端等接口软件实现与计算机的双向数据传输。

（4）电子传感器

电子传感器有摆式和液体两种,其作用是自动补偿仪器水平或竖直度盘误差。其中,采用单轴补偿的电子传感器相当于竖盘指标自动归零补偿器,而双轴补偿的电子传感器不仅可修正竖直角,还可修正水平角。

现在几乎所有的全站仪都使用液体电子传感器。图 5-5 所示为徕卡 TPS1200 系列全站仪上使用的液体电子传感器。

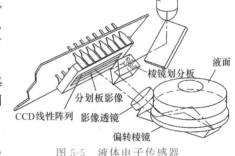

图 5-5 液体电子传感器

2. 测量原理

全站仪的测距系统原理与 4.3 节介绍的测距仪原理基本相同,测角系统是通过角-码转换器,将角移量变为二进制码,通过译码器译成度、分、秒,并用数字形式显示出来。常见的角-码转换器,多采用编码度盘或光栅度盘,现分别介绍其测角原理。

（1）编码度盘

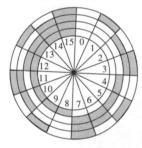

图 5-6 编码度盘构造

编码度盘的构造如图 5-6 所示,它是将度盘按放射状均匀地划分为若干区间,称为码区;再从里向外均匀划分为若干码道,以用于度盘的编码。图中的度盘划分了 16 个码区和四个码道,称为四码道度盘。每个码区的码道有黑色部分和白色部分,黑色部分不透光,白色部分透光。透光部分为导电区,不透光部分为非导电区。设透光为 0,不透光为 1。各码区从内向外对应码按二进制递增,如0 码区为 0000,1 码区为 0001,15 码区为 1111。

测角时,为了准确识别观测方向所在的度盘码区,有一套光电读数系统与照准部同步转动。此系统的主要电子元件为发光二极管和光电二极管。当发光二极管的光信号通过度盘透光区时,光电二极管接收到这个信号,输出为 0。对于不透光区,光电二极管接收不到信号,输出为 1。光电读数系统就是随着照准部的转动将各码区的电信号输入微机处理后求得角度的。

如照准部瞄准第一个目标时,在度盘的 5 码区,读数系统输出信号码为 0101,瞄准第二个目标时,在度盘的 9 码区,输出信号码为 1001。因此经过微机换算后得到的是 5～9 码区的角度。

对于编码度盘,如果度盘的码区和码道划分密一些,测角时分辨率就高一些,一般角度最小分辨率 δ 与码区 S 及码道 n 关系为

$$\delta = \frac{360}{S}, \quad S = 2^n$$

图 5-6 所示的度盘,其角度分辨率为 $22.5°$,将码道 n 增加到 16 时,此时对应码区 S 为655 360,则角度分辨率为 $20'$。而码道数的提高受限于度盘直径等,故编码度盘不易提高测角精度。

近些年,新的度盘绝对编码技术出现,使其测角精度提高很多,而且这种结构具有关机

后角度信息保留、误差与噪声不积累等优点。

（2）光栅度盘

光栅度盘是目前电子测角方法中精度较高的一种，如图 5-7 所示，沿玻璃圆盘径向按一定密度均匀地刻有交替着透明与不透明的辐射状条纹，条纹与间隙同宽，此盘即为光栅度盘。若将两块密度相同的光栅度盘重叠，并使它们的刻线相互倾斜一个很小的角度，就会出现明暗相间的条纹，这种条纹称为莫尔条纹。莫尔条纹的特性是：两光栅的倾角越小，相邻明暗条纹间的间隔就越大；两光栅在与其刻线垂直的方向相对移动时，莫尔条纹做上下移动。当相对移动一条刻线距离时，莫尔条纹则上下移动一周期，即明条纹正好移动到原来邻近的一条明条纹的位置上。

对于光栅度盘测角装置，为保证仪器转动度盘时可形成莫尔条纹，可在光栅度盘上装一个固定的指示光栅。如图 5-7 所示，将中部指示光栅与度盘下面的发光二极管和上面的光电二极管位置固定。当度盘随经纬仪照准部转动时，即形成莫尔条纹。随着莫尔条纹的移动，光电二极管将产生按正弦规律变化的电信号，将此电信号整形，可变为矩形脉冲。对脉冲计数即可求得旋转的角度。测角时，在望远镜瞄准起始方向后，可使仪器中心的计数器为 0°。在度盘随望远镜瞄准第二个目标的过程中，对产生的脉冲进行计数，并通过译码器转换为度、分、秒显示出来。

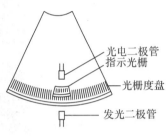

光电二极管
指示光栅
光栅度盘
发光二极管

图 5-7 光栅度盘

为提高角度分辨率，还可对计数进一步细分，通常在光栅形成的两个脉冲中间，再填充若干个脉冲，它类似于光学经纬仪读数系统的测微器，可以有效提高测角精度。

3. 全站仪附属配件

全站仪在进行距离测量作业时，须在目标处放置反射棱镜。反射棱镜有单棱镜、三棱镜、九棱镜等，其作用是反射电磁波信号，获取仪器中心到棱镜中心的水平距离和高差。作业时可通过基座连接器将棱镜组连接在基座上并安置到三脚架上，也可将棱镜组直接安置在对中杆上。棱镜组由用户根据作业需要自行配置。

图 5-8 为全站仪专用棱镜系列，其中图 5-8(c) 所示的微型棱镜用于建筑放样非常方便。图 5-9(a) 为棱镜对中杆，可以代替三脚架作控制测量用，图 5-9(b) 为单杆，用于地形点采集。

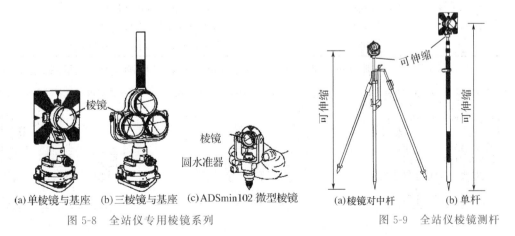

（a）单棱镜与基座　（b）三棱镜与基座　（c）ADSmin102 微型棱镜

图 5-8 全站仪专用棱镜系列

（a）棱镜对中杆　　（b）单杆

图 5-9 全站仪棱镜测杆

5.1.2　全站仪坐标测量方法

1.基本功能介绍

RTS110 系列全站仪为我国苏一光测绘仪器有限公司生产的中低端普通型全站仪,具有价格优惠、操作简捷、功能全面等特点,适合各种普通测量工作,图 5-10 为其操作屏幕界面。

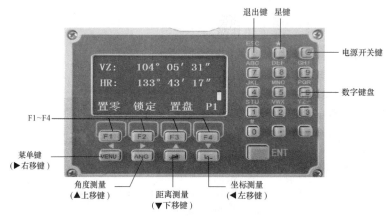

图 5-10　RTS110 系列全站仪操作屏幕界面

表 5-1 为 RTS112 全站仪(属于 RTS110 系列全站仪)各按键的主要功能。

表 5-1　　　　　　　　　　　　RTS112 全站仪各按键的主要功能

按键	名称	功能
ANG	角度测量键	进入角度测量模式(▲上移键)
◢	距离测量键	进入距离测量模式(▼下移键)
⌐	坐标测量键	进入坐标测量模式(◀左移键)
MENU	菜单键	进入菜单模式(▶右移键)
ESC	退出键	返回上一级状态或返回测量模式
POWER	电源开关键	电源开关
F1~F4	软键(功能键)	对应于显示的软键信息
0~9	数字键	输入数字和字母、小数点、负号
*	星键	进入星键模式(包括屏幕对比度、测距模式等)

图 5-11～图 5-13 分别为角度测量模式、距离测量模式和坐标测量模式下界面的菜单。

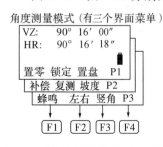

图 5-11　角度测量模式下界面的菜单

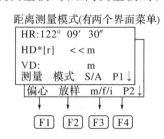

图 5-12　距离测量模式下界面的菜单

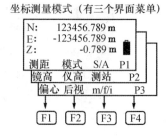

图 5-13　坐标测量模式下界面的菜单

2. 坐标测量步骤

RTS110 系列全站仪可将测量数据存储在内存中,内存分为测量数据文件和坐标数据文件两种。测量数据文件用来保存碎部点的原始观测数据,如水平盘读数、竖盘读数和斜距;坐标数据文件用来存储已知点或碎部点的三维坐标,并且可以用于进行测站点和后视点坐标的调取。

RTS110 系列全站仪在未使用内存于放样模式的情况下的测点数目最多可达 120 000 个。在全站仪首次开始测量前,要检查初始设置参数,包括温度、气压、棱镜常数等。

由于长距离测量,大气折光和地球曲率对距离尤其是高差影响特别大,因此需要进行改正。全站仪提供了自动改正公式。

下面以屏显方式介绍 RTS110 系列全站仪坐标测量的主要步骤。

(1)数据采集

进入数据采集菜单,选择已有的坐标测量文件或新建一个坐标测量文件。

坐标数据采集菜单的操作如图 5-14 所示。按 MENU 键,仪器进入主菜单 1/3 模式。按 F1 (数据采集)键,显示数据采集菜单 1/2。

可以调用已有文件,也可输入新的文件,建立的新文件可自动形成同名下两个文件,即测量数据文件和坐标数据文件。

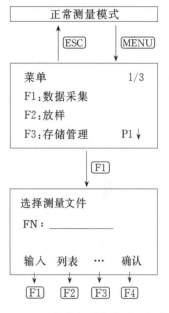

图 5-14　坐标数据采集菜单的操作

(2)测站设置

进行坐标测量前,要先设置(输入)测站坐标、测站高、棱镜高及后视方位角。按 F3 键进入图 5-15 所示的测站设置操作过程。

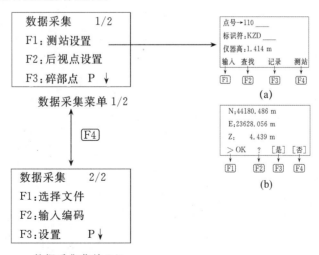

图 5-15　测站设置操作过程

对于每个测站(点号 1001),依据表 5-2 的提示,测量前,在数据采集菜单 1/2 中,均要完成 F1、F2 步骤,即分别按菜单提示输入测站点号和后视点点号。

后视点点号(1002)及后视高等信息输入后,望远镜瞄准后视点,选择一种测量模式并按相应的软键,如 F2 (斜距)键,进行斜距测量。根据定向角计算结果选择将设置的水平度盘读数(定向方向方向角)测量结果寄存,然后显示屏返回到数据采集菜单 1/2。准备进入碎部点测量。

表 5-2   输入测站点号及后视点点号

操作过程	操作	显示
①按 F1 后输入测站点号、仪器高信息,按 F4 进入测站坐标获取模式	输入 F1 后,确认进入 F4	测站 点号:1001 输入 调用 坐标 确认
②按 F2 后输入后视点点号、镜高信息,按 F4 进入后视点坐标获取模式	输入 F1 后,确认进入 F4	后视点 点号:1002 输入 列表 NEAZ 确认

如果是新建文件或文件中对应点号不存在,还要进入设置,输入新点坐标,具体设置方法在数据采集菜单 1/2。操作过程见表 5-3。

表 5-3   测站及后视点设置的操作过程

操作过程	操作	显示
①数据采集菜单下按 F1 后进入测站设置,按 F4 (测站)键	F1, 输入新点信息	点号: 1001 标识符:0 仪高 =1.50 m …… …… 清空 确认
②按 F3 后输入新点坐标	F3,输入测站坐标	N—> 0.000 m E: 0.000 m Z: 0.000 m 输入 …… 点号 确认
③输入 N 坐标	F1,输入数据,F4	N=1000.000 m E—> 0.000 m Z: 0.000 m …… …… 清空 确认
④按同样方法输入 E 和 Z 坐标,确认后显示屏返回前一个页面显示	输入数据,F4,确认	N: 1000.000 m E: 2000.000 m Z: 30.000 m …… …… 清空 确认

（续表）

操作过程	操作	显示
⑤按[F3]（记录）键,输入后按[F4]确认	[F1],测站高	点号:　1001 标识符:0 仪高　　＞　　1.50　　m 输入　查找　记录　测站
⑥数据采集菜单下按[F2]后进入后视点设置,按[F4]（后视）键	[F1],输入点信息	后视点:1002 标识符＞0 镜高:　　　1.000　　m 输入　查找　测量　后视
⑦按[F3]输入后视坐标或后视方位角 HR	[F1],输入数据,[F4]	后视 点号:1002 输入　列表　NEAZ　确认
⑧按[F1]输入 N 和 E 坐标,确认后,显示屏显示方位角设置结果。或按[F3]输入 A 后视方位角,确认后,显示屏显示方位角设置结果	输入数据,[F4]确认	N:　　　　1500.000　m E＝2500　　　　　　　m …　…　清空　确认 后视 HR:　45°00′00″ 输入　…　点号　确认
⑨按[F3]后返回前页。如果要保留后视点信息,按[F2]检测保存。按[ESC]返回主菜单	[F1],测站高	方位角设置 HR:　45°00′00″ ＞照准? 检测　　　是　　　否

（3）测量未知点坐标

输入仪器高和棱镜高后进行坐标测量,可直接测定未知点的坐标。未知点的坐标可由式(5-1)计算出来。

如图 5-16 所示,测站点 A 坐标为 (N_0,E_0,Z_0),相对于仪器中心点的棱镜中心坐标为 (n,e,z),则仪器中心坐标为 $(N_0,E_0,Z_0＋仪器高)$,设两点高差为 $z(VD)$,未知点 B 坐标为 (N_1,E_1,Z_1),则

$$\begin{cases} N_1＝N_0＋n \\ E_1＝E_0＋e \\ Z_1＝Z_0＋仪器高＋z－棱镜高 \end{cases} \quad (5\text{-}1)$$

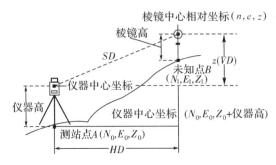

图 5-16　全站仪点坐标测量

测量未知点坐标操作过程见表 5-4。

表 5-4　　　　　　　　　　　　　　　　测量未知点坐标操作过程

操作过程	操作	显示
由数据采集菜单 1/2，按 F3（碎部点）键，进入待测点测量	F3	数据采集　　　　　　1/2 F1：测站点输入 F2：后视点设置 F3：碎部点　　　　　　P↓
照准目标点	照准	
按 F1（输入）键，输入点号、标识符及镜高后按 F4 确认	F1，输入点号，F4	点号：　　　　P1 标识符＝0 镜高：　　　　　　1.000　m 字母　SPC　清空　确认
按 F3 或 F4（测量及自动）键进入碎部点坐标采集，其中按 F4 可以直接进入坐标采集	F3 或 F4	点号：　　　　P1 标识符＝0 镜高：　　　　1.000　m 输入　查找　测量　自动
按 F3，测量坐标保存显示屏变换到下一个镜点	F3	N：　　　　1002.245　m E：　　　　2001.233　m Z：　　　　14.568　m ＞OK?　　　　【是】【否】
按同样方式继续测量，按 ESC 键即可结束数据采集模式		

5.2 GPS 坐标测量

5.2.1 GPS 系统简介

GPS 全球定位系统由美国国防部研发,于 1993 年正式投入使用,系统由三部分构成。

1. 地面控制部分

地面控制部分由 1 个主控站(负责管理、协调整个地面控制系统的工作)、4 个地面注入站(在主控站的控制下,向卫星注入导航电文)、5 个监测站(数据自动收集中心)和通信辅助(数据传输)系统组成。GPS 地面控制部分关系如图 5-17 所示。

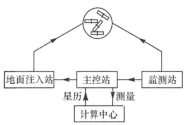

图 5-17 GPS 地面控制部分关系

2. 星座部分

星座部分由 24 颗 GPS 卫星组成,分布在 20 000 km 高的 6 个轨道平面上;卫星上安装了精度很高的原子钟(1×10^{-12} 级),以确保频率的稳定性,在载波上调制有表示卫星位置的广播星历、用于测距的 C/A 码和 P 码以及其他系统信息,能在全球范围内向任意多用户提供高精度、全天候、连续、实时的三维测速、三维定位和授时。

3. 用户部分

用户部分主要由 GPS 接收机和卫星天线组成。GPS 接收机种类很多,测量工作使用的一般是测地型。

与传统光电测量相比,GPS 坐标测量的优点有:

(1)不要求点间的通视;

(2)定位精度高;

(3)观测时间短;

(4)提供三维坐标;

(5)操作简便;

(6)全天候作业。

5.2.2 GPS 定位技术的基本原理

GPS 信号是调制波,包含载波(L_1、L_2)、测距码粗码(C/A 码)和精码(P 码)、数据码(D 码)等。

GPS 地面接收机可以在任何地点、任何时间、任何气象条件下进行连续观测,并且在时钟控制下,测定出卫星信号到达接收机的时间 t,进而确定卫星与接收机之间的距离 ρ 为

$$\rho = ct + \sum \delta_i \tag{5-2}$$

式中:c 为电磁波信号传播速度;$\sum \delta_i$ 为有关的改正数之和。

GPS定位就是把卫星看成"飞行"的控制点,根据测量的星站距离,进行空间距离后方交会,进而确定地面接收机的位置。

GPS定位技术的基本原理是以GPS卫星和用户接收机天线之间的距离(或距离差)的观测量为基础,并根据已知的卫星瞬时坐标来确定用户接收机所对应的三维坐标位置。而卫星与接收机之间的距离ρ、卫星坐标(X_S, Y_S, Z_S)与接收机坐标(X, Y, Z)间的关系式为

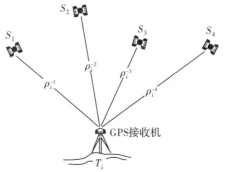

图 5-18　GPS定位的基本原理

$$\rho^2 = (X_S - X)^2 + (Y_S - Y)^2 + (Z_S - Z)^2 \tag{5-3}$$

式中:卫星坐标(X_S, Y_S, Z_S)可根据导航电文求得;理论上只需观测3颗卫星与接收机之间的距离ρ,即可求得接收机坐标(X, Y, Z)中的3个未知数。但实际上因接收机钟差改正也是未知数,所以接收机必须至少同时测定到4颗卫星的距离才能解算出接收机T_i点的三维坐标(图5-18)。

根据使用的卫星电磁波信号不同,GPS测距可分为伪距测量和载波相位测量。

1. 伪距测量

伪距是指由卫星发射的测距码信号到达GPS接收机的传播时间乘以光速所得的测量距离。其中用C/A码进行测量的伪距称C/A码伪距,用P码进行测量的伪距称P码伪距。

GPS卫星能够发射某一结构的测距码信号(C/A码或P码)。该信号经过时间t后到达接收机天线,则用上述信号传播时间t乘以电磁波的速度c,就是卫星至接收机的距离。实际上,由于传播时间t中包含有卫星时钟与接收机时钟不同步的误差、测距码在大气中传播的延迟误差等,由此求得的距离并非真正的星站几何距离,习惯上称之为"伪距",用ρ'表示,而与之相对应的定位方法称为伪距法定位。

伪距法定位通过GPS接收机在某一时刻测得4颗以上GPS卫星的伪距和卫星位置,采用距离交会的方法求定接收机天线所在点的三维坐标。

为了测定上述测距码的传播时间,需要在用户接收机内复制测距码信号,并通过接收机内的可调延时器进行相移,使得复制的码信号与接收到的相应码信号达到最大相关,即使之相应的码元对齐。为此所调整的相移量便是卫星发射的测距码信号到达接收机天线的传播时间,即时间延迟τ。

设在某一标准时刻T_a,卫星发出一个信号,该瞬间卫星时钟的时刻为t_a,该信号在标准时刻T_b到达接收机,此时相应接收机时钟的读数为t_b,于是伪距测量测得的时间延迟即为t_b与t_a之差。所以伪距为

$$\rho' = \tau c = (t_b - t_a)c \tag{5-4}$$

由于卫星时钟和接收机时钟与标准时间存在误差,设信号发射和接收时刻的卫星和接收机钟差改正数分别为V_a和V_b,则有

$$\begin{cases} t_a + V_a = T_a \\ t_b + V_b = T_b \end{cases} \tag{5-5}$$

将式(5-5)代入式(5-4),可得

$$\rho' = \tau c = (T_b - T_a)c + (V_a - V_b)c \tag{5-6}$$

式中,$(T_b - T_a)$为测距码从卫星到接收机的实际传播时间 ΔT。

由上述分析可知,在 ΔT 中已对钟差进行了改正;但由 ΔTc 所计算出的距离中,仍包含有测距码在大气中传播的延迟误差,必须加以改正。设定位测量时,大气中电离层折射改正数为 $\delta\rho_I$,对流层折射改正数为 $\delta\rho_T$,则所求 GPS 卫星至接收机的真正空间几何距离 ρ 应为

$$\rho = \Delta Tc + \delta\rho_I + \delta\rho_T \tag{5-7}$$

联立式(5-6)与式(5-7),可得

$$\rho = \rho' + \delta\rho_I + \delta\rho_T - cV_a + cV_b \tag{5-8}$$

式(5-8)为伪距测量的基本观测方程。

伪距测量的精度与测距码的波长及其与接收机复制码的对齐精度有关。目前,接收机的复制码精度一般取 1/100,而公开的 C/A 码码元宽度(波长)为 293 m,故上述伪距测量的精度最高仅能达到 3 m(293×1/100≈3 m),难以满足高精度测量定位工作的要求。

2. 载波相位测量

载波相位定位是把波长较短的载波作为测量信号,从而提高定位精度,载波相位测量的观测量就其原始意义说,就是卫星的载波信号与接收机参考信号之间的相位差。它是接收机和卫星位置的函数,只有得到它们间的函数关系,才能从观测量中求算接收机的位置。

利用测距码进行伪距测量是全球定位系统的基本测距方法。然而由于测距码的波长较长,对一些高精度的应用其测距精度过低,不能满足需要。而如果把 GPS 卫星发射的载波作为测距信号,由于载波的波长($\lambda_{L_1} = 19$ cm,$\lambda_{L_2} = 24$ cm)比测距码波长要短得多,因此就可达到较高的测量定位精度。

如图 5-19 所示,假设卫星 S 在 t_0 时刻发出一载波信号,其相位为 $\varphi(S)$;此时,接收机产生一个频率和初相位与卫星载波信号完全一致的基准信号,在 t_0 瞬间的相位为 $\varphi(R)$。假设这两个相位之间相差 N_0 个整周信号和不足一周的相位 $F_0(\varphi)$,由此可求得 t_0 时刻接收机到卫星的距离为

$$\rho = \lambda[\varphi(R) - \varphi(S)] = \lambda\left[N_0 + \frac{F_0(\varphi)}{2\pi}\right] \tag{5-9}$$

载波信号是一个余弦函数波。在载波相位测量中,接收机的相位测量装置只能测出不足一周的小数部分 $F_0(\varphi)$,而整周未知数 N_0 无法测量;但当接收机从 t_0 时刻对空中飞行的卫星做连续观测时,接收机不仅能测出 t_k 时刻不足一周的小数部分 $F_r(\varphi)$,而且还能累计得到从 t_0 到此时刻的整周变化数 $\mathrm{Int}(\varphi)$。因此 $\varphi' = \mathrm{Int}(\varphi) + F_r(\varphi)$,才是载波相位测量的真正观测值。而 N_0 称为整周模糊度,它是一个未知数,但只要观测是连续的,则各次观测的完

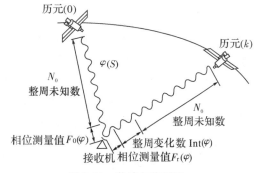

图 5-19　载波相位测量

整测量值中应含有相同的整周模糊度,因此,某时刻 k 的相位值由三部分构成,即

$$\varphi = 2\pi N_0 + \mathrm{Int}(\varphi) + F_r(\varphi) \tag{5-10}$$

与伪距测量一样，考虑到卫星和接收机的钟差改正数 V_a、V_b 以及电离层折射改正数 $\delta\rho_I$ 和对流层折射改正数 $\delta\rho_T$ 的影响，结合式(5-8)，则式(5-10)可写成

$$2\pi N_0 + \mathrm{Int}(\varphi) + F_r(\varphi) = 2\pi f\left[(\rho - \delta\rho_I - \delta\rho_T)\frac{1}{c} - V_b + V_a\right] \tag{5-11}$$

设载波相位观测值为 $\varphi' = \mathrm{Int}(\varphi) + F_r(\varphi)$，则有

$$\varphi' = \frac{f}{c}(\rho - \delta\rho_I - \delta\rho_T) - fV_b + fV_a - N_0 \tag{5-12}$$

式(5-12)两边同乘载波波长 λ，移项后，则有

$$\rho = \rho' + \delta\rho_I + \delta\rho_T - cV_a + cV_b + \lambda N_0 \tag{5-13}$$

与式(5-8)比较可看出，式(5-13)除增加了整周未知数 N_0 外，与伪距测量的观测方程在形式上完全相同。

确定整周未知数 N_0 是载波相位测量中的一项重要工作，也是进一步提高 GPS 定位精度和作业速度的关键所在。目前，确定整周未知数的方法主要有三种：伪距法、N_0 作为未知数参与平差法和三差法。伪距法就是在进行载波相位测量的同时进行伪距测量，由两种方法的观测方程可知，将未经过大气改正和钟差改正的伪距观测值减去载波相位实际观测值与波长的乘积，便可得到 ρ，从而求出整周未知数 N_0。N_0 作为未知数参与平差法，就是将 N_0 作为未知参数，在测后数据处理和平差时与测站坐标一并求解，根据对 N_0 的处理方式不同，可分为"整数解"和"实数解"。三差法就是从观测方程中消去 N_0 的方法，又称多普勒法，因为对于同一颗卫星来说，每个连续跟踪的观测中，均含有相同的 N_0，因而将不同观测历元的观测方程相减，即可消去整周未知数 N_0，从而直接解算出坐标参数。关于确定 N_0 的具体算法以及对整周跳变(由于种种原因引起的整周观测值的意外丢失现象)的探测和修复的具体方法，这里不再详述，可参阅有关书籍。

5.2.3 GPS 定位作业模式

根据设备配置和工作原理不同，GPS 定位一般分绝对定位和相对定位。

根据 GPS 接收机的不同状态，GPS 定位又可以分为动态定位和静态定位。

1. 绝对定位

GPS 接收机处于运动的载体上，在动态情况下确定载体瞬时绝对坐标的定位方法，称为动态绝对定位。这种定位方法得到的实时解一般没有或者很少有多余的观测量。飞机、船舶以及车辆等用这种方法导航。另外也用于航空物探和遥感领域。

接收机天线处于静止的状态，用以确定观测站绝对坐标的定位方法，称为静态绝对定位。这时测得的测站至卫星的伪距有足够的多余观测量。通过数据后处理可以消除或者削弱伪距的影响，提高卫星的定位精度。这种方法多用于大地测量。

实质上无论是动态绝对定位还是静态绝对定位，所得到的数据都是测站至卫星的伪距。所以绝对定位也称为伪距法。伪距法分为测相伪距和测码伪距，所以绝对定位也可分为测相伪距绝对定位和测码伪距绝对定位。

利用 GPS 进行绝对定位时，其定位精度受到卫星轨道误差、钟差、信号传播误差等诸

多因素的影响。对于其中的系统误差我们可以通过建立模型来削弱，但是残差仍然不能忽略。目前的静态绝对定位精度只能达到米级，这远远不能满足测绘领域的需要。在要求定位精度比较高的大地测量、精密工程测量、地球动力学等领域则采用相对定位。

2. 相对定位

一般说来，相对定位就是在 WGS-84 椭球坐标系统中，确定待测点与某一已知参考点之间的相对位置。如图 5-20 所示，将两台 GPS 接收机分别安置在基线的端点 A、B 上，通过同步观测 GPS 卫星来确定基线的端点，以求得端点 A、B 在协议地球坐标系的相对位置或者基线向量。如果将多台接收机安置在多条基线的端点上，那么用这种方法可同时确定多条基线向量，大大提高工作效率。

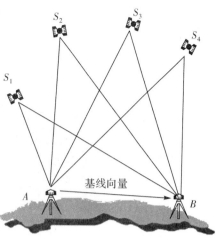

图 5-20　GPS 相对定位

卫星轨道误差、卫星钟差、接收机钟差、对流层和电离层折射误差等对观测量的影响具有一定的相关性，通过在多个测站同步观测卫星的方法，再借助差分技术，可以有效地消除上述误差，提高相对定位的精度。相对定位也有静态和动态之分，它们的区别在于定位过程中 GPS 接收机所处的状态不同。

由于 GPS 测量中不可避免地存在着种种误差，且这些误差对观测量的影响具有一定的相关性，因此利用这些观测量的不同线性组合进行相对定位，便可能有效消除或减弱这些误差的影响。考虑到 GPS 定位时的误差来源，当前普遍采用的观测量线性组合差分形式有三种，即单差法、双差法和三差法。实践表明，以载波相位测量为基础，在中等长度的基线上对卫星连续观测 $1\sim3$ h，其静态相对定位的精度可达 $1\times10^{-6}\sim1\times10^{-7}$。

静态相对定位的最基本形式是用两台 GPS 接收机分别安置在基线的两端，固定不动，第三台 GPS 接收机安置在待定点上；同步观测相同的 GPS 卫星，以确定基线端点在 WGS-84 坐标系中的相对位置或基线向量，由于在测量过程中，通过重复观测取得了充分的观测数据，因此改善了 GPS 定位的精度。相对定位是目前 GPS 测量中精度最高的一种定位方法，广泛应用于高精度控制测量中，其内容在第 6 章继续介绍。

动态相对定位是指将一台接收机安置在基准站上固定不动，另一台安置在运动的载体上，两台接收机同步观测卫星，以确定运动点相对于基准点的实时位置。在工程测量中根据设备和条件有多种动态相对定位方法，其中应用较多的一种方法是 GPS 实时动态载波相位定位（Real Time Kinematic，RTK）方法。这种方法与一般动态相对定位方法相比，定位模式相同，仅需在基准站和流动站间增加一套数据链连接，实现各点坐标的实时计算、实时输出。适用于精度要求不高的施工放样及碎部测量。作业范围目前一般为 10 km 左右。精度可达到 $(10\sim20)$ mm $\pm1\times10^{-6}$。

图 5-21 所示为经典的 RTK 作业设备匹配，其中，图 5-21(a)、图 5-21(b) 为基准站（控制点）部分，图 5-21(c) 为流动站部分，随着网络通信技术的发展，电台发射的数据链也可以借助网络通信替代，而 GPS 天线和接收机、接收机和控制手簿间的短距离数据通信也可以利用蓝牙

(BLUETOOTH)替代。

(a) 固定基准站(CORS)部分　　(b) 移动基准站部分　　(c) 流动站部分

图 5-21　RTK 作业设备配置

3. 基于 RTK 技术下的坐标测量

(1)RTK 测量基本流程

A30 系列 GNSS 接收机是苏一光仪器有限公司独立研制的一款高度集成,采用模块化设计,半开放架构的 RTK 测量系统。它将三星 GNSS 天线(包括 GPS、GNSS、北斗)、三星主板、UHF/GPRS/CDMA 数据链、蓝牙、锂电池和数据存储等功能集于一体,而 GNSS、数据链、电源三部分又各构成方便拆换的独立模块,更方便产品的升级和维修。图 5-21 中的 GNSS 设备即为 A30 产品,在 RTK 作业模式下,基准站(已知坐标的控制点)通过数据链将其观测值和基准站坐标信息一起传送给流动站(采样点位置)。流动站不仅通过数据链接收来自基准站的数据,还要采集 GNSS 观测数据,并在系统内组成差分观测值进行实时处理,同时给出厘米级定位结果。流动站可处于静止状态,也可处于运动状态;可在固定点上先进行初始化后再进入动态作业,也可在动态条件下直接开机,并在动态环境下完成周模糊度的搜索求解。在整周未知数解固定后,即可进行每个历元的实时处理,只要能保持 4 颗以上卫星相位观测值的跟踪和必要的几何图形,则流动站可随时给出厘米级定位结果。

RTK 技术的关键在于数据处理技术和数据传输技术,RTK 定位时要求基准站接收机把观测数据(伪距观测值,相位观测值)及已知数据实时地传输给流动站接收机,数据量比较大,一般都要求 9 600 的波特率,这在无线电上不难实现。

图 5-22 所示为 A30 测量 GETAC PS535FL 手簿控制器测量软件 FOIF Survey 界面,其中显示的几个菜单意义如下:

① 文件 ,用于文件管理、项目文件的建立、数据查看、数据传输以及坐标系统的建立。

② 键入 ,通过键盘输入点、线、面等数据。

③ 配置 ,用于设置测量控制器的参数,包括硬件以及软件环境,如:项目属性单位、坐标转换参数等。可以设置测量方式的属性和参数,这对于我们是很重要的。

④ 测量 ,用于执行多种方式的测量任务及点校正。

图 5-22　FOIF Survey 界面

⑤ 坐标计算 ，用于坐标几何计算。

⑥ 仪器 ，用于查看仪器的参数以及测量过程中的接收状况，如 PDOP、SNR、导航、位置信息等。

(2)RTK 测量方法实施

① 基准站设置

为了建立基准站和流动站数据链的连接，首先要启动基准站。基准站接收机天线对中整平好以后将手簿软件通过蓝牙与接收机连接，并配置基准站。利用 GETAC PS535FL 手簿，在完成了项目文件建立，包括名称、投影基准、控制点录入、参数转换等设置后，就可以选择测量。如图 5-23 所示，具体步骤如下：

选择"测量"选项→"启动基准站接收机"[图 5-23(a)]→进入设置界面 →输入点名、站点坐标[图 5-23(b)]→设置 GPS 广播格式、设站索引、高度角限制、差分链路方式[图 5-23(c)]等。

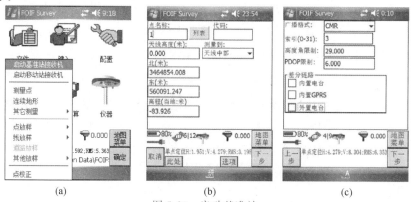

(a)　　　　　(b)　　　　　(c)

图 5-23　启动基准站

其中基准站设置差分链路方式，可根据需要分为四种情况。

a. 内置电台

如图 5-24 所示，选择内置电台方式时，一定要选择好接收机内置的电台频道，并事先确认天线连接好。

b. 内置 GPRS

如图 5-25(a)所示，使用移动的 GPRS 网络时，通信协议填写为 GPRS 网络，数据中心 IP 和端口号一般是规定好的[图 5-25(b)]，本机 IP 号需要到移动运营商申请。对于 A30 仪器在非 CORS 状态下使用，APN 填写为 cmnet 后，再单击设置即可。

图 5-24　内置电台(1)

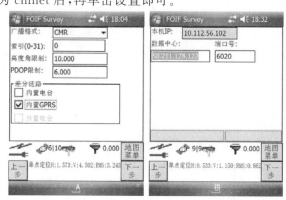

(a) 差分链路设置　　(b) 数据中心 IP 输入

图 5-25　内置 GPRS(1)

c. 内置电台+内置 GPRS

此操作方式可将内置电台和内置 GPRS 两种链路方式同时开启,如图 5-26 所示。

d. 外置电台(数据线接主机 COM2 口)

如图 5-27 所示,如果使用外挂的电台,则不能同时选择多种链路发送数据,一般设置传输波特率为 38 400。

当出现如图 5-28 所示的提示时,表示测站建立成功,基准站启动完成。

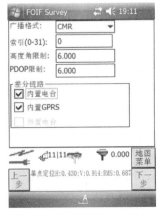

图 5-26 内置电台+内置 GPRS

图 5-27 外置电台

图 5-28 基准站启动完成

(2)流动站测量

如图 5-29(a)所示,选择"启动流动站接收机"后,就进入图 5-29(b)所示界面。

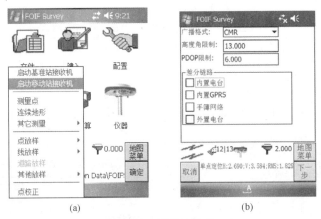

(a)　　　　　　　　　　(b)

图 5-29 流动站设置

按链路方式不同,流动站链路设置主要有三种方式。

①内置电台

如图 5-30 所示,勾选"内置电台"后,选择"通道"数值(电台频道要与基准站一致),单击"下一步"完成设置。

②内置 GPRS

如图 5-31(a)所示,勾选"内置 GPRS"后,进入图 5-31(b)所示的界面。输入数据中心 IP

地址及端口号(同基准站)以及本机 IP 等信息后,即可单击"下一步"完成设置。

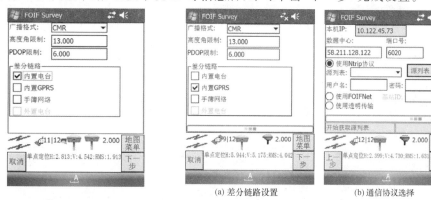

图 5-30　内置电台(2)

(a) 差分链路设置　　(b) 通信协议选择

图 5-31　内置 GPRS(2)

FOIF Survey 还可以提供内置 GPRS 模式另一选项即使用 Ntrip 协议(标准 CORS 模式)。单击"源列表"取得数据列表[图 5-32(a)],选择所需数据格式,输入用户名及密码[图 5-32(b)],然后单击"下一步"即可完成标准 CORS 作业模式设置。

完成流动站链路设置后,仪器进行初始化,也就是进行整周模糊度的固定,一般情况在 1 分钟以内可以完成。当初始化完成后,控制器在状态框中左侧显示"固定"的时候,就可以进行 RTK 测量了。如图 5-33 所示,在状态框右侧显示水平精度和垂直精度。

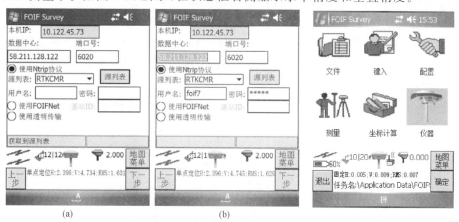

(a)　　　(b)

图 5-32　Ntrip 协议设置

图 5-33　流动站就绪

如果仪器没有设置测区的坐标转换参数,还要进行坐标点校正工作。点校正的目的是将 GPS 的测量坐标系(WGS-84 经纬度坐标系)转为当地坐标系(城建坐标系等),转换参数的计算至少需要两个基于当地坐标系的已知点。

单点测量(图 5-34):输入点名称、代码、天线高度,并设置好观测精度限差。

测量单点属性分为地形点(默认为 5 秒)、已观测控制点(默认为 180 秒)、快速点(默认为 1 秒)。

当内符合精度满足限差要求时,程序自动可以存储数据。

连续测量(图 5-35):A30 RTK 提供连续地形测量功能,用户可以按固定时间间隔或距离间隔连续采集数据,并且自动记录数据和查询。图 5-36 所示为 RTK 连续地形测量数据分布地图实时查询。

图 5-34 单点测量

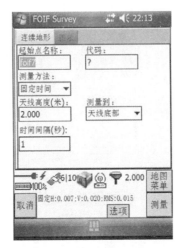

图 5-35 连续测量

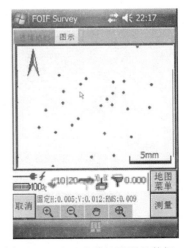

图 5-36 RTK 连续地形测量数据
分布地图实时查询

(3)RTK 测图的优势

过去测地形图时一般首先要在测区建立图根控制点,然后在图根控制点上架设全站仪或经纬仪配合小平板测图,现在发展到外业用全站仪,内业用测图软件来进行数字测图。但这些方法都要求当在测站控制点上测四周的地形地貌等碎部点时,这些碎部点必须与测站通视,而且进行测量作业时一般要求至少有 2 人。在内业拼图时,若精度不合要求还要到外业去重测。而采用 RTK 技术时,仅需一人拿着接收机天线,在要测的地形地貌碎部点停留 1~2 s,并同时输入测点特征编码,通过手簿查询就可以知道实时点位精度,测完一个区域后回到室内,由专业的软件就可以编辑输出所要测的地形图;另外用 RTK 作业不受天气影响,不要求点间通视,不需要建立密集的测图控制网,大大提高了工作效率。采用 RTK 技术不仅可以测设各种陆上的地形图,而且配合测深仪还可以测近海、水库地形图以及进行低空无人机测量等。

5.3 不同基准下的坐标转换

工程测量实践尤其是控制测量,常需要进行不同基准下的坐标转换,如把解算的 GPS 点的 WGS-84 坐标转换成当地或局域坐标等,这就牵涉不同基准下的坐标转换。

我国常用的不同基准的坐标系主要有:

1.54 北京坐标系

54 北京坐标系采用克拉索夫参考椭球,并与苏联 1942 年普尔科沃坐标系进行联测,高程基准采用 1956 年青岛验潮站求出的平均海平面,通过计算所建立的坐标系,为参心坐标,其主要几何参数见表 5-5。

2.80 国家大地坐标系

80 国家大地坐标系,又称 80 西安坐标系,为参心坐标,大地原点在陕西省泾阳县永乐镇。对应参考椭球中的三轴定义是:Z 轴平行于由地球地心指向 1 968.0 地极原点(JYD)的方向,大地起始子午面平行于格林尼治天文台首子午面,X 轴在大地起始子午面内与 Z 轴垂直指向经度零方向,X,Y,Z 轴构成右手坐标系。对应的参考椭球参数为 1975 年 IUGG 第 16 届大会推荐的数值。高程基准则与 54 北京坐标系相同,其主要几何参数见表 5-5。

表 5-5   地球椭球和参考椭球的主要几何参数

参数名称	地球椭球	
	WGS-84 大地坐标系	CGCS2000
长半轴 a/m	6 378 137	6 378 137
短半轴 b/m	6 356 752.314 2	6 356 863.018 8
扁率 α	1/298.257 223 563	1/298.257 222 101
第一偏心率平方 e^2	0.006 694 379 990 13	0.006 694 380 022 90
第二偏心率平方 e'^2	0.006 739 496 742 227	0.006 739 496 775 48

参数名称	参考椭球	
	80 国家大地坐标系	54 北京坐标系
长半轴 a/m	6 378 140	6 378 245
短半轴 b/m	6 356 755.288 2	6 356 863.018 8
扁率 α	1/298.257	1/298.3
第一偏心率平方 e^2	0.006 694 384 999 59	0.006 693 421 622 966
第二偏心率平方 e'^2	0.006 739 501 819 47	0.006 738 525 414 683

目前我国已有的许多测绘资料都是建立在基于上述两个国家大地坐标基准基础上的。

3. WGS-84 大地坐标系

WGS-84 大地坐标系即 1984 世界协议大地坐标系(World Geodetic System),其几何定义为:原点位于地球质心,Z_{CTS}(Conventional Terrestrial System,CTS)轴指向国际时空局(BIH)于 1984 年定义的协议地球极(Conventional Terrestrial Pole,CTP)方向,X_{CTS} 轴指向 BIH1984 零子午面和 CTP 赤道的交点,Y_{CTS} 轴按构成右手坐标系取向,如图 5-37 所示。同时对应的有 WGS-84 地球椭球,其主要几何参数见表 5-5。

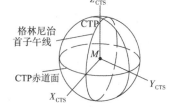

图 5-37   WGS-84 大地坐标系框架

4. 2000 国家大地坐标系(CGCS2000)

2000 国家大地坐标系是我国当前最新的国家大地坐标系,是全球地心坐标系在我国的具体体现,其原点为包括海洋和大气的整个地球的质量中心。2000 国家大地坐标系几何定义和 WGS-84 大地坐标相同,其采用的地球椭球主要几何参数见表 5-5。

特别强调的是,2000 国家大地坐标系和 WGS-84 大地坐标系基本是相容的,在坐标系的实现精度范围内,二者坐标是一致的。

5. 地方独立坐标系

地方独立坐标系,即根据地区或工程实际需要选定的坐标系。它与前述三种坐标系应能实现转换,即求出转换系数,可以利用已知重合点的对应坐标量按 3 参数(2 个平移变量、1 个旋转变量)、4 参数(2 个平移变量、1 个旋转变量、1 个尺度系数)或 7 参数(3 个平移变量、3 个旋转变量、1 个尺度系数)求解。54 北京坐标系和地方独立坐标系基于 3 参数下转换关系,即

$$\begin{pmatrix} X \\ Y \end{pmatrix}_{54} = \begin{pmatrix} X_0 \\ Y_0 \end{pmatrix}_{54} + \boldsymbol{R} \begin{pmatrix} x \\ y \end{pmatrix} \tag{5-14}$$

式中，$\boldsymbol{R}$ 为转换参数矩阵。

对于转换精度要求不高的点，如小比例尺地形图，也可以用近似拟合的公式推算相互间的转换，下式即为某地区 80 国家大地坐标系（80 西安坐标系）和 54 北京坐标系的仿射变换拟合式为

$$\begin{cases} X_{西安} = -76.913 + 1.000\ 007\ 795\ 729\ 7 X_{北京} - 0.000\ 004\ 374\ 488 Y_{北京} \\ Y_{西安} = -39.829 + 1.000\ 007\ 795\ 729\ 7 Y_{北京} - 0.000\ 004\ 374\ 488 X_{北京} \end{cases} \tag{5-15}$$

对于同一个点，根据需要可能以地理坐标 (B,L) 或高斯平面坐标 (X,Y) 表达，而原始的数据表达方式则可能相反，因此需要在 (B,L) 和 (X,Y) 两种坐标表达方式下建立解析关系式并进行换算，以满足不同工程用图的目的和表达。

图 5-38 所示为地理坐标和直角坐标转换程序界面。

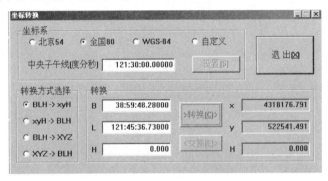

图 5-38　地理坐标和直角坐标转换程序界面

如图 5-38 所示，在 80 国家大地坐标系下，由地理坐标 (B,L) 向高斯平面坐标 (X,Y) 转换，选定的中央子午线为 $121°30'$，y 值默认向西平移 500 km，如果为特殊设定坐标系（在同一定义椭球下），也可以进行线性加减。

随着 GPS 技术应用的深入及与国际的接轨，国家基本坐标系统将逐步过渡到 WGS-84 大地坐标系下的坐标框架内。

习 题

5-1　全站仪主要包括哪些结构？能实现什么测量功能？

5-2　试述编码度盘和光栅度盘测角的主要区别。

5-3　简述 RTS211 坐标测量的主要步骤。

5-4　简述 GPS 伪距测量原理。

5-5　简述 GPS 坐标定位作业模式的形式和特点。

5-6　什么是 RTK 测量技术？结合 A30 设备叙述如何实现 RTK 下坐标点的采集。

5-7　目前我国使用的测量坐标系统有哪些？其基本定义各是什么？

5-8　何为 WGS-84 大地坐标系？如何实现其与 54 北京坐标系的转换？

第6章

小区域控制测量

6.1　概　述

测量工作通常会产生各种误差,这些误差会随着测量工作的进行不断积累。此外,测量工作实际上是在地球表面进行的,因而需要建立统一的坐标系统,以保证测量作业及成果的统一性和完整性。而这种统一的坐标系统,实际上是由地面上固定的一些高精度点位坐标所体现的。有了大量均匀分布的高精度点位,以此为依据的测量工作便可以避免误差的大量累积。这也体现了"从整体到局部,先控制后碎部"的测量原则。高精度点位组成的控制网可分为国家控制网、区域控制网(或工程控制网)两大类。为了实际应用的需要,又可把控制网分成平面控制网和高程控制网。测定控制点平面坐标(x,y)的工作称平面控制测量,测定控制点高程 H 的工作称高程控制测量。

1. 平面控制测量

平面控制测量是一项最基本的测量工作。传统的平面控制测量可以采用三角网测量、测边网测量、边角网测量、交会测量、GPS 测量、甚长基线干涉测量、摄影测量和天文测量等形式,而现今的平面控制测量主要采用 GPS 测量。

（1）三角网测量

如图 6-1 所示,通过测量控制点间形成的水平角度,可以由已知点位平面坐标计算出待定点位平面坐标。在过去没有测距仪的时代,三角网测量是主要的平面控制测量手段。

(a)三角锁(网)　　　　　　　(b)单三角锁　　　　　　　(c)线型三角锁

图 6-1　三角网测量

（2）测边网测量

测边网测量是通过测量控制点间的水平距离,进而计算出各点平面坐标的。其网形与三角网相同。

（3）边角网测量

边角网测量不仅测量控制点间的水平距离,也测量控制点间形成的水平角度,但不必测量形成网的每个边长或角度。其中最常用的是导线网,其布设形式如图 6-2 所示。

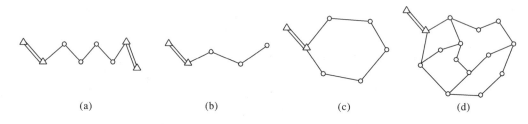

| (a) | (b) | (c) | (d) |

图 6-2　导线网布设形式

由于导线网不需要很多控制点间通视且布网灵活,因此特别适合于建立城市控制网以及在较隐蔽地区建立控制网。

（4）交会测量

交会测量也是一种控制点加密的方法,包括测角交会法、测边交会法、边角交会法(测量边长和角度的交会方法)等。

（5）GPS 测量

静态 GPS 相对定位技术是目前高精度、大范围内进行平面控制测量的主要手段。它具有精度高,劳动强度低,控制点间无须通视,操作自动化程度高,省时等特点。

（6）甚长基线干涉测量

甚长基线干涉测量首先利用基线两端的射电望远镜,同时测量来自河外天体的射电随机信号,由于它们并不同时到达观测站,因而产生相位差,据此推算出相对时间延迟,最后利用各方向众多观测结果,推算出基线长度与基线方向。

（7）摄影测量

摄影测量是测绘领域应用较为广泛的技术手段,布设的控制点称像控点。它不仅可以大范围、高效地测绘数字地形图及其物方点的三维坐标,而且利用光线束平差方法,还可大范围、高精度地完成空中加密等测量工作。

（8）天文测量

天文测量是利用仪器通过观测天体,如恒星,同时确定观测时刻的时间,进而确定地面点位的天文经纬度的测量方法。它可以用来推算天文大地垂线偏差和大地方位角,用以归算地面观测值至天文椭球面上,及控制大范围控制网中方位角误差的累积。

在全国范围内布设的国家级平面控制网,过去主要按三角网形式布设,分为一等、二等、三等、四等四个等级。一等三角网沿经纬线方向布设成三角锁的形式,平均边长约为 20 km,锁长约为 200 km。锁的起算边两端应精密测定天文经纬度和天文方位角,精度应达到 $0.02''\sim0.05''$,起算边相对精度应达到 1/350 000。其他等级三角网可在上一等级三角网的基础上加密而成。

在国家控制网的基础上可以布设城市控制网和工程控制网,用于大比例尺地形图的测绘及工程建设、城市建设的需要。当在 100 km² 范围内建立控制网时,称为小区域控制测量,在此范围内可以认为水准面是水平的,不需要进行专门的投影归算。小区域控制网应尽可能与国家控制网或城市控制网连测。直接为测绘大比例尺地形图而建立的控制网称为图根控制网。根据 2011 年《城市测量规范》(CJJ/T8－2011),城市平面控制测量(三角网测量、导线测量)主要技术要求见表 6-1、表 6-2。

表 6-1　　　　　　　　　　　　三角网测量主要技术要求

等级	平均边长/km	测角中误差/(″)	起始边边长相对中误差	最弱边边长相对中误差
二等	9	≤±1.0	≤1/300 000	≤1/120 000
三等	5	≤±1.8	≤1/200 000	≤1/80 000
四等	2	≤±2.5	≤1/120 000	≤1/45 000
一级小三角	1	≤±5.0	≤1/40 000	≤1/20 000
二级小三角	0.5	≤±10.0	≤1/20 000	≤1/10 000

表 6-2　　　　　　　　　　　　导线测量主要技术要求

等级	测图比例尺	导线长度/m	平均边长/m	往返丈量较差相对误差	测角中误差/(″)	导线全长相对闭合差	测回数 DJ₂	测回数 DJ₆	角度闭合差/(″)
一级		2 500	250	1/20 000	±5	1/10 000	2	4	$\pm10\sqrt{n}$
二级		1 800	180	1/15 000	±8	1/7 000	1	3	$\pm16\sqrt{n}$
三级		1 200	120	1/10 000	±12	1/5 000	1	2	$\pm24\sqrt{n}$
图根	1∶500	500	75	1/3 000	±20	1/2 000		1	$\pm60\sqrt{n}$
	1∶1 000	1 000	110						
	1∶2 000	2 000	180						

2. 高程控制测量

高程控制测量用来测定控制点相对于某一水准面的高差。在大地测量当中,主要采用水准测量和三角高程测量方法。也可以通过 GPS 测量,建立大地水准面拟合方程,进而推算出其他点位的高程。表 6-3 是各等级水准测量的主要技术指标。

表 6-3　　　　　　　　各等级水准测量的主要技术指标　　　　　　　　（mm）

等级	每千米高差中数中误差 偶然中误差 M_Δ	每千米高差中数中误差 全中误差 M_W	测段、区段、路线往返测高差不符值	测段、路线的左右路线高差不符值	附合路线或环线闭合差 平原、丘陵	附合路线或环线闭合差 山区	检测已测测段高差之差
二等	≤±1	≤±2	$\leq\pm4\sqrt{L_s}$	—	$\leq\pm4\sqrt{L}$		$\leq\pm6\sqrt{L_i}$
三等	≤±3	≤±6	$\leq\pm12\sqrt{L_s}$	$\leq\pm8\sqrt{L_s}$	$\leq\pm12\sqrt{L}$	$\leq\pm15\sqrt{L}$	$\leq\pm20\sqrt{L_i}$
四等	≤±5	≤±10	$\leq\pm20\sqrt{L_s}$	$\leq\pm14\sqrt{L_s}$	$\leq\pm20\sqrt{L}$	$\leq\pm25\sqrt{L}$	$\leq\pm30\sqrt{L_i}$
图根					$\leq\pm40\sqrt{L}$		

注　①L_s 为测段、区段或路线长度,L 为附合路线或环线长度。L_i 为检测测段长度,均以 km 计;
　　②山区是指路线中最大高差超过 400 m 的地区;
　　③水准环线由不同等级水准路线构成时,闭合差的限差应按各等级路线长度分别计算,然后取其平方和的平方根为限差;
　　④检测已测测段高差之差的限差,对单程及往返检测均适用;检测测段长度小于 1 km 时按 1 km 计算。

控制测量的布设,一般分为技术设计、实地选点与标石埋设、观测及数据处理几个阶段。具体的作业程序和技术指标的确定,应遵循相应的测量规范。这些规范包括《全球定位系统测量规范》《城市测量规范》《工程测量规范》《国家三、四等水准测量规范》等。

6.2   导线平面控制测量

相邻控制点连成直线而构成的折线图形,称为导线。构成导线的控制点,称为导线点。相邻导线点间的距离称为导线边,相邻导线边之间的水平角称为转折角。导线测量过程为:依次测定各导线边的长度和各转折角的角度,然后根据某起始点坐标和起算方向,推算其余各边的坐标方位角,从而求出各导线点的坐标,以满足测区内地形图测绘的需要。

6.2.1   导线布设基本形式

目前全站仪及光电测距仪的广泛使用,使得导线测量变得较为方便。且由于导线测量较少受到通视要求的限制,因此,在工程测量中,尤其是在城市范围内的控制测量作业中,得到广泛应用。单导线的布设形式有以下几种:

1. 闭合导线

如图 6-3 所示,由一个已知点 A 出发测量一系列边长与转折角的角度,又重新回到已知点 A,形成一个闭合多边形,从而确定各点位坐标,称为闭合导线。

2. 附合导线

如图 6-4 所示,由一个已知点 A 出发,测量一系列边长与转折角的角度,并附合到另一已知点 C,进而推算各点坐标,称为附合导线。

3. 支导线

支导线又称自由导线,由一个已知点 A 出发进行测量,但并不附合到另一个已知点,或回到初始点。为了避免粗差的出现及利于检核,一般边数不能超过 3 条,且要往返测量,如图 6-5 所示。

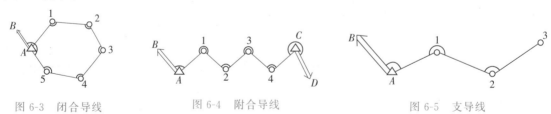

图 6-3 闭合导线   图 6-4 附合导线   图 6-5 支导线

6.2.2   导线测量实施

1. 导线测量的外业工作
导线测量的外业工作包括踏勘选点、边长测量、角度测量和导线连接测量。

（1）踏勘选点

首先应收集有关测区的地形地貌等信息资料，包括测区的已有地形图、测区内的已有控制点，据此在图上初步选点，然后，携带选点图，到实地进行定点并建立标志。

控制点应满足下列几项要求：

①相邻控制点间应相互通视，要易于测边测角，且选点应便于安置仪器和保存测量标志。

②选点周围视野应开阔，以便于测绘地形图。

③选点数量及密度应满足测绘大比例尺地形图的要求及其他一些要求。

④相邻导线边长应尽可能相等。

导线点选好后，应做标志。标志可以是混凝土桩，如图 6-6（a）所示，图根控制点可以是木桩，如图 6-6（b）所示，或直接钉钉子，各类标志的尺寸在相关测量规范中均有详细的说明。点位周围或附近应做上标记并编号，还要绘制"点之记"。

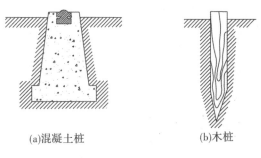

(a)混凝土桩　　　　　(b)木桩

图 6-6　标志

（2）边长测量

边长测量简称测边，可用电磁波测距仪进行，并改正为平距。也可用钢尺丈量水平距离。量距相对精度不得低于 $1/3\,000$，困难地区量距相对精度不得低于 $1/2\,000$。

（3）角度测量

角度测量简称测角。不同等级的导线，测角精度要求有所不同。对于图根导线，转折角可用 DJ_6 光学经纬仪测一个测回。导线可以测左角或右角，闭合导线应测内角。

（4）导线连接测量

导线连接测量是指为了使导线点坐标系统与国家或城市坐标系统统一，应尽可能与已知控制点进行联测，以便获取起算坐标数据和方位数据。如图 6-7 所示，1～7 导线点与 A、B 控制点联测后，其坐标就纳入 A、B 点所在坐标系统中。

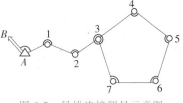

图 6-7　导线连接测量示意图

2. 导线测量的内业计算

当野外测角与测边成果检查无误，且精度满足相关测量规范要求后，应绘制导线略图，注明所测角度、边长及点位的编号，方便计算和检查。下面以闭合导线为例，说明导线测量的内业计算程序。

(1)计算内角和闭合差并进行闭合差的分配计算

闭合导线内角和的理论值与测量值之差,称为内角和闭合差。

$$f_\beta = \sum_{i=1}^{n} \beta_i - (n-2)180° \tag{6-1}$$

对于图根导线内角和闭合差,当满足$|f_\beta| \leqslant f_{\beta容}$的要求时,按最优估值方法,可将闭合差反号,平均分配到各内角当中。图根导线内角和闭合差限差为

$$f_{\beta容} = \pm 60'' \sqrt{n} \tag{6-2}$$

改正后的各内角为

$$\hat{\beta}_i = \beta_i + v_i \tag{6-3}$$

其中

$$v_i = -\frac{f_\beta}{n} \tag{6-4}$$

(2)坐标方位角的推算

坐标方位角的推算方法

如图6-8所示,已知边AB的坐标方位角为α_{AB},并测得点B的转折角$\beta_左$或$\beta_右$,推算$B1$边的坐标方位角。由图6-8可知

$$\alpha_{B1} = \alpha_{BA} + \hat{\beta}_左$$

$$\alpha_{B1} = \alpha_{BA} - \hat{\beta}_右$$

且$\alpha_{BA} = \alpha_{AB} \pm 180°$,所以

$$\alpha_{B1} = \alpha_{AB} + \hat{\beta}_左 \pm 180° \tag{6-5}$$

$$\alpha_{B1} = \alpha_{AB} - \hat{\beta}_右 \pm 180° \tag{6-6}$$

图 6-8　坐标方位角的推算

以此类推,可以计算其他边的坐标方位角。式(6-5)及式(6-6)中,所用转折角应是经过改正的,若得到的$\alpha_i > 360°$,则α_i应减去360°;若$\alpha_i < 0$,则α_i应加上360°。

(3)坐标增量的计算与坐标增量闭合差的调整

第i点至前进方向相邻点j的坐标增量为

$$\Delta x_{ij} = D_{ij} \cos \alpha_{ij} \tag{6-7}$$

$$\Delta y_{ij} = D_{ij} \sin \alpha_{ij} \tag{6-8}$$

理论上,闭合导线各边坐标增量之和应等于零,即

$$\sum_{1}^{n} \Delta x_理 = 0 \tag{6-9}$$

$$\sum_{1}^{n} \Delta y_理 = 0 \tag{6-10}$$

对于闭合导线

$$\sum_{1}^{n} \Delta x_理 = \sum_{1}^{n} \Delta y_理 = 0$$

由于测量值包含误差,因此,由观测值计算所得坐标增量之和将不等于零,其值为坐标增量闭合差

$$f_x = \sum_1^n \Delta x_测 - \sum_1^n \Delta x_理 = \sum_1^n \Delta x_测 \tag{6-11}$$

$$f_y = \sum_1^n \Delta y_测 - \sum_1^n \Delta y_理 = \sum_1^n \Delta y_测 \tag{6-12}$$

导线全长闭合差为

$$f = \sqrt{f_x^2 + f_y^2} \tag{6-13}$$

导线全长闭合差 f 的含义如图 6-9 所示。

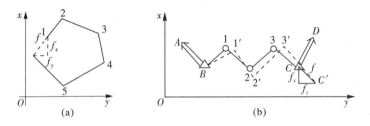

图 6-9　导线全长闭合差 f 的含义

对于图根导线而言,导线全长相对闭合差限差为 1/2 000。即应满足要求:

$$\frac{f}{\sum D} \leqslant \frac{1}{2\ 000} \tag{6-14}$$

当满足限差要求后,按最优估值方法,应将坐标增量闭合差反号,并按与各边距离成正比进行分配,即各边坐标增量改正数为

$$v_{\Delta x_{ij}} = -\frac{f_x}{\sum D} D_{ij} \tag{6-15}$$

$$v_{\Delta y_{ij}} = -\frac{f_y}{\sum D} D_{ij} \tag{6-16}$$

改正后的各边坐标增量为

$$\Delta \hat{x}_{ij} = \Delta x_{ij} + v_{\Delta x_{ij}} \tag{6-17}$$

$$\Delta \hat{y}_{ij} = \Delta y_{ij} + v_{\Delta y_{ij}} \tag{6-18}$$

(4)各点坐标的计算

应利用改正后的坐标增量,计算各点坐标:

$$\hat{x}_j = \hat{x}_i + \Delta \hat{x}_{ij} \tag{6-19}$$

$$\hat{y}_j = \hat{y}_i + \Delta \hat{y}_{ij} \tag{6-20}$$

附合导线的计算方法与闭合导线计算方法相同,只是内角和闭合差改为已知坐标方位角和推算坐标方位角闭合差。附合导线坐标增量闭合差是由计算所得终点坐标与已知终点坐标之差算得的[式(6-11)、式(6-12)]。对于图 6-9(b)所示附合导线而言,坐标方位角闭合差计算公式为

$$f_\beta = \alpha_{CD算} - \alpha_{CD} = \alpha_{AB} + \sum\beta \pm n180° - \alpha_{CD} \qquad (6\text{-}21)$$

表 6-4 为图 6-9(a)闭合导线坐标计算示例[图 6-9(a)]。

表 6-4　　　　　　　　　　闭合导线坐标计算示例

点号	右角 观测值 (°)(′)(″)	右角 改正后值 (°)(′)(″)	方向角	边长 D/m	增量计算值/m Δx	增量计算值/m Δy	改正后增量/m Δx	改正后增量/m Δy	坐标/m x	坐标/m y	点号
1			316 42 00	107.61	+2 +78.32	+3 −73.80	+78.34	−73.77	800.00	1 000.00	1
2	−12 87 51 12	87 51 00	224 33 00	224.50	+3 −159.99	+6 −157.49	−159.96	−157.43	878.34	926.23	2
3	−12 89 13 42	89 13 30	133 46 30	179.38	+3 −124.10	+4 +129.52	−124.07	+129.56	718.38	768.80	3
4	−12 87 29 12	87 29 00	41 15 30	179.92	+3 +135.25	+4 +118.65	+135.28	+118.69	594.31	898.36	4
5	−12 125 06 42	125 06 30	346 22 00	72.44	+1 +70.40	+2 −17.07	+70.41	−17.05	729.59	1 017.05	5
1	−12 150 20 12	150 20 00	316 42 00						800.00	1 000.00	1
2											
$\sum$	540 01 00	540°		763.85	−0.12	−0.19	0.00	0.00			

辅助计算

$$f_\beta = 540°01'00'' - (5-2)\times 180° = 1'$$
$$f_{\beta容} = \pm 40''\sqrt{5} = \pm 89''$$
$$f_x = -0.12 \text{ m}$$
$$f_y = -0.19 \text{ m}$$
$$f = \sqrt{(-0.12)^2 + (-0.19)^2} = 0.22 \text{ m}$$
$$\frac{f}{\sum D} = \frac{0.22}{764} \approx \frac{1}{3\,500} < \frac{1}{2\,000}$$

6.2.3　无定向导线

　　前面讲到的附合导线和闭合导线,其已知点上有已知方位角,由此可以确定各导线边的坐标方位角。在工程实践中,对于附合导线而言,可能只有坐标的附合,而没有方向的附合。如图 6-10 所示,导线附合到两个已知点 A、B 上,A 点和 B 点上没有已知方向,此时的导线测量观测值只有边长和转折角,而没有连接角,这种导线称为无定向导线。下面以图 6-10 所示导线为例,说明无定向导线的数据处理过程。

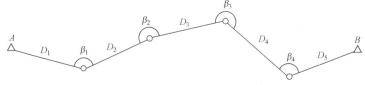

图 6-10　无定向导线

1. 根据两已知控制点坐标,计算两控制点间的边长和坐标方位角

A 点和 B 点间的边长和坐标方位角为

$$\alpha_{AB} = \arctan \frac{y_B - y_A}{x_B - x_A} \tag{6-22}$$

$$S_{AB} = \sqrt{(x_B - x_A)^2 + (y_B - y_A)^2} \tag{6-23}$$

2. 根据假设方向计算导线

A 点的坐标为已知,但 A 点至 1 点的坐标方位角是未知的。可以将 A 点至 1 点的坐标方位角设为 $\alpha_{A1} = 0°00'00.0''$,则 1 点至 2 点的坐标方位角及 2 点至 3 点的坐标方位角为

$$\alpha_{12} = \alpha_{A1} + \beta_1 \pm 180° \tag{6-24}$$

$$\alpha_{23} = \alpha_{12} + \beta_2 \pm 180° \tag{6-25}$$

$$\vdots$$

同理计算其他边的坐标方位角。

A 点至 1 点的坐标增量及 2 点至 3 点的坐标增量为

$$\Delta x_{A1} = S_1 \cos \alpha_{A1}, \qquad \Delta y_{A1} = S_1 \sin \alpha_{A1} \tag{6-26}$$

$$\Delta x_{12} = S_2 \cos \alpha_{12}, \qquad \Delta y_{12} = S_2 \sin \alpha_{12} \tag{6-27}$$

$$\vdots$$

同理计算其他边的坐标增量。

计算 B 点坐标时设 A 点坐标为零,即 $x'_A = 0, y'_B = 0$,并称此点为 A' 点,则 B 点坐标计算值为

$$x'_B = x'_A + \Delta x_{A1} + \Delta x_{12} + \cdots \tag{6-28}$$

$$y'_B = y'_A + \Delta y_{A1} + \Delta y_{12} + \cdots \tag{6-29}$$

设由坐标 (x'_B, y'_B) 确定的点位为 B' 点。由 A' 点至 B' 点的坐标方位角和水平距离为

$$\alpha'_{A'B'} = \arctan \frac{y'_B - y'_A}{x'_B - x'_A} \tag{6-30}$$

$$S'_{A'B'} = \sqrt{(x'_B - x'_A)^2 + (y'_B - y'_A)^2} \tag{6-31}$$

3. 测量精度的检验

可以通过比较距离 S_{AB} 与 S'_{AB} 的差异来估计观测质量,并对此差异提出限差。距离差为

$$\Delta S = S_{AB} - S'_{AB} \tag{6-32}$$

此距离差应满足的限差为

$$\Delta S \leqslant 2\sqrt{\frac{1}{\rho^2} \sum m_\beta^2 d_i^2 + \sum m_{S_i}^2 \cos^2 \varphi_i} \tag{6-33}$$

式中,m_β 为导线测角中误差;d_i 为各导线点到 AB 连线的垂直距离;m_{S_i} 为各导线边长度测量中误差;φ_i 为各导线边与 AB 连线的夹角。

4. 计算各导线边的实际坐标方位角及各导线点坐标值

A 点至 1 点的实际坐标方位角为

$$\alpha_{A1} = \alpha_{AB} - \alpha'_{A'B'} = \Delta \alpha \tag{6-34}$$

其他各边的实际坐标方位角为

$$\alpha_i = \alpha'_i + \Delta\alpha \qquad (6\text{-}35)$$

式中，α'_i 为按假设方向计算的第 i 条边的坐标方位角，由式(6-24)和式(6-25)算得。并根据实际的 A 点坐标和实际各边的坐标方位角重新计算各点的坐标。假设按实际方位角计算得到的 B 点坐标为 (x'_B, y'_B)，则坐标增量闭合差及全长相对闭合差别为

$$f_x = x'_B - x_B \qquad (6\text{-}36)$$

$$f_y = y'_B - y_B \qquad (6\text{-}37)$$

$$K = \frac{\sqrt{f_x^2 + f_y^2}}{\sum S} \qquad (6\text{-}38)$$

当坐标增量相对闭合差满足要求后，可将坐标增量闭合差按与各边长度成正比反号分配到各边坐标增量计算值中，并由新的坐标增量计算各点坐标。

【例 6-1】 对于图 6-10 所示无定向导线，按一级导线精度进行实测。设 A 点和 B 点坐标分别为 $x_A = 3\,515.515$ m、$y_A = 731.157$ m，$x_B = 3\,597.629$ m、$y_B = 1\,848.197$ m，各边长度观测值及角度观测值分别为 $D_1 = 218.681$ m、$D_2 = 315.831$ m、$D_3 = 225.387$ m、$D_4 = 170.545$ m、$D_5 = 286.924$ m，$\beta_1 = 155°35'34.4''$，$\beta_2 = 248°24'51.3''$，$\beta_3 = 135°41'17.3''$，$\beta_4 = 195°51'25.5''$。观测精度是否满足一级导线精度要求？若满足则计算各未知点的坐标。

解 A 点与 B 点间的距离及坐标方位角分别为

$$\alpha_{AB} = \arctan\frac{y_B - y_A}{x_B - x_A} = 85°47'44.6''$$

$$S_{AB} = \sqrt{(x_B - x_A)^2 + (y_B - y_A)^2} = 1\,120.054 \text{ m}$$

设 A 点坐标为 $(0,0)$，并设 $A1$ 边坐标方位角为零，即 $\alpha_{A1} = 0°$，则其余边的坐标方位角为

$$\alpha_{12} = \alpha_{A1} + \beta_1 \pm 180° = 335°35'34.4''$$

$$\alpha_{23} = \alpha_{12} + \beta_2 \pm 180° = 44°00'25.7''$$

$$\alpha_{34} = \alpha_{23} + \beta_3 \pm 180° = 359°41'43''$$

$$\alpha_{4B} = \alpha_{34} + \beta_4 \pm 180° = 15°33'8.5''$$

由上述方位角及边长可以计算各边的坐标增量，其值为

$$\Delta x_{A1} = D_1 \times \cos\alpha_{A1} = 218.681 \text{ m}, \quad \Delta y_{A1} = D_1 \times \sin\alpha_{A1} = 0 \text{ m}$$

$$\Delta x_{12} = D_2 \times \cos\alpha_{12} = 287.605\,9 \text{ m}, \quad \Delta y_{12} = D_2 \times \sin\alpha_{12} = -130.506\,9 \text{ m}$$

$$\Delta x_{23} = D_3 \times \cos\alpha_{23} = 162.110\,3 \text{ m}, \quad \Delta y_{23} = D_3 \times \sin\alpha_{23} = 156.587\,2 \text{ m}$$

$$\Delta x_{34} = D_4 \times \cos\alpha_{34} = 170.542\,6 \text{ m}, \quad \Delta y_{34} = D_4 \times \sin\alpha_{34} = -0.907\,0 \text{ m}$$

$$\Delta x_{4B} = D_5 \times \cos\alpha_{4B} = 276.418\,5 \text{ m}, \quad \Delta y_{4B} = D_5 \times \sin\alpha_{4B} = 76.929\,7 \text{ m}$$

设 $x'_A = 0, y'_B = 0$，则根据上述坐标增量可以计算 B 点的坐标为

$$x'_B = x'_A + \Delta x_{A1} + \Delta x_{12} + \Delta x_{23} + \Delta x_{34} + \Delta x_{4B} = 1\,115.358\,4 \text{ m}$$

$$y'_B = y'_A + \Delta y_{A1} + \Delta y_{12} + \Delta y_{23} + \Delta y_{34} + \Delta y_{4B} = 102.103\,0 \text{ m}$$

由上述坐标计算始点及终点间的坐标方位角及距离分别为

$$\alpha'_{A'B'} = \arctan\frac{y'_B - y'_A}{x'_B - x'_A} = 5°13'49.6''$$

$$S'_{A'B'} = \sqrt{(x'_B - x'_A)^2 + (y'_B - y'_A)^2} = 1\,120.022\,0 \text{ m}$$

A 点至 1 点的实际坐标方位角为

$$\alpha_{A1} = \alpha_{AB} - \alpha'_{A'B'} = \Delta\alpha = 80°33'55''$$

其余各边的实际坐标方位角为

$$\alpha_{12} = \alpha'_{12} + \Delta\alpha = 56°09'29.4''$$
$$\alpha_{23} = \alpha'_{23} + \Delta\alpha = 124°34'20.8''$$
$$\alpha_{34} = \alpha'_{34} + \Delta\alpha = 80°15'38.1''$$
$$\alpha_{4B} = \alpha'_{4B} + \Delta\alpha = 96°07'03.6''$$

式中，$\alpha'_{12} = 335°35'34.4''$，其余类似。

由上述实际坐标方位角计算各边的实际坐标增量为

$$\Delta x_{A1} = D_1 \times \cos\alpha_{A1} = 35.847\,0 \text{ m}, \quad \Delta y_{A1} = D_1 \times \sin\alpha_{A1} = 215.722\,9 \text{ m}$$
$$\Delta x_{12} = D_2 \times \cos\alpha_{12} = 175.886\,9 \text{ m}, \quad \Delta y_{12} = D_2 \times \sin\alpha_{12} = 262.322\,4 \text{ m}$$
$$\Delta x_{23} = D_3 \times \cos\alpha_{23} = -127.895\,3 \text{ m}, \quad \Delta y_{23} = D_3 \times \sin\alpha_{23} = 185.585\,8 \text{ m}$$
$$\Delta x_{34} = D_4 \times \cos\alpha_{34} = 28.850\,7 \text{ m}, \quad \Delta y_{34} = D_4 \times \sin\alpha_{34} = 168.087\,0 \text{ m}$$
$$\Delta x_{4B} = D_5 \times \cos\alpha_{4B} = -30.577\,6 \text{ m}, \quad \Delta y_{4B} = D_5 \times \sin\alpha_{4B} = 285.290\,0 \text{ m}$$

根据上述实际坐标增量，并根据 A 点实际坐标可以计算 B 点的实际坐标，为

$$x'_B = x_A + \Delta x_{A1} + \Delta x_{12} + \Delta x_{23} + \Delta x_{34} + \Delta x_{4B} = 3\,597.626\,6 \text{ m}$$
$$y'_B = y_A + \Delta y_{A1} + \Delta y_{12} + \Delta y_{23} + \Delta y_{34} + \Delta y_{4B} = 1\,848.165\,0 \text{ m}$$

坐标增量闭合差为

$$f_x = x'_B - x_B = -0.002\,3 \text{ m}$$
$$f_y = y'_B - y_B = -0.031\,9 \text{ m}$$

导线全长闭合差及全长相对闭合差分别为

$$f = \sqrt{f_x^2 + f_y^2} = 0.032\,0 \text{ m}$$
$$K = \frac{f}{\sum D} = \frac{1}{38\,005}$$

导线全长相对闭合差在满足等级导线规范要求下，将坐标增量闭合差按与边长成正比反号分配到各边坐标增量中，可以得到改正后的坐标增量，并用来计算各未知点的最终坐标。由于 x 坐标闭合差只有约 -2 mm，因此只需对任意两条边的 x 坐标增量分配 $+1$ mm即可，则各未知点的 x 坐标分别为

$$x_1 = x_A + \Delta x_{A1} + 0.001 \text{ m} = 3\,515.515 + 35.847 + 0.001 = 3\,551.363 \text{ m}$$
$$x_2 = x_1 + \Delta x_{12} + 0.001 \text{ m} = 3\,551.363 + 175.887 + 0.001 = 3\,727.251 \text{ m}$$
$$x_3 = x_2 + \Delta x_{23} = 3\,727.251 - 127.895 = 3\,599.356 \text{ m}$$
$$x_4 = x_3 + \Delta x_{34} = 3\,599.356 + 28.851 = 3\,628.207 \text{ m}$$
$$x_B = x_4 + \Delta x_{4B} = 3\,628.207 - 30.578 = 3\,597.629 \text{ m}$$

各未知点的 y 坐标分别为

$$y_1 = y_A + \Delta y_{A1} - f_y \frac{D_1}{\sum D} = 731.157 + 215.723 + 0.006 = 946.886 \text{ m}$$
$$y_2 = y_1 + \Delta y_{12} - f_y \frac{D_2}{\sum D} = 946.886 + 262.322 + 0.008 = 1\,209.216 \text{ m}$$

$$y_3 = y_2 + \Delta y_{23} - f_y \frac{D_3}{\sum D} = 1\ 209.216 + 185.586 + 0.006 = 1\ 394.808\ \text{m}$$

$$y_4 = y_3 + \Delta y_{34} - f_y \frac{D_4}{\sum D} = 1\ 394.808 + 168.087 + 0.004 = 1\ 562.899\ \text{m}$$

$$y_B = y_4 + \Delta y_{4B} - f_y \frac{D_5}{\sum D} = 1\ 562.899 + 285.290 + 0.008 = 1\ 848.197\ \text{m}$$

6.3 交会定点测量

当原有控制点密度不能满足需要时,应对其进行加密。当需要加密少量点位时,可采用交会方法来加密控制点。交会法分为前方交会法、后方交会法、侧方交会法和测边交会法等。

1. 前方交会法测定点位坐标

如图 6-11 所示,在 A 点和 B 点安置经纬仪,测定其与待定点 P 之间的夹角 α_1 和 β_1,则用式(2-9)可以计算出待定点 P 的坐标。为了避免粗差的影响,还应观测另一对角度 α_2 和 β_2,以便校核。

应用式(2-9)时,点 A、点 B、点 P 应按逆时针顺序编号。由前方交会法测得的 P 点两组坐标之差应小于下式所确定的限差:

$$e = \sqrt{(x_P^{(1)} - x_P^{(2)})^2 + (y_P^{(1)} - y_P^{(2)})^2} \leqslant 2 \times 0.1 \times M\ (\text{mm}) \tag{6-39}$$

式中,M 为测图比例尺分母。

图形形状对前方交会法的测量误差会产生较大影响。待定点 P 与相邻两已知点 A、B 所形成的夹角 γ 称为交会角。由前方交会公式,可以得到点位坐标精度估计公式:

$$M_P = \frac{m_\beta}{\rho} \cdot \frac{D_{AB}}{\sin^2 \gamma} \sqrt{\sin^2 \alpha + \sin^2 \beta} \tag{6-40}$$

式中,m_β 为测角中误差。

可以看出,交会角 γ 接近于 $0°$ 或 $180°$ 时,精度会无限降低。因此,交会角度应尽可能为 $30° \sim 150°$。

2. 后方交会法测定点位坐标

如图 6-12 所示,在待定点 P 设站,观测到已知控制点的夹角 α 和 β,进而计算出待定点坐标的方法,称为后方交会法。

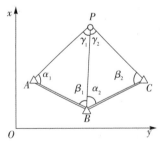
图 6-11 前方交会法

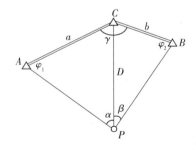
图 6-12 后方交会法

由图 6-12 可知

$$\varphi_1 + \varphi_2 = 360° - (\alpha + \beta + \gamma)$$

由正弦定理知

$$\frac{D}{\sin \varphi_1} = \frac{a}{\sin \alpha}, \qquad \frac{D}{\sin \varphi_2} = \frac{b}{\sin \beta}$$

所以

$$\frac{a \sin \varphi_1}{\sin \alpha} = \frac{b \sin \varphi_2}{\sin \beta}, \qquad \frac{\sin \varphi_1}{\sin \varphi_2} = \frac{b \sin \alpha}{a \sin \beta}$$

令

$$\theta = \varphi_1 + \varphi_2 = 360° - (\alpha + \beta + \gamma)$$

$$K = \frac{\sin \varphi_1}{\sin \varphi_2} = \frac{b \sin \alpha}{a \sin \beta}$$

则

$$K = \frac{\sin(\theta - \varphi_2)}{\sin \varphi_2} = \sin \theta \cot \varphi_2 - \cos \theta$$

$$\tan \varphi_2 = \frac{\sin \theta}{K + \cos \theta} \tag{6-41}$$

求出 φ_2 后,亦可求出 φ_1,然后可按前方交会公式反算出 P 点坐标。为了避免粗差的影响,实际当中应多选择一个已知控制点 C,再进行前方交会,从而求出两组坐标,以便进行检核。另外,待定点 P 不能位于由已知控制点 A 点、B 点、C 点构成的外接圆上。否则,P 点坐标不能唯一确定,A 点、B 点、C 点构成的外接圆称为危险圆。待定点应尽可能远离危险圆。

3. 测边交会法测定点位坐标

如图 6-13 所示,利用测距仪测定待定点 P 至已知点 A、B 的距离,从而确定 P 点坐标的方法称为测边交会法。在 $\triangle ABP$ 中,由余弦定理可知

$$\cos \angle A = \frac{D_{AB}^2 + a^2 - b^2}{2a D_{AB}}$$

$$\alpha_{AP} = \alpha_{AB} - \angle A$$

则

$$\begin{cases} x_P = x_A + a \cos \alpha_{AP} \\ y_P = y_A + a \sin \alpha_{AP} \end{cases} \tag{6-42}$$

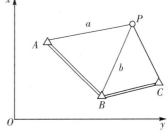

图 6-13　测边交会法

同理,可由 $\triangle BCP$ 求出另一组点 P 坐标。当两组坐标的差异小于限差时,取其平均值,作为最终的结果。

6.4 三、四等水准测量

水准测量分为国家一、二、三、四等水准测量,城市二、三、四等水准测量,工程二、三、四等水准测量及等外或图根水准测量。对于不同等级的水准测量,由测量规范规定了其施测方法与相应的技术指标。三、四等水准测量的路线和施测方法,与前面讲到的图根水准测量基本相同,不同的只是施测顺序和精度要求。

1. 三、四等水准测量的技术指标

三、四等水准测量仪器的技术指标及要求见表 6-5。

表 6-5　　　　　　三、四等水准测量仪器的技术指标

等级	望远镜放大率/倍	符合水准器分划值
三	≥25	30″
四	≥20	30″

三、四等水准测量视线长度及观测限差要求见表 6-6。

表 6-6　　　　　　　　　三、四等水准测量视线长度和观测限差

等级	标准视线长度/m	前后视距差/m	前后视距差累计/m	红黑读数差/mm	红黑高差之差/mm
三	65	3.0	6.0	2.0	3.0
四	80	5.0	10.0	3.0	5.0

三、四等水准测量的技术指标见表 6-3。

三、四等水准测量视线长度根据实际状况可适当放宽。为了减少大气折光影响,视线应离地面 $0.2 \sim 0.3$ m。

2. 三、四等水准测量的施测方法

(1)一个测站的测量工作

三、四等水准测量利用双面尺读数法,一个测站上的观测程序如下:

①读取后视尺黑面视距丝(上丝、下丝)和中丝读数;

②读取前视尺黑面视距丝(上丝、下丝)和中丝读数;

③读取前视尺红面中丝读数;

④读取后视尺红面中丝读数。

即读数顺序是"后—前—前—后",共读取 8 个读数。

(2)水准测量的记录、计算与检核

表 6-7 为三(四)等水准测量记录表格样式。

表 6-7　　　　　　　　　　　三(四)等水准测量观测手簿

测自:　　　至　　　　　　　　　　　　　　　　　　　　年　月　日

时刻:始　　时　　分　　　　　　　　　　　　　　天气:

　　　末　　时　　分　　　　　　　　　　　　　　成像:

测站编号	后尺 下丝 上丝	前尺 下丝 上丝	方向及尺号	标尺读数		黑＋K一红	高差中数	备注
	后距	前距		黑面	红面			
	视距差 d	$\sum d$						
	(1)	(4)	后	(3)	(8)	(14)	(18)	
	(2)	(5)	前	(6)	(7)	(13)		
	(9)	(10)	后一前	(15)	(16)	(17)		
	(11)	(12)						

注　表中的数字表示记录的顺序,(1)～(8)为观测记录,其余的为计算值。计算值及顺序如下:

后视距离:　　　　　　　　(9)＝(1)－(2)

前视距离:　　　　　　　　(10)＝(4)－(5)

前后视距差:　　　　　　　(11)＝(9)－(10)

视距差累计:　　　　　　　(12)＝本站(11)＋前站(12)

红黑面读数检核:　　　(13)＝(6)＋K－(7),(14)＝(3)＋K－(8)

黑面高差:　　　　　　　　(15)＝(3)－(6)

红面高差:　　　　　　　　(16)＝(8)－(7)

计算检核:　　　　　　　(17)＝(15)－(16)或(17)＝(14)－(13)

平均高差:　　　　　　　(18)＝[(15)＋(16)]/2

总计算检核:　　$\sum(3)-\sum(6)=\sum(15)$, $\sum(8)-\sum(7)=\sum(16)$

　　　　　　　　$\sum(9)-\sum(10)=$ 本页末站(12)－前页末站(12)

计算校核的限差见表 6-6,当某一项指标超限时,应重新测量。当迁站后发现超限时,应从水准测量间歇点开始重新测量。

(3)水准测量闭合差的计算及调整方法

对于单一水准路线,如闭合水准路线或附合水准路线,闭合差的计算和调整方法与前面叙述的普通水准测量方法相同。对于较大范围的水准测量,可能会出现水准网中不同推算线路结果不同的现象。此时,数据处理应采用最小二乘法进行最优估值。图 4-14(a)所示的闭合水准路线,有一个已知点 A,3 个未知点 1、2、3,共测量了 4 段高差 h_1、h_2、h_3、h_4。当利用最小二乘法进行数据处理时,在认为只有偶然误差时,其估值结果 $\hat{h}_i$ 是最优的。即

$$\hat{h}_1 = h_1 + v_1$$

$$\hat{h}_2 = h_2 + v_2$$

$$\hat{h}_3 = h_3 + v_3$$

$$\hat{h}_4 = h_4 + v_4$$

根据最小二乘法,各改正数 v_i 应满足如下要求:

$$\sum_{i=1}^{4} p_i v_i^2 = \min$$

式中,p_i 为各高差观测值的权。

对于水准测量可以认为其值与每段距离 s_i 成反比,即各观测值的权分别为

$$p_i = \frac{1}{s_i}$$

各观测值估值应满足:

$$\hat{h}_1 + \hat{h}_2 + \hat{h}_3 + \hat{h}_4 = 0 \quad 或 \quad \sum_{i=1}^{4} h_i + \sum_{i=1}^{4} v_i = 0$$

求观测值最优估值时,只需求出各观测值改正数 v_i 即可。此时,求观测值最优估值问题就变成求有约束条件的极值问题(拉格朗日求极值)。设函数 Φ 为

$$\Phi = p_1 v_1^2 + p_2 v_2^2 + p_3 v_3^2 + p_4 v_4^2 - 2k\left(\sum_{i=1}^{4} h_i + \sum_{i=1}^{4} v_i\right)$$

将上式分别对 v_i 求偏导,并令其为零,即

$$\frac{\partial \Phi}{\partial v_1} = 2p_1 v_1 - 2k = 0$$

$$\frac{\partial \Phi}{\partial v_2} = 2p_2 v_2 - 2k = 0$$

$$\frac{\partial \Phi}{\partial v_3} = 2p_3 v_3 - 2k = 0$$

$$\frac{\partial \Phi}{\partial v_4} = 2p_4 v_4 - 2k = 0$$

整理上述方程得五个方程:

$$v_1 + v_2 + v_3 + v_4 + (h_1 + h_2 + h_3 + h_4) = 0$$

$$p_1 v_1 - k = 0$$

$$p_2 v_2 - k = 0$$

$$p_3 v_3 - k = 0$$

$$p_4 v_4 - k = 0$$

将后面四个方程的改正数 $v_i = k/p_i$ 代入第一个方程,可以求出 k,$k = -\sum_{i=1}^{4} h_i / \sum_{i=1}^{4} s_i$,便得到各观测值的改正数 v_i,进而得到如同式(4-11)的观测值的最优估值 $\hat{h}_i$。

三角高程测量原理

6.5 三角高程测量

对于山区或实施水准测量较困难的地区,可以采用三角高程测量的方法进行高程控制测量。三角高程测量是一种受地形地貌限制少,且灵活方便的高程控制测量方法。三角高程测量需要测量两点间的竖直角度与水平距离或斜距,并量取仪器高和觇标高,进而计算两点间的高差。基本计算公式见式(2-17),下面就一些具体情况做一分析。

1. 地球曲率和大气折光的影响

三角高程测量中,当水平距离小于 300 m 时,认为视线是直线,且可以忽略水准面的曲率,即认为水准面是水平面。距离较远时,应考虑视线由于空气折射率随高度变化引起的视

线折射弯曲,以及水准面的弯曲引起的高差改正项,如图 6-14 所示。此时,高差公式为

$$h_{AB} = s_0 \tan\alpha + \frac{s_0^2}{2R} + i - \frac{s_0^2}{2R'} - v \qquad (6\text{-}43)$$

式中, $\dfrac{s_0^2}{2R}$ 为地球曲率改正项; $\dfrac{s_0^2}{2R'}$ 为大气折光改正项; R 为地球曲率半径; R' 为弯曲视线的曲率半径; s_0 为水平距离。

设 $\dfrac{R}{R'} = K$,称为大气垂直折光系数,则上述公式可以整理成

$$\begin{aligned} h_{AB} &= s_0 \tan\alpha + \frac{1-K}{2R} s_0^2 + i - v \\ &= s_0 \tan\alpha + c s_0^2 + i - v \qquad (6\text{-}44) \end{aligned}$$

一般称 $c = \dfrac{1-K}{2R}$ 为球气差系数,一般情况下取 $K = 0.14$。

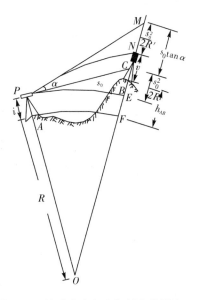

图 6-14　地球曲率和大气折光的影响

从式(6-44)可以看出,在相同天气状况下,进行对向观测,并取直觇和反觇观测平均值,便可消除球气差的影响。

2. 三角高程测量的计算

类似于水准测量路线,三角高程亦可以采用附合路线、闭合路线等形式,以便校核,如图 6-15 所示。

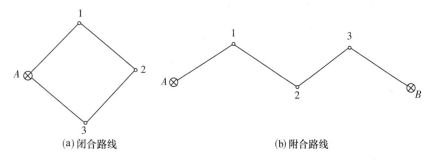

(a)闭合路线　　　　　(b)附合路线

图 6-15　三角高程测量路线

(1)高差闭合差的计算

首先要检查每段直觇和反觇观测高差的较差,不考虑双差误差等,理论上两者大小相等,符号相反。三角高程测量直觇和反觇观测高差较差的限差见表 6-8。如果不超限,则取其平均值作为每段高差。表中两组高差之差指直觇和反觇观测高差之差。往返高差之差指按直觇和反觇观测,并进行往返观测的高差之差。当每段高差检验合格后,应计算路线闭合差。

对于附合路线[图 6-15(b)],有

$$f_h = \sum h - (H_B - H_A)$$

对于闭合路线[图 6-15(a)],有

$$f_h = \sum h$$

表 6-8　　　　三角高程测量直觇和反觇观测高差较差的限差　　　　（mm）

等级	两组高差之差 Δ	往返高差之差 Δh
三等	$\pm 12\sqrt{s}$	$\pm 35\sqrt{s}$
四等	$\pm 20\sqrt{s}$	$\pm 45\sqrt{s}$
等外		$\pm 70\sqrt{s}$

注:s 为视线长度,km。

闭合差不超过限差时,可以进行下一步计算。不同等级三角高程测量,其闭合差限差不同,三角高程测量闭合差的限差见表 6-9。

表 6-9　　　　　　　　三角高程测量闭合差的限差　　　　　　　　（mm）

等级	一般地区	山区	检查已测测段 高差之差
三	$\pm 12\sqrt{L}$	$\pm 15\sqrt{L}$	$\pm 20\sqrt{R}$
四	$\pm 20\sqrt{L}$	$\pm 25\sqrt{L}$	$\pm 30\sqrt{R}$
等外	$\pm 35\sqrt{L}$	$\pm 50\sqrt{L}$	$\pm 50\sqrt{R}$

注　①L 为环线或附合路线长度,km;②R 为检查已测测段长度,km。

（2）高差闭合差的分配

当高差闭合差在限差范围内时,应将闭合差反号,与每段距离成正比进行分配,即每段高差改正数 v_i 为

$$v_i = -\frac{f_h}{\sum s} s_i$$

将所得改正数赋给观测值,便得到每段改正后的高差:

$$\hat{h}_i = h_i + v_i$$

其中,h_i 按式(6-44)计算。

（3）高程计算

各点高程计算公式为

$$H_1 = H_A + \hat{h}_1$$

$$H_2 = H_1 + \hat{h}_2$$

$$\vdots$$

控制点高程应用改正后的高差计算。

3. 三角高程测量的误差分析

从三角高程测量高差计算公式可以看出,三角高程测量主要受到竖直角观测误差、边长误差、大气折光误差、仪器高及标尺(或棱镜)高的测量误差等影响。其中边长可由测距仪测量,或由坐标反算求得,其精度较高,影响较小。

仪器高和标尺(或棱镜)高用卷尺或对中杆测量时,达到三、四等三角高程测量中 1 mm 的量测精度要求,亦不难实现。而三角高程测量结果主要受竖直角观测误差和大气垂直折

光系数测定误差影响。

大气折光系数与观测条件,如气候、季节、地区、覆盖物和视线高度等均有关系,不易精确测定。它可以采用实验的方法确定,即在已知水准点间,进行三角高程测量,从而估算出大气垂直折光系数 K。实验表明,大气折光系数在中午前后较稳定,日出日落时不稳定,因此三角高程测量角度可选定在中午进行。此时,K 为 $0.08 \sim 0.14$。此外,大气折光误差也与边长有关,当边长小于 400 m 时,大气折光误差较小。

竖直角观测精度受到照准误差、读数误差、水准管气泡居中误差等影响,其中主要受照准误差影响。影响照准误差的因素包括空气的能见度、空气对流情况、目标的形状、亮度与背景的对比等,且边长愈长,所受影响愈大。表 6-10 为三角高程测量视线长度及视线倾角规定。

表 6-10　　　　　三角高程测量视线长度及视线倾角规定

地形	等级	视线长度/m				最大倾角/(°)
		直返觇		中点单觇		
		一般	最长	一般	最长	
一般地区	三等	300	400	200	300	15
	四等	400	600	300	400	
	等外	600	900	400	600	
山区	三等	300	400	200	300	
	四等	800	1 300	600	900	
	等外	1 300	2 000	1 000	1 400	

注　三等最短视线不应小于 30 m,四等和等外最短视线不应小于 10 m。

三角高程测量中只要采取相应的措施,完全可以达到三等水准测量的精度。

6.6　GPS 控制测量

6.6.1　GPS 控制测量的技术指标

进行 GPS 控制测量时,首先应根据任务书了解测量的目的、用途、范围、密度、等级等项目,并了解相关的 GPS 测量规范。GPS 测量规范有国家质量技术监督局和国家测绘局颁布的行业标准《全球定位系统(GPS)测量规范》(GB/T 18314—2009)及建设部颁布的行业规范《全球定位系统城市测量规程》(CJJ13—2010),还有一些其他规范。

GPS 控制网分为 AA 级、A 级、B 级、C 级、D 级和 E 级,共 6 个等级。其中 B 级用于各种精密工程测量和变形观测,C 级用于城市基本控制,D 级和 E 级主要用于城市测图及各种工程和专业测量。不同等级的 GPS 测量技术指标见表 6-11。

表 6-11　　　　　不同等级的 GPS 测量技术指标

级别	距离/km	固定误差/mm	比例误差/ppm	级别	距离/km	固定误差/mm	比例误差/ppm
AA	1 000	≤3	<0.01	C	10~15	≤10	≤5
A	300	≤5	≤0.1	D	5~10	≤10	≤10
B	70	≤8	≤1	E	0.2~5	≤10	≤20

6.6.2 GPS 控制测量的用途

GPS 控制测量的用途是多方面的,主要有:

(1)布设全球或全国性的高精度 GPS 控制网,建立全球统一的动态坐标框架系统(ITRF),为地壳运动及地球动力学研究提供基础数据,提高大地水准面的定位精度。

(2)用于区域大地测量。包括建立新的各种用途的地面控制网,检核和改善已有的地面控制网,对旧网进行加密,拟合区域大地水准面,以改善和丰富高程测量技术手段。

6.6.3 GPS 控制测量的实施

GPS 控制测量的实施主要有以下几个步骤:

(1)收集资料

应收集有关测区地形图与控制点成果资料,包括国家平面控制点和水准点成果,并在图上初步设计点位和网形。

(2)选点

应选择易于保存的控制点,在交通方便并远离干扰物体处选点,做好标记,进行编号,实地绘制"点之记"。

(3)埋石

根据测量等级选择不同类型标石进行埋石,埋石结束后应绘制"点之记"。

(4)GPS 接收机的选择和检验

目前各类双频 GPS 接收机均可满足城市及工程控制测量精度要求。GPS 接收机应定期送交相关部门检定或按要求自行检定。

(5)野外观测和数据采集

按调度计划进行野外观测和数据采集。具体的仪器操作在一般产品说明书中有详细说明。由于 GPS 测量自动化程度较高,因此操作很简便,当数据采集量满足要求时,仪器会自动予以提示,以结束观测。在观测前和观测过程中应认真填写观测记录手簿。包括气象数据、天线高等项。GPS 接收机周围 10 m 内不得使用对讲机。

GPS 接收机开始记录数据后,可通过功能键和菜单查看测站信息、接收卫星数、卫星号、卫星健康状况、信噪比、相位测量残差、实时定位的结果及其变化、存储介质记录和电源情况,如发现问题,应做记录。

每时段观测开始时与结束前各记录一次观测卫星号、天气状况、实时定位经纬度和大地高、PDOP 值等。须记录气象元素,每时段气象观测应不少于两次,在时段开始和结束时各记录一次。

每时段观测前后应各量取天线高一次,两次量高之差不应大于 3 mm,取平均值作为最后结果。

观测期间要防止接收设备受到震动与碰撞,防止物体或人员遮挡天线。

(6)内业数据处理

一般 GPS 接收机都有随机数据处理软件,用来进行基线的解算和网平差计算及数据转换运算,包括三维坐标之间的转换和与二维坐标的转换。以 Trimble 接收机数据处理 Trimble GPS 平差解算软件 TBC(Trimble Business Center)为例,它包括:

①建立项目,选择坐标系统,例如,80 西安坐标系或 54 北京坐标系,并选择大地水准面模型。

②导入 DAT 数据,也可导入 RINEX 统一格式数据,并输入天线高和天线类型,软件会自动显示潜在基线。

③可以通过禁用周跳过多个卫星观测值以提高基线质量,并通过禁用残差大的卫星观测数据提高基线质量。经调整后,应检查基线质量,如,比率、参考方差、均方根误差、水平精度、垂直精度等因素。

④网平差计算,包括加权策略选择、闭合差的调整及平差计算。

⑤平差结果数据输出,包括点位的平面坐标显示、精度的估算、环闭合差等,并且可以将数据转换成其他格式,如 AutoCAD 格式、GIS 格式等。

可根据需要将获得的三维及二维坐标转换到某种国家坐标系统中或某一城市坐标系统中,这需要进行三维或二维平移旋转和尺度缩放等运算。当发现哪条基线不合格时,应及时补测或删除。当环闭合差超限时,应分析原因,必要时及时补测或重测。

(7)上交数据和报告

内业数据处理结束后,上交所有观测原始数据和记录、成果数据及技术总结报告、验收报告等。

(8)GPS 控制网形的设计

选好 GPS 控制点后,可根据 GPS 接收机的数量设计控制网形,如图 6-16 所示。由于 GPS 静态相对定位测量的是基线向量,又不必通视,因此,网形可以灵活地布置,包括点连式、边连式和网连式。由于控制点的个数及分布已经确定,因此,GPS 控制网形既取决于接收机的个数,也应考虑观测效率问题。当同时观测的接收机个数较多时,网形强度较强,因此可以较少地考虑网形的问题。

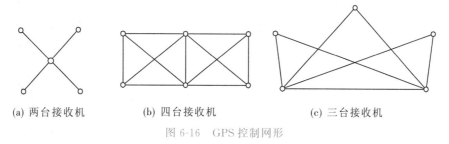

(a) 两台接收机   (b) 四台接收机   (c) 三台接收机

图 6-16 GPS 控制网形

习 题

6-1 控制测量的作用是什么?控制测量的方法有哪些?平面控制测量和高程控制测量的等级是如何划分的?

6-2 导线测量的程序是什么?导线有哪几种主要的布设形式?如何衡量导线测量的总体精度状况?

6-3 三、四等水准测量中共读取几个读数?分别是什么?这几个读数的作用是什么?三、四等水准测量有哪些限差要求?

6-4 三角高程测量中应测量哪些量？三角高程测量为什么要进行直反觇观测？影响三角高程测量精度的主要因素是什么？

6-5 有一如图 6-4 所示的附合导线,已知点 A、点 C 的坐标分别为 $x_A = 437.128$ m、$y_A = 659.438$ m、$x_C = 415.531$ m、$y_C = 1\ 081.041$ m,AB 边和 CD 边的坐标方位角分别为 $\alpha_{AB} = 315°47'36''$ 和 $\alpha_{CD} = 87°02'30''$。角度观测值和距离观测值分别为 $\beta_A = 107°42'24''$、$\beta_1 = 244°55'12''$、$\beta_2 = 132°21'36''$、$\beta_3 = 218°43'12''$、$\beta_4 = 124°57'12''$、$\beta_C = 202°34'42''$、$D_{A1} = 87.662$ m、$D_{12} = 121.459$ m、$D_{23} = 107.548$ m、$D_{34} = 77.343$ m、$D_{4C} = 82.572$ m,计算待定点 1、2、3、4 的坐标。

6-6 如图 6-11 所示的前方交会测量中,已知点 A 的坐标为 $x_A = 230.293$ m、$y_A = 561.238$ m,点 B 坐标为 $x_B = 340.673$ m、$y_B = 607.883$ m,角度测量值为 $\alpha = \angle PAB = 34°42'48''$、$\beta = \angle PBA = 56°28'36''$,问点 P 的坐标是多少？若测角中误差为 $6''$,则点 P 点位中误差是多少？

6-7 如图 6-12 所示的后方交会测量中,已知点 A 的坐标为 $x_A = 563.521$ m、$y_A = 2\ 319.531$ m,点 B 的坐标为 $x_B = 604.885$ m、$y_B = 2\ 557.282$ m,点 C 的坐标为 $x_C = 645.239$ m、$y_C = 2\ 440.761$ m,角度测量值为 $\alpha = 49°58'17''$、$\beta = 33°24'59''$,计算点 P 的坐标。

6-8 如图 6-13 所示的测边交会测量中,已知点 A 的坐标为 $x_A = 223.678$ m、$y_A = 365.456$ m,点 B 的坐标为 $x_B = 284.533$ m、$y_B = 516.342$ m,边长测量值分别为 $a = 118.342$ m、$b = 98.733$ m,问点 P 的坐标是多少？

6-9 为了测量 A、B 两点间的高差,进行了三角高程测量,其数据记录见表 6-12,计算 A、B 两点间的高差。取大气折光系数 $K = 0.14$。

表 6-12 　　　　　　　　　 三角高程测量数据表

测站	目标	竖直角 α (°)(′)(″)	水平距离 s_0/m	$s_0 \tan\alpha$	仪器高 i/m	目标高 v/m	球气差改正 cs_0^2	高差 h/m	平均高差 /m
A	B	5 16 48	358.54		1.56	2.54			
B	A	− 5 02 30	358.54		1.52	2.03			

6-10 试根据下图中的已知数据和观测数据,列表计算附合导线中 1、2 两点的坐标。

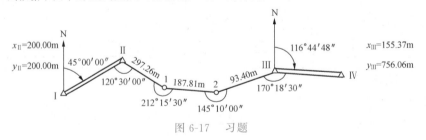

图 6-17 习题

6-11 GPS 定位原理中,什么是静态相对定位？

6-12 什么是同步环、异步环？

6-13 简述 GPS 测量的工作程序。

第7章

地形图基本知识

　　地形图是地图的一种,是以各种抽象符号描绘地表各类事物和现象,且详细程度较高的一类地图,是基于严格的数学投影原理之上绘制的。地形图的数学投影特性,首先意味着具有一定的比例尺和平面坐标系统,因而涉及如何根据不同需要,确定不同的比例尺,以及对大量地形图进行分幅与编号的问题,以便管理和使用。

7.1 地形图的比例尺、分幅与编号

1. 地形图的比例尺

　　可以将地形图比例尺表述为地形图上的一条线段与相应地面上水平线段长度之比。地形图或地图的比例尺可分为大、中、小三种,在不同的应用领域内,划分标准是不完全相同的。如工程设计和城市规划的地形图比例尺,与国家基本地形图系列中的比例尺划分标准可能就不一致。此外,对于中小比例尺地形图,由于变形的缘故,图上各点比例尺并不一致,此时,可用某一点或一条标准线上的比例尺来标明一幅图的比例尺。一般将比例尺为 $1:10\ 000$ 及更大比例尺的地形图称为大比例尺地形图,比例尺为 $1:10\ 000 \sim 1:100\ 000$ 的地形图,包括 $1:20\ 000$、$1:25\ 000$、$1:50\ 000$ 比例尺的地形图,称为中比例尺地形图。小于 $1:100\ 000$ 比例尺的地形图称为小比例尺地形图。其中 $1:5\ 000$、$1:10\ 000$、$1:25\ 000$、$1:50\ 000$、$1:100\ 000$、$1:250\ 000$、$1:500\ 000$、$1:1\ 000\ 000$ 八种比例尺地形图,称为国家基本比例尺地形图。对于国家基本比例尺地形图,它的图廓尺寸、图廓性质、图廓外说明与修饰、绘图内容的选择标准、制图综合标准、地形图图式、地图的编号、地图投影方式等,均有明确的规定。大比例尺地形图一般是直接测绘的。绘制方法主要包括,利用全站仪实地测绘以及利用航空或航天摄影测量方法测绘。中小比例尺地形图,则主要是利用已有大比例尺地形图、航空及卫星拍摄的地面影像,以及其他各种统计数据进行编绘的。

　　地形图上比例尺的标明有两种形式:一种是数字比例尺;另一种是图示比例尺。式(7-1)为数字比例尺表达方式,其中比例尺分母 M 越大,则地形图比例尺越小。

$$\frac{d}{D} = \frac{1}{M} \tag{7-1}$$

图示比例尺包括直线比例尺和复式比例尺,如图 7-1 所示,它可以减小图纸伸缩引起的误差及提高估读精度。

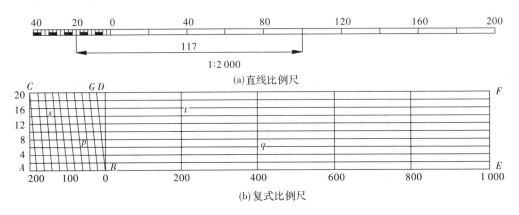

图 7-1　图示比例尺

通常人眼能够分辨的图上最小距离是 0.1 mm。即人描绘地形图时点线的精度只能达到 0.1 mm。图上 0.1 mm 所对应的实地水平距离称为比例尺精度。比例尺不同,比例尺精度则不同。这也意味着,不同比例尺地形图,测绘精度应不同。测绘大比例尺地形图成本相对较高,对于不同的目的和用途,所要求地形图的比例尺与精度并不相同。因此,对于不同类型的应用,应选择不同的地形图比例尺。表 7-1 是不同应用领域所选择的地形图比例尺。对于同一种业务或部门,所用到的比例尺种类也可能不同。

表 7-1　　　　　　　地形图比例尺的选择

比例尺	用途
1:10 000 1:5 000	城市总体规划、厂址选择、区域位置、方案比较
1:2 000	城市详细规划及工程项目初步设计
1:1 000 1:500	城市详细规划、工程施工设计、竣工图

2. 地形图的分幅与编号

地形图的分幅方法有两种:一种是将经纬线作为图廓线的梯形分幅法;另一种是将平行于坐标网格的直线作为图廓线的矩形分幅法和正方形分幅法。

(1)梯形分幅与编号

梯形分幅地图,其图廓线为经纬线,这种地图分幅编绘方式,是目前为世界各国中小比例尺地形图所采用的主要形式。我国的国家基本比例尺地形图也是采用经纬线分幅的。我国目前对于 1:500 000 及更大比例尺的地形图采用高斯-克吕格投影方式。更小比例尺的各类地图,所采用的投影方式则自由得多。采用何种投影方式,应视具体设计要求而定。

下面主要讲述国家基本比例尺地形图的分幅和编号的方法。我国于 2012 年制定了新国家标准——《国家基本比例尺地形图分幅和编号》(GB/T 13989—2012)。

①1∶1 000 000 比例尺地形图的分幅和编号

1891 年在瑞士伯尔尼召开的第五届国际地理学大会上，奥地利学者彭克提出了编制 1∶1 000 000 地形图的建议。1909 年和 1913 年分别在伦敦和巴黎举行了两次国际 1∶1 000 000 地形图会议，做出了关于 1∶1 000 000 地形图的投影方式、表示方法、规格、内容选择等项内容的一系列规定。此后，符合上述规范的 1∶1 000 000 地形图，逐渐被世界各国所接受，成为世界通用的标准地形图形式。

如图 7-2 所示，1∶1 000 000 比例尺地形图的分幅及编号在国际上是统一的。1∶1 000 000 比例尺地形图的纬差是 4°，经差是 6°。纬度为 60°～76°的两幅图合并成一幅，纬度为 76°～88°的四幅图合并成一幅，纬度 88°以上的为单独一幅图。1∶1 000 000 比例尺地形图的编号采用行列编号法，每幅图的编号由行号和列号组成。行号由字母 A、B、C、…组成，表示图幅所在纬度的范围。列号由数字组成，表示图幅所在经度的范围。行号从赤道起向南北极增大，由 A 至 V。列号由东经 180°算起，共分成 60 个列，编号由 1 至 60。例如，北京在 1∶1 000 000 比例尺地形图上的编号为 J50。

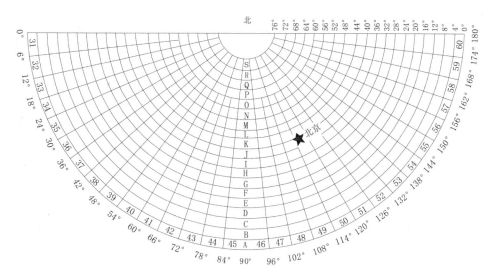

图 7-2　1∶1 000 000 比例尺地形图的分幅及编号

②现行国家基本比例尺地形图的分幅与编号

如图 7-3 所示，国家基本比例尺地形图的分幅与编号以 1∶1 000 000 比例尺地形图为基础。1∶500 000 地形图将 1∶1 000 000 地形图平分成四行四列，按行列编号，以此类推，下一级大比例尺地形图由上一级小比例尺地形图按经纬度均匀等分而成，等分数如图 7-3 所示。国家基本比例尺地形图的编号由 10 位码组成，其中，第 1 位是 1∶1 000 000 图幅行号（字符码），第 2、3 位是 1∶1 000 000 图幅列号（数字码），不足两位则前面补 0；第 4 位是比例尺代码（字母），为 1 位。各比例尺相对应的代码见表 7-2；第 5～7 位是图幅行号（数字码），不足三位则前面补 0；第 8～10 位是图幅列号（数字码）。

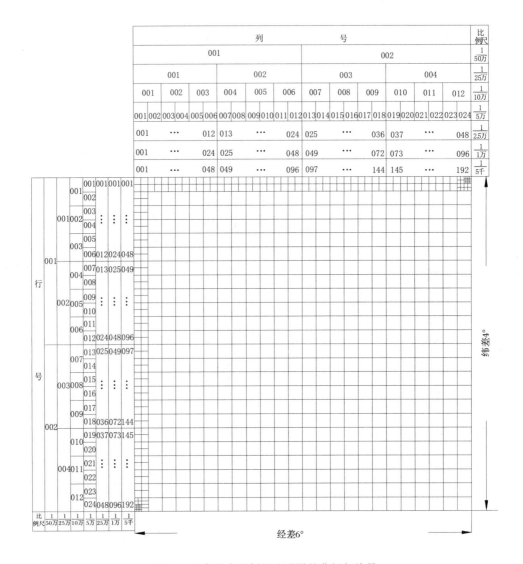

图 7-3　国家基本比例尺地形图的分幅与编号

表 7-2　　　　　　　　　　　比例尺代码

比例尺	代码	比例尺	代码
1：500 000	B	1：25 000	F
1：250 000	C	1：10 000	G
1：100 000	D	1：5 000	H
1：50 000	E		

(2)矩形或正方形分幅与编号

矩形分幅或正方形分幅地形图,是以平行于坐标的直线为图廓线。通常以整千米或百米坐标为图廓线坐标位置。矩形分幅或正方形分幅地形图图幅大小有 40 cm×40 cm、40 cm×50 cm、50 cm×50 cm 几种形式,据此,再结合地形图比例尺,便可计算出每幅图所代表的实地尺寸和面积,见表 7-3。1：500、1：1 000、1：2 000 及 1：5 000 比例尺地形图,通常采用矩形或正方形分幅法。矩形分幅地图可分为拼接的和不拼接的两种。不拼接地图没有公用边。矩形分幅或正方形分幅地图的编号方法,有如下几种形式:

表 7-3　　　　　　　　　　矩形分幅或正方形分幅的图幅规格

比例尺	图幅大小/（cm×cm）	实地面积/km²	1∶5 000 比例尺地形图所含图幅数
1∶5 000	40×40	4	1
1∶2 000	50×50	1	4
1∶1 000	50×50	0.25	16
1∶500	50×50	0.062 5	64

①以图廓西南角坐标值作为编号

此种方法采用图廓西南角的公里数作为编号,x 坐标千米数在前,y 坐标千米数在后。1∶5 000 比例尺地形图取至 1 km,1∶2 000、1∶1 000 比例尺地形图取至 0.1 km,1∶500 比例尺地形图取至 0.01 km。例如,1∶1 000 比例尺地形图西南角坐标为 $x=76\ 500$ m, $y=34\ 000$ m,则其编号为 76.5-34.0。

②以 1∶5 000 比例尺地形图为基础进行编号

当同一测区存在几种不同比例尺地形图时,则以 1∶5 000 比例尺地形图作为基础,取其西南角坐标为基础,其后加上 1∶5 000 比例尺地形图内划分的更大比例尺地形图的某种编号,组合成更大比例尺地形图的编号,如图 7-4 所示的 20-30-Ⅲ、20-30-Ⅱ-Ⅲ等。

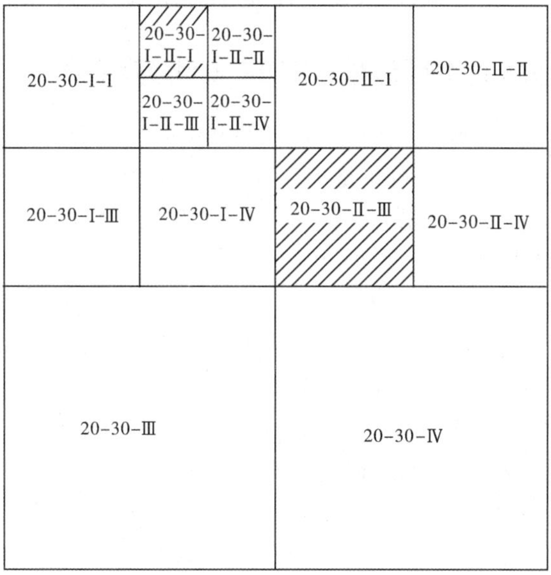

图 7-4　矩形分幅法

③按行列编号

将图幅行与列分别编号,某一幅图的编号是该幅图所在行与列编号的组合。

④按某种自然序号编号

通常用阿拉伯数字进行编号。当图幅分幅数量不是很多时,可采用此种编号方法。

7.2 国家基本比例尺地形图简介

国家基本比例尺地形图比例尺包括 1：5000、1：10 000、1：25 000、1：50 000、1：100 000、1：250 000、1：500 000 及 1：1000 000 八个系列。国家基本比例尺地形图的成图方式有两种：一种是测绘，主要采用航空摄影测量方法进行测绘；另一种为编绘。之所以称其为国家基本比例尺地形图，是因为其图面主要内容及表现形式由国家测绘主管部门统一规定，以保证地形图质量和使用的方便。

7.2.1 国家基本比例尺地形图的数学基础

国家基本比例尺地形图的分幅和编号如前所述，是以 1：1 000 000 比例尺地形图为基础进行分幅和编号的。因而图幅是梯形分幅，其内图廓线是经纬线。坐标系统采用 80 国家大地坐标系和 54 北京坐标系。高程系统为 1985 国家高程基准。参考椭球几何元素分别按 IAG-75 椭球和克拉索夫斯基椭球元素计算。

地形图投影方式采用高斯-克吕格投影和等角正轴圆锥投影。其中 1：5 000～1：500 000 比例尺地形图采用高斯-克吕格投影，即等角横轴切椭圆柱投影。1：1 000 000 比例尺地形图采用等角正轴圆锥投影，其中各带边缘和中纬线的变形绝对值相同。

7.2.2 国家基本比例尺地形图的设计与编绘

我国国家基本比例尺地形图中 1：50 000 以上比例尺地形图主要以航空摄影测量的方法进行测绘；1：250 000、1：500 000 及 1：1000 000 比例尺地形图均通过编绘方式获得。1：100 000 比例尺地形图绝大部分地区也采用编绘的方式成图。编绘地形图可分成两个步骤，即地形图设计和地形图编绘。

地形图设计的内容根据需求确定，包括地形图数学基础的确定，地形图资料的选择与分析，地形图内容表达方法和地形图符号的设计，制图综合原则和指标的确定，色彩设计，图面和整饬设计，生产工艺设计等，并将以上内容写进设计书。

地形图编绘是在地形图设计的指导下，对编图资料进行选择和加工处理，并根据制图综合原则，也就是地形图内容的取舍指标，对地形图内容各要素实施选取、化简、概括和图形关系处理，并最终制作出编绘原图。

例如，要制作 1：1 000 000 比例尺地形图，则可选取 1：500 000 比例尺地形图为底图，并参考其他地形图资料、最新遥感影像资料、文字和统计资料等，对底图进行加工处理和新内容的转绘等，制作出 1：1 000 000 比例尺地形图。

各种比例尺地形图的内容差异较大，例如 1：50 000 比例尺地形图中，大量居民地按比例表达外部轮廓和主要街区，但到了 1：500 000 和 1：1 000 000 比例尺地形图，绝大部分居民地则用圆形符号来表达。

7.3　地图符号

　　地图符号类似于语言,用于表示地图中的各类事物,因而也可以称之为地图语言。地图符号,既是在长期传统与习惯中形成的,也是随着时代发展不断变化发展的。地图符号是一个系统,即地图符号具有完整性和逻辑性。从历史上看,原始地图内容往往用人们的视觉形象直观地予以表达,因而更像是山水画,其内容不能算作真正的地图符号。

　　现代地图中地物内容则完全由抽象的地图符号所表达。地图符号按演绎法可分为三类。

　　(1)点状符号

　　点状符号又称不依比例符号,代表空间某点的事物,其符号大小与地图比例尺无关,且其点位可表达事物具体位置。如控制点、变压器、路灯、电话亭、矿井等。

　　(2)线状符号

　　线状符号又称半比例符号,代表位于某曲线或直线上的事物。此时其长度依比例尺大小不同而变化,长度可代表实际长度,而宽度并不代表实际宽度,如河流、铁路、渠道、道路等。而有些线状符号如等高线,则描述的是面的某种特性。

　　(3)面状符号

　　面状符号又称比例符号,表示空间面状事物。其大小随比例尺大小不同而发生变化,它能够代表某类事物的位置、形状和大小,如,农田、森林、矿产分布,土地利用分类范围,动植物分布范围等。面状符号本质上是由线状符号表达的。

　　地图符号也可以按其他标准分类,如可以分成侧视符号和正视符号、几何符号、透视符号、象形符号、艺术符号等。按与比例尺的相关性,也可以把地图符号分成比例符号、半比例符号和不依比例符号等。地图符号按表达事物的精确程度可以分为如下几类:

　　(1)定名量表

　　定名量表即某种地图符号对应某种具体事物。

　　(2)顺序号表

　　某地图符号不仅代表某种具体事物,还能表示出同类事物间的等级差异。例如地图中用圆形符号代表城市,圆的大小能表示出城市的大小。排序因素可以是多方面的,如定性或数量关系等。

　　(3)间隔量表

　　间隔量表给予按顺序排列的事物一定的间隔数量划分标准,因而处于某一顺序的事物可以知道其量值的范围。如城市可以按人口数量以 10 万~20 万、20 万~30 万等间隔的标准排列。

　　(4)比率量表

　　比率量表能够确切描述事物的具体数量。如城市人口、高程、气温可以用比率量表描述。

　　此外,为了更好地反映地物与地貌的性质特征与量值,地图中还常使用注记符号,包括文字注记和数字注记两种形式。

编制国家基本比例尺地形图或大比例尺地形图所涉及的内容较为广泛。为了使全国的地形图保持内容与形式上的统一性,由国家测绘主管部门制定了统一的地形图编制规范,其中包括地形图图式规范。表 7-4 中给出了 1∶500、1∶1 000、1∶2 000 地形图图式中的部分地物与地貌符号形式。图式规范中详细规定了各类符号的形状和尺寸、符号的定位点和定位线、符号的方向和配置、符号的颜色等。在计算机制图中,通常将地物符号制作成符号库,供绘图编图时使用。

表 7-4   部分地物与地貌符号形式

符号名称	符号形式	符号名称	符号形式
坚固房屋 4 即房屋层数	 坚4 1.5	低压线	 4.0
菜地	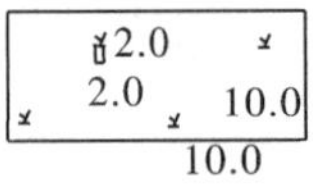 2.0 2.0 10.0 10.0	图根点 1. 埋石的 2. 不埋石的	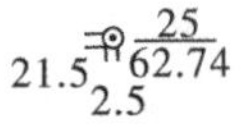 12.0 N16 / 84.46 21.5 25 / 62.74 2.5
水稻田	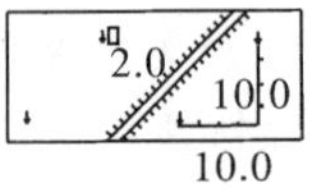 2.0 10.0 10.0	陡坎 1. 土质的 2. 石质的	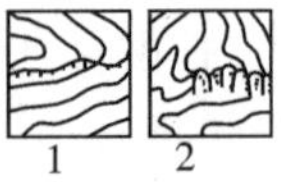 1 2

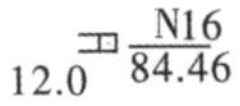

7.4   地貌符号

除了地物外,地貌也是地形图中描述地理现象的最主要内容之一。地貌的变化对人文环境起着极大的制约作用。了解地貌,可以使人们更好地了解某一区域的政治、经济、社会现象的空间分布状况。同时地形图中对于地貌的详细描述,可以用于许多行业中的规划、设计、勘察等作业。地形图上地貌的描述可以采用许多方法,包括分层设色法、等高线法、写景法、晕翁法、晕渲法等。下面主要叙述地形图中的分层设色法和等高线法。

1. 分层设色法

分层设色法对于不同高度地面采用不同的颜色描绘,以此描述地貌的变化。这种随地面高度而变化的颜色,可以使人们产生某种立体感,且不会使图面拥挤,便于加绘其他地物内容。分层设色法在小比例尺地形图上应用较广泛,分为全图分层设色和局部分层设色两种形式。

2. 等高线法

等高线是地面上高程相同的相邻点的连线在水平面上的投影,如图 7-5 所示。17 世纪末,法国首先将等深(高)线法用于城市平面图中河床的描绘。1728 年,法国的卡西尼和荷兰的尼古拉·克鲁奎采用等高线法绘制了大比例尺地形图。等高线法是描述地貌起伏最常用的方法,也是与其他几种方法相比精度较高的一种,尤其是在大中比例尺地形图之中更为常用。由于等高线法描述地貌精度较高,可进行精确量测,因而应用较广。等高线法可用于各种工程建设的规划设计,如公路、铁路、输电线等的线路选取和设计,水库、水坝及矿山的设计,水库的范围估计,不同季节水域范围的估计等。

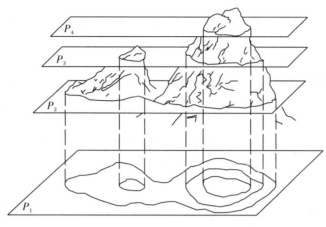

图 7-5　等高线

等高线的特点有:

(1)同一条等高线上的点的高程相同。

(2)等高线是闭合曲线。因为等高线是水平面与地面曲面的交线,所以其交线必然是一条闭合曲线。由于地形图的图幅范围有限,因此等高线有可能在图廓线处断开,或与地物与注记等相交时断开。

(3)不同高程等高线不相交或重合。因为不同高程水平面不相交,故相应的等高线不相交或重合。注意在绘制地形图时,在陡壁、陡坎、悬崖绝壁等处,不同高程等高线可能会相交或重合,但应用地貌符号描绘。

(4)等高线与山脊线和山谷线正交。山脊线又称分水线,山谷线又称合水线。

(5)等高线平距与地面坡度成反比,即地面坡度越陡,等高线越密,反之越疏。

相邻等高线所代表高程之差,称为等高距。一幅图的等高距一般是统一或相同的。等高距越小,表示的地貌等高线表达形态越精确,测绘工作量越大。等高距的选择应视地形图的比例尺和用途而定。表 7-5 是大比例尺地形图基本等高距的选取。

表 7-5　　　　　　　　大比例尺地形图基本等高距的选取　　　　　　　　（m）

比例尺	地形类别			
	平地 0°~2°	丘陵地 2°~6°	山地	高山地
1:500	0.5	0.5	0.5 或 1.0	1.0
1:1 000	0.5	0.5	1.0	1.0 或 2.0
1:2 000	0.5 或 1.0	0.5 或 1.0	2.0	2.0

相邻等高线等高距与等高线平距(相邻等高线之间的水平距离)之比称为坡度,即

$$i = \frac{h}{d} \tag{7-2}$$

为了描绘和读图用图更方便,一般将等高线分成以下几种:

（1）首曲线

按基本等高距描绘的等高线称为首曲线，又称基本等高线。

（2）计曲线

为了读图的方便，通常将基本等高线从高程 0 m 起算，每隔 4 条加粗描绘，称为计曲线，又称加粗等高线。计曲线应在适当处断开，并标注高程注记。

（3）间曲线

当首曲线不能详细描绘微地貌时，可加绘间曲线，其等高距为 1/2 基本等高距，又称半距等高线。间曲线用长虚线描绘，可不闭合。

（4）助曲线

助曲线又称辅助等高线，可在任意高度加绘，因此也称为任意等高线。但通常其等高距选为 1/4 基本等高距，用短虚线描绘，可不闭合。

间曲线和助曲线称为补充等高线。在小比例尺地形图上只分成基本等高线和补充等高线两种，且符号相同。此外，为了容易区分凹地和山头，应加绘示坡线，如图 7-6 所示。等高线法描绘地貌的缺点是立体感较差。

为了详细地描绘地貌形态和特征，除等高线外，还要加绘地貌符号和地貌注记。

（1）地貌符号

等高线无法详细描绘微地貌，此时应采用地貌符号描绘。如坑穴、隘口、山洞、火山口、冲沟、陡崖、崩崖、滑坡、小草丘、残丘、沙地、石块地等。

（2）地貌注记

地貌注记有高程注记、说明注记和地貌名称注记。如山的高度、名称注记等。

图 7-6 所示为利用等高线描绘的地貌形态，其中包括一些典型地貌等高线表达形态，如山头、凹地、鞍部、山谷、山脊等。

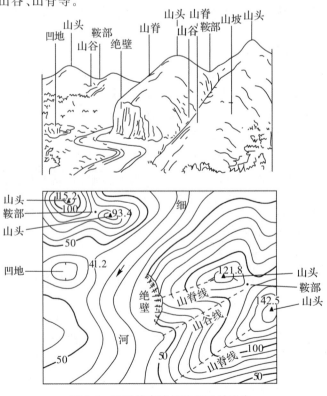

图 7-6 利用等高线描绘的地貌形态

7.5   4D 产品介绍

党的二十大报告明确提出完善科技创新体系,系统勾画产学研等创新主体的定位布局,以鲜明的问题导向纵深推进。近些年,以 4D(DRG,Digital Raster Graphic;DLG,Digital Line Graphic;DEM,Digital Elevation Model;DOM,Digital Orthophoto Map)产品为代表的数字测绘新产品,已成为构建数字化信息社会的基础性产品。

数字栅格地形图(DRG)是纸质地形图的数字化产品。每幅图经扫描、纠正、图幅处理及数据压缩处理后,形成在内容、几何精度和色彩上与地形图保持一致的栅格文件。

数字正射影像图(DOM)是利用数字高程模型对扫描处理的数字化的航空相片/遥感相片(单色/彩色),经逐像元进行纠正,再按影像镶嵌,根据图幅范围剪裁生成的影像数据,一般带有公里格网、图廓内/外整饰和注记的平面图。

数字高程模型(DEM)是在高斯投影平面上规则格网点平面坐标(x,y)及其高程(z)的数据集。DEM 数据点的水平间隔可随地貌类型不同而改变。根据不同的高程精度,可分为不同等级产品。

数字线划地形图(DLG)是现有地形图上基础地理要素的矢量数据集,且保存要素间空间关系和相关的属性信息。

目前测绘和编绘地形图均采用数字化方法,即获得的是数字地形图。数字地形图具有精度高,绘制方便,容易保存等优点。数字地形图以计算机中的数据形式存储和描述,很容易将其转化成各种其他形式的产品,因此,便于拓展其应用范围,如进行空间统计、空间分析和空间量测等。4D 产品就是数字地形图的重要组成部分。

1. 数字栅格地形图(DRG)

(1)栅格图的概念

栅格图是数字图像的基本形式,也称位图。它以每个像素为单元表现图像。每个像素由位置元素(x,y)和灰度或色彩元素 I 构成,即由(x,y,I)构成。自然界的影像是连续的,而数字图像是离散的,这种离散包括各个像素位置的离散,也包括像素灰度或色彩的不连续。如果是彩色图像,则每个像素的色彩由三个基本颜色按一定比例混合构成。如果是灰度图像,则每个像素由灰度的不同大小决定。

数字图像的处理内容非常广泛,既可以用空域方式处理,也可以用频域方式处理。可以是针对整幅图像的全局运算,也可以是针对每个像素的点运算,及针对每个像素领域值进行的局部运算。既可把数字图像当作确定性信号处理,也可当作随机信号处理。

(2)栅格图的获取及其应用

栅格数字图像的获取设备需要具备以下几个部件:

①采样孔

采样孔用来采集图像的某个像素,同时不受相邻像素的影响。

②光传感器

光传感器将采样孔传过来的光线转换成一个电压或电流随光线变化的电信号。光传感器有很多种,如光电发射器件、光电池、光敏电阻、硅传感器和结器件等。

③量化器

量化器将光传感器输出的信号转化成规定范围内的整数值。

④存储器

存储器将量化后的图像像素存储于介质当中。数字图像存储的格式较多,如 GIF、PCZ、TGA、PIC、BMP、TIF、JPG 等。

数字化过程中影响数字图像质量的因素包括:

①像素的大小和像素间距的大小。

②图像范围的大小,即图像像素最大行和列的个数。

③数字化时对于光线进行量化时的线性化程度。非线性误差会影响图像质量。

④噪声水平的影响。假设输入图像是均匀的,输出数字图像由于噪声的影响,其亮度可能是不均匀的,即会存在数字化过程中的固有噪声。

数字化栅格地形图通常是将纸质地形图扫描数字化后获得的。而实际当中使用得较多的是矢量图,因此需要将栅格图转换成矢量图,这需要用到数字图像处理中有关模式识别的理论。

栅格图需要较大的存储空间,为了存储的方便和提高传输速度,应对图像进行编码与压缩。

数字图像可能存在几何畸变、图像的退化与模糊等现象,在实际应用前,应进行几何校正、图像复原、消除噪声等处理。

数字图像分为灰度图像和彩色图像两种。灰度图像一般为 256 个级别,每个像素可用 8 位存储。彩色图像有 RGB、CMY、YIQ、HSI 彩色模式,它们之间可以相互转换,此外在数字图像处理中,还经常用到索引图像模式。对于色彩的描述可以采用色相、亮度和饱和度的模式。

对灰度图像进行处理时,可以直接针对像素的灰度进行处理;对彩色图像(如多光谱遥感图像)进行处理时,是针对其中的某一分量进行处理。

2. 数字线划地形图(DLG)

这里的数字线划地形图是指前面提到的矢量数字地形图。矢量图用点、线、面来表现图形与图像。矢量图的描述并不是针对图像每个像素的特性(如位置与灰度),而是对于图形的描述,如点的位置、线的位置及面的位置等。矢量图所需要的存储空间较栅格图要少得多,且由于是对图形的描述,随着图形的放大与缩小,图形精度与质量并不会降低。Auto-CAD 及 GIS 软件、数字地形图绘制软件、三维绘图软件等均属于矢量图绘制软件。有一些软件,如 Word,会将栅格图、线划图嵌入,但只是将其放到同一个文件中,并不能同时进行处理。

数字线划地形图绘制软件通常包含数据(包括原始测量数据和图形编码数据)输入功能,图形数据的输入、图形绘制和编辑功能,数据输出和转换功能,图形分析和处理功能,统计制表功能,扩展功能等。

数字线划地形图的绘制有两种方式:

(1)交互操作方式

这种方式利用所显示的点位坐标、距离、角度、方位、直线、曲线等图解信息,直接绘制图形和进行注记。

（2）自动绘图方式

自动绘图方式系用自动绘图方式绘图时，使用野外测图时获得的编码图形数据文件。这种编码图形数据文件能被计算机绘图软件识别，并绘制出完整的图形。完整的编码图形数据文件应包含下列几项内容：

①图形空间数据

图形空间数据通常指构成地物、地貌特征点的三维坐标数据(X,Y,Z)，如描述房屋几何形态的四个角点位置、井盖中心等。

②图形属性数据

它是对图形性质的描述，是利用属性代码（code）表示的，代码可以按国家规范要求进行定义，也可根据需要自定义。如房屋首级代码一般用 2 表示，地貌首级代码一般用 8 表示。

③图形连接关系

图形连接关系也称为绘图信息，包括点连接关系和线连接关系，如果是独立的地物点，根据其代码，就可自动得到对应图式符号，如是线状或面状地物，在保证属性代码相同的前提下，需明确本测点和与之相连的连接点点号及连接线类型（如直线、曲线、圆弧等）。

数字线划地形图具体测绘方法，可以参见第 8 章相关内容介绍。

与纸质地图相比，数字线划地形图主要具有以下特点：

（1）图面可以任意缩放

数字线划地形图可以无限放大或缩小，因此对于数字线划地形图的显示或打印，其比例尺可以任意设定。但是，这里需要说明的是，当电子地形图放大或缩小时，图中的地物符号和地貌符号也一同放大或缩小，根据地形图图示的规定，对于同一地物或地貌，在不同的比例尺地形图中，其表示的符号是不尽相同的（大比例尺地形图符号可切换到小比例尺地形图，反之不行）。因此，当电子地形图放大或缩小后正式打印输出时，要注意因其比例尺的变化所引起的图示符号的变化。另外，电子地形图的放大或缩小也会引起图中文字和数字注记的放大或缩小，太大的文字或数字使得图面不美观，太小的文字或数字又难以辨认。

（2）可以用多个图层和多种颜色表示

在数字线划地形图中，各种地形要素可以采用不同的图层和不同的颜色来表示，这样，对于各种不同的地物图层或地貌图层，它们之间可以任意组合叠加，便于使用。

（3）便于修测更新

因发展建设，使得图中的实际地形发生改变时，只需重新测量变化了的那一部分地形，然后将其编辑后"粘贴"到电子地形图中替换原地形即可，这样就得到了更新后的电子地形图，使电子地形图易于永保现势性。

（4）便于量算、统计、分析和设计

由于数字线划地形图运行的软件平台均具有一定的计算、统计和分析功能，因此在电子地形图中进行诸如点的坐标、直线的距离、区域的面积等的量算及在此基础上进行各种统计、分析和设计，都非常方便。

（5）便于存放、携带和查阅

数字线划地形图不像纸质地形图占用实体空间，显然其存放、携带和查阅更为方便。

3. 数字高程模型(DEM)

数字高程模型是利用一系列地面点位的三维坐标(X,Y,Z)或(X,Y,H)描述地面形态的三维数字模型。这里涉及两项主要的工作:

(1)大规模地面三维坐标数据的获取

大规模地面三维坐标数据的获取方法有:

①利用全站仪或GPS测量,直接从野外获取三维坐标。

②利用数字化仪或扫描仪,从已有地形图上获取三维坐标。

③利用摄影测量方法获取地面点位三维坐标。这是一种大规模获取最新数据的常用方法,如有些数字摄影测量系统还具有获取和制作数字地面模型(DTM)的功能。

对于不同时期和用不同方式获取的坐标数据,应归算到国家统一坐标系统当中,或当地某一统一坐标系统当中。

地面三维坐标的质量和精度将直接决定数字地面模型的质量和精度。影响地面三维坐标的质量和精度的因素包括:数据点的采样间隔;对于特征点的采样程度;数据内插的精度;所获取点位三维坐标本身的精度;系统误差和粗差的明显程度等。

(2)数据的处理与应用

利用三维数据制作数字高程模型时,可以采用线状格网的形式,也可以采用面状的形式。线状格网可以是以各个数据点为顶点的三维三角形网格形式,也可以是将数据内插后形成的三维规则网格形式。将格网利用面填充和平滑后便形成面状数字高程模型,采用光照后,其立体感会更强。

数字高程模型数据处理的内容包括:

①数据的内插

由于所获取数据的密度是有限的,为了增加数据密度及按要求的栅格点增加数据,必须对原三维数据进行内插。内插算法包括线性内插法、双线性内插法、移动曲面拟合法、多面函数法、最小二乘配置法、有限元内插法等。由于地表起伏较为复杂,因此,不可能利用一种算法覆盖整个面积,而应分成较小单元,采用局部内插的方法,且应兼顾地形特征点与特征线。

②三维坐标到二维坐标的变换

数字高程模型的显示通常采用透视图的方式,这会增强立体感。将三维立体数字模型变换成二维透视图形,本质上是一种透视变换。可以把视点理解成摄影中心,利用共线方程[式(2-13)],由物点三维坐标(X,Y,Z)计算相应的平面像点坐标(x,y)。

③隐藏线的处理

隐藏线的消除可以采用峰值法。计算每一条线段上各点的Z值,并与同一像素位置上的所有线段的Z值比较,最终只显示Z值最大的线段。

④图形缩放、旋转、光照效果的处理。

⑤等高线的绘制、剖面图的绘制、面积和体积的计算等。

数字高程模型由于其具有立体显示效果,因此,用来进行工程设计和规划时将十分方便和省时,并会大大降低设计和规划成本。此外利用数字高程模型还可以绘制等高线,制作三维虚拟现实,绘制各类剖面图,计算土石方量,制作正射影像图、立体景观图和立体透视图,进行土地利用分析、洪水灾害预报等。

与数字高程模型接近的另一个概念是数字地面模型。可以将数字地面模型广义地理解成某一区域上的 m 维向量序列 $\{\boldsymbol{V}_i, i=1,2,\cdots,n\}$，其中向量 $\boldsymbol{V}_i = (V_{i1},V_{i2},\cdots,V_{im})$ 中各元素可以代表点位空间坐标、资源、土地利用、人文环境、自然环境等信息。当只包含点位三维坐标 (X,Y,Z) 时，便称为数字高程模型。

4. 数字正射影像图（DOM）

航空或卫星影像属于中心投影，具有信息丰富与能够实时反映地面状态等特点，但不宜用于直接量测。如果将其纠正转换成正射影像，并配以绘制地物、等高线，进行注记等辅助功能，其用途将很广泛。将中心投影的数字影像予以纠正，并将其转换成数字正射影像图的过程，可采用数字微分纠正或数字纠正技术。数字微分纠正是一种变换或映射，原始数字像点坐标 (x,y) 与经纠正后的像点坐标 (X,Y) 之间的映射关系为

$$x = f_x(X,Y) \tag{7-3}$$

$$y = f_y(X,Y) \tag{7-4}$$

或

$$X = F_X(x,y) \tag{7-5}$$

$$Y = F_Y(x,y) \tag{7-6}$$

前者由纠正后像点坐标 (X,Y) 反求原始图像上相应像点的坐标 (x,y)，这种方法称为反解法（或称间接解法）。由原始图像上的像点坐标 (x,y) 求解纠正后图像上的相应像点坐标 (X,Y) 称为正解法（或称直接解法）。纠正后将点 (x,y) 的灰度赋给点 (X,Y)，即 $g_0(X,Y) = g(x,y)$。由于 (X,Y) 并非是整数，因此，应采用插值的方法，计算纠正后每个像点的灰度。

数字微分纠正中的正反解法可以采用各种函数形式，如多项式、共线方程式等。在正解法中可采用变换函数：

$$X = a_0 + a_1 x + a_2 y + a_3 xy + a_4 x^2 + a_5 y^2 + \cdots \tag{7-7}$$

$$Y = b_0 + b_1 x + b_2 y + b_3 xy + b_4 x^2 + b_5 y^2 + \cdots \tag{7-8}$$

利用多个控制点可求解方程系数，然后用来求解其余像点坐标 (X,Y)。实际当中，可采用小范围的面作为纠正单元，以提高精度。

反解法可采用如式(2-13)所列共线条件方式，作为变换函数。为了应用此函数，必须已知相片内定向元素 (x_0,y_0,f)、外方位元素 $\{a_i \ b_i \ c_i\}$ 和 (X_S,Y_S,Z_S)，还有数字高程模 DEM 型数据。

5. 其他表达地面特征数字模型简介

（1）数字地面模型（DTM）

数字地面模型（Digital Terrain Model，DTM），表示没有任何物体（如植物和建筑物）的裸露地面，通常用于洪水或排水建模、土地利用研究、地质应用和其他应用。

数字地面模型是利用一个任意坐标系中大量选择的已知 x、y、z 的坐标点对连续地面的一种模拟表示，或者说，DTM 就是地形表面形态属性信息的数字表达，是带有空间位置特征和地形属性特征的数字描述。x、y 表示该点的平面坐标，z 值可以表示高程、坡度、温度、日照等信息。当 z 表示高程时，就是数字高程模型，即 DEM。地形表面形态的属性信息一般包括高程、坡度、坡向等。基于 DTM 模型的第三维属性表达如图 7-7 所示。

(a)温度图　　　　　　　　　(a)日照图　　　　　　　　　(c)坡度图

图 7-7　基于 DTM 模型的第三维属性表达

（2）数字表面模型（DSM）

数字表面模型（Digital Surface Model，DSM），是指包含了地表建筑物、桥梁和树木等高度的地面高程模型。DSM 是在 DEM 的基础上，进一步涵盖了除地面以外的其他地表信息的高程。

DSM 表示的是最真实地表达地面起伏情况，可广泛应用于各行各业。如在森林地区，DSM 可以用于检测森林的生长情况；在城区，可以用于检查城市的发展情况；在一些对建筑物高度有需求的领域，DSM 得到了很大程度的重视，如城区周围飞机航线净空对建筑物、树木等高度的限制。特别是现代巡航导弹，它不仅需要数字地面模型，更需要数字表面模型，这样才有可能使巡航导弹在低空飞行过程中，顺利通行。

（3）DEM、DTM、DSM 间的联系与区别

①DEM 与 DSM

DSM 表达了真实地球表面的起伏情况，让 DEM 的世界多了建筑物和森林等地物的身影。它表现的信息量更大，除了自然地理空间信息，还可从中直接提取社会经济信息。

②DEM 与 DTM

一般认为，DEM 是零阶单纯的单项数字地貌模型，而 DTM 是描述包括高程在内的各种地貌因子，如坡度、坡向、坡度变化率等因子在内的线性和非线性组合的空间分布。基于 DTM 的坡度、坡向及坡度变化率等地貌特性等均可在 DEM 的基础上派生。

③DSM 与 DTM 产品

DSM 强调的是地物的现状（包括人造和自然地物）顶面，DTM 强调的是原始地面分布（不含人造和自然地物）。如图 7-8 所示，通过 DSM 和 DTM 之间的差异比较，可以获取非常有价值的信息，如建筑物高度、植被冠层高度等。

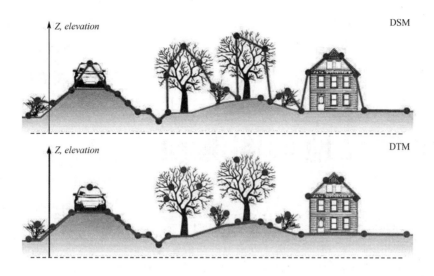

图 7-8 DSM 和 DTM 特征表达比较

习 题

7-1 地形图和地图有何区别？

7-2 什么是地形图的比例尺？地形图的比例尺是如何分类的？地形图的比例尺的表示方法有哪几类，它们各自的适用范围如何？

7-3 什么是地形图比例尺精度？为什么对于不同的应用，应选用不同比例尺的地形图？

7-4 国家基本比例尺地形图的比例尺种类有哪些？它们采用的是何种投影方式？

7-5 国家基本比例尺地形图是如何进行分幅和编号的？

7-6 编号为 J50F031011 的地形图的比例尺是多少？图幅西南角的经纬度是多少？

7-7 经度为 110°32′40″、纬度为 33°47′13″的某点在 1∶10 000 和 1∶100 000 比例尺地形图上的编号是多少？

7-8 地形图的矩形分幅法有哪几种形式？如图 7-9 所示的矩形分幅地形图，写出 1∶5 000 及阴影部分的 1∶2 000、1∶1 000、1∶500 比例尺地形图的编号。

7-9 地图中地貌的描绘方法有哪几种？等高线的特性是什么？等高线的种类有哪些？

7-10 什么是等高距和等高线平距？等高线的疏密与地面坡度有何关系？

7-11 我们将山脊线和山谷线分别称为分水线和合水线，为什么？

7-12 数字栅格图像是如何构成的？灰度图像和彩色数字图像是如何存储的？

7-13 什么是矢量数字图像？矢量图的优点有哪些？

7-14 什么是数字高程模型？数字高程模型与数字地面模型有何区别？数字高程模型的用途有哪些？

7-15 什么是数字正射影像？什么是数字正射影像图？

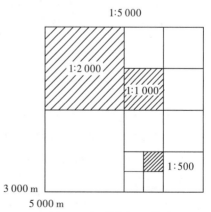

图 7-9 矩形分幅地形图

第8章

大比例尺地形图测绘方法

地形是地物和地貌的总称。地物是指地表面天然或人工形成的各种固定构筑物,如河流、森林、房屋、道路和农田等。地貌是指地表面上的高低起伏形态,如高山、丘陵、平原、洼地等。

地形图测绘包括地物和地貌的测绘,其实质就是依据测量学原理和方法,把欲测区域能反映地物和地貌位置的点采集下来,并按一定比例,用规定符号绘制于平面图上。整个地形图测绘过程分外业和内业两个阶段。采集的地物和地貌点统称碎部点或地形特征点。

大比例尺地形图是规划、设计和工程建设中使用得最普遍的地形图,为了保证大比例尺地形图的测图精度,外业测绘时必须选取足够密度的图根控制点。

测定地物点的方法包括极坐标法、直角坐标法、角度交会法、距离交会法和距离角度交会法。通常用得最多的是极坐标法及直角坐标法,其他方法多用于地物的辅助测量,如对隐蔽的或不宜观测的碎部点的采集。

测定地貌点的方法包括极坐标法、直角坐标法及水准法。

测图前,首先要收集控制点成果和测区已有资料,再到野外踏勘,了解控制点完好情况和测区现状,检查校正仪器,准备测图工具,最后拟订作业计划。

测图方式包括白纸测图和数字测图。随着测绘仪器及相关成图软件的发展,数字测图已逐渐取代了白纸测图。

外业测绘的地物要按国家测绘局颁发的《地形图图式》(如 GB/T 20257.1—2017)中提供的不同比例尺下的标准地物符号分类绘制到图纸上,并按标准格式出图。

8.1 白纸地形图测绘

控制测量工作结束之后,就可以根据解算的图根控制点,测定地形特征点的平面位置和高程,并按规定的比例尺和地物地貌符号展绘在电脑或白纸上制成地图。对于不同测图比例尺,每平方公里图根控制点数、地形特征点间距(或密度)等应满足表 8-1 的要求。

表 8-1　　图根控制点数和地形特征点间距

测图比例尺	地形特征点间距/m	每幅图的图根控制点数	每平方公里的图根控制点数
1∶5 000	100	20	5
1∶2 000	50	15	15
1∶1 000	30	12～13	50
1∶500	15	9～10	150

白纸测图主要分测量、绘图两部分。测量方法包括平板仪测绘法、经纬仪测绘法、小平板仪与经纬仪联合测绘法、光电测绘法等,其中经纬仪测绘法和光电测绘法使用较普遍。绘图的几何方法包括极坐标法、直角坐标法、角度交会法、边长交会法或边角交会法等。

数字测图也分内业、外业两部分,外业测量主要采用全站仪、GPS 的直角坐标法以及影像测量方法。内业测量主要用相关测图软件进行地形图的绘制。

8.1.1 白纸测图前的准备工作

白纸测图前,除了做好仪器的准备工作外,还应做好图纸准备工作,图纸准备工作包括以下内容。

1. 图纸选择

为了保证测图的质量,地形图测绘时应选择质地较好的图纸。普通的绘图纸容易变形,为了减少图纸伸缩或不平,可将图纸糊在铝板或胶合木板上。

聚酯薄膜图纸是一面打毛的半透明图纸,其厚度为 0.07～0.1 mm,伸缩率很小,且坚韧耐湿,沾污后可洗,在图纸上着墨后,可直接复晒蓝图,很符合测图要求。但聚酯薄膜图纸易燃,有折痕后不能消除,在测图、使用、保管时要多加注意。聚酯薄膜图纸分光面和毛面,绘图面应选择毛面。

2. 绘制坐标格网

为了准确地将图根控制点展绘到地形图上,首先要在白纸上精确地绘制直角坐标方格网,每个方格为 10 cm×10 cm。绘制方格网一般可使用坐标格网尺,也可以用长直尺按对角线法绘制,或用 AutoCAD 绘图,并通过绘图仪输出方格网图。

对角线绘制坐标格网法,如图 8-1 所示,先在图纸上画出两条接近垂直的对角线,对角线交于点 M,自点 M 在对角线上量取 MA、MB、MC、MD 四段相等的长度得出 A、B、C、D 四点,并作连线,即得正方形 $ABCD$,从 A、D 两点起沿 AB 和 DC 两方向,每隔 10 cm 截取一点,再从 A、B 两点起沿 AD、BC 方向每隔 10 cm 截取一点。而后连接相应的各点,即得坐标格网。

坐标格网绘好以后,应立即进行检查:首先检查各方格的角点是否在同一条直线上,偏离不应大于 0.2 mm;用比例尺检查 10 cm 小方格的边长,其值与理论值相差不应超过 0.2 mm。小方格的对角线长度应为 14.14 cm,容许误差为 ±0.3 mm。若误差超过容许值则应重绘坐标格网。

3. 展绘控制点

展绘控制点,简称展点。展绘控制点时,首先要根据图根控制点的坐标,确定该点所在的小方格。如图 8-2 所示,格网对应实际距离为 50 m(设比例尺为 1∶500),图根控制点 1 的坐标为 $x=625.22$ m,$y=562.18$ m,由坐标确定其位置应在 $plmn$ 方格内。然后按 y 坐标值分别从 l 点、p 点按测图比例尺向右各量出 12.18 m,得到 a、b 两点。同样的方法从 p 点、n 点向上各量出 25.22 m,得 c、d 两点。连接 a、b 两点和 c、d 两点,交点即为控制点在图纸上的位置。同理将其他各图根控制点展绘在图纸上,并在点的右侧以分数的形式注明点号和高程,如图 8-2 所示的 1、2、3、4、5 点。最后用比例尺在图纸上量取相邻控制点间的距离。与相应由两点坐标求算的实地水平距离相比较,作为已展绘的控制点的检核依据,其最大误差在图纸上应不超过 0.3 mm,否则应重新展绘。

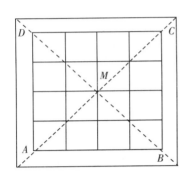

图 8-1　对角线法绘制坐标格网

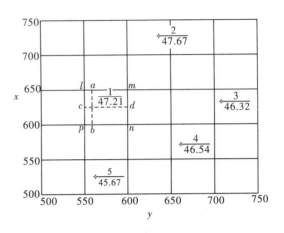

图 8-2　展绘控制点

8.1.2　测量碎部点平面位置的基本方法

1. 碎部点的选择

碎部点为地物、地貌特征点。地形测绘的质量和速度在很大程度上取决于碎部点的正确、合理选择。图 8-3 所示为一个测站上视线所及范围内,立尺点分布和碎部点位置。

图 8-3　一个测站上立尺点分布碎部点位置

(1)地物碎部点的选择

地物碎部点主要是地物轮廓线的转折点,如房角点、道路边线转折点以及河岸线的转折点等。地物测绘的质量和速度在很大程度上取决于立尺员能否正确合理地选择地物碎部点。主要碎部点应独立测定,一些次要碎部点可以用量距、交会、推平行线等几何作图方法绘出。以居民地测绘为例,碎部点选择要求如下:

①居民地的各类建筑物、构筑物及主要附属设施应准确测绘实地外围轮廓,如实反映建筑结构特征。

②房屋的轮廓应以墙基外角为准,并按建筑材料和性质分类,注记层数。1:500 与 1:1 000 比例尺测图,房屋应逐个表示,临时性房屋可舍去;1:2 000 比例尺房屋测量可适

当综合取舍,图上宽度小于 0.1 mm 的小巷可用线表示。

③建筑物和围墙轮廓凸凹在图上小于 0.4 mm,简单房屋小于 0.6 mm 时,可用直线连接。

④1∶500 比例尺测图,房屋内部天井宜区分表示;1∶1 000 比例尺测图,图上 0.6 mm 以下的天井可不表示。

⑤测绘垣栅的类别清楚,取舍得当,城墙两侧轮廓依比例尺表示,城楼、城门、豁口均应实测;围墙、栅栏、栏杆等可根据其永久性、规整性、重要性等综合考虑取舍。

(2)地貌碎部点的选择

地貌碎部点就是地面坡度及方向变化点。地貌碎部点应选在最能反映地貌特征的山顶、鞍部、山脊线、山谷线、山坡、山脚等坡度变化及方向变化处。具体要求如下:

①自然形态的地貌宜用等高线表示,崩塌残蚀地貌及坡、坎和其他特殊地貌应用相应符号表示,梯田坎、坡顶及坡脚宽度在图上大于 2 mm 时,应实测坡脚。

②各种天然形成和人工修筑的坡、坎,其坡度在 70° 以上时表示为陡坡,在 70° 以下时表示为斜坡。坡、坎密集时,可适当取舍。

③地形图上应正确反映出植被的类别特征和范围分布。对耕地、园地应实测范围,配置相应的符号表示。

④对各种名称、说明注记和数字注记要准确注出。图上所有居民地、道路(街、巷)名称、山峰、沟谷、河流等自然地理名称,以及主要单位等名称应进行调查核实后注记。

2. 碎部点平面位置测量的主要方法

(1)经纬仪测绘法

经纬仪测绘法的实质是按极坐标法测点绘图。如图 8-4 所示,观测时先将经纬仪安置在测站点 A 上,绘图板安置于测站旁,用经纬仪测定碎部点 1 的方向与已知方向点 B 之间的夹角 β_1,测站点 A 至碎部点 1 的水平距离 D_1 和碎部点的高程 H_1。然后根据测定数据用量角器和比例尺把碎部点的位置展绘在图纸上,并在点的右侧注明其高程,再对照实地描绘地形。此法操作简单、灵活,适用于各类地区的地形图测绘。具体操作步骤如下:

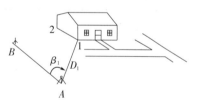

图 8-4　一个测站点上极坐标法测图

①安置仪器

如图 8-4 所示,安置仪器于测站点(控制点) A 上,量取仪器高 i,填入手簿(表 8-2)。

表 8-2　　　　　　　　　　　　碎部点测量手簿

测站点:A　　定向点:B　　　$H_A=55.323$ m　　$i_A=1.51$ m　　$x=0''$

点号	视距间隔	中丝读数	竖盘读数	竖直角	高差	水平角	水平距离	高程	备注
1	0.32	1.520	92°23′	−2°23′		25°46′			房角
2	0.45	1.330	95°35′	−5°35′		216°09′			
...									

②定向

后视另一控制点 B,置水平度盘读数为 $0°00'00''$。

③立尺

立尺员依次将标尺立在地物和地貌碎部点上。立尺前,立尺员应弄清实测范围和实地情况,选定立尺点,并与观测员、绘图员共同商定跑尺路线。

④观测

转动照准部,瞄准房角点 1 的标尺,读取视距间隔 l(包括上下丝读数)、中丝读数 v、竖盘读数 L 及水平角 β。

⑤记录

将每点测得的视距间隔 l、中丝读数 v、竖盘读数 L、水平角 β 依次填入手簿(表 8-2)。对于有特殊作用的碎部点,如房角、山头、鞍部等,应在备注中加以说明。

⑥计算

先由竖盘读数 L 计算竖直角 α,注意计算时竖盘的注记方式。按视距测量公式计算出碎部点的水平距离 D 和高程 H。

水平距离计算公式:

$$D = kl\cos^2\alpha \qquad\qquad (8\text{-}1)$$

高程计算公式:

$$H = H_A + \frac{1}{2}kl\sin 2\alpha + i_A - v \qquad\qquad (8\text{-}2)$$

按地形测量规范要求,在利用视距法测绘地形图时,所允许的碎部点最大视距 D 不应超过表 8-3 中的限值。

表 8-3　　　　　　　　　　　　碎部点测量视距限值

测区	比例尺	最大视距/m	
		主要地物点	地貌点和次要地物点
平坦地区	1∶500	60	100
	1∶1 000	100	150
	1∶2 000	180	250
	1∶5 000	300	350
城建区	1∶500	50(量距)	70
	1∶1 000	80	120
	1∶2 000	120	200

⑦展绘碎部点

地形测量用量角器如图 8-5 所示,角度分两排,按红、黑色标注,其中 0°～180°为黑色分划,对应右下边距离黑色分划;180°～360°为红色分划,对应左下边距离红色分划。展点时遵循"黑对黑,红对红"原则,即观测角度在黑色区域,展点对应的是黑色距离标注。

展绘前,用细针将量角器的圆心插在图纸上已展绘的测站点 A 处。转动量角器,将量角器上等于 β 角度(碎部点 1 为 25°46′)的刻画线对准图上起始方向线(零方向线)AB(图 8-6)。此时量角器的零方向便是碎部点 1 的方向,然后用测图比例尺 M 按求算的水平距离 d 在该方向上标点定出点 1 的位置,并在点的右侧注明其高程,其中

$$d(\text{mm}) = D(\text{m})/M \qquad\qquad (8\text{-}3)$$

同法,测出其余各碎部点的平面位置与高程,绘于图上,并随测随绘等高线和地物。

为了检查测图质量,仪器搬到下一测站时,应先观测前站所测的某些明显碎部点,以检查由两个测站测得该点平面位置和高程是否相符。如相差较大,则应查明原因,纠正错误,再继续测绘。

若测区面积较大,可分成若干图幅,分别测绘,最后拼接成全区地形图。为了与相邻图幅拼接,每幅图应测出图廓外 2~3 cm。

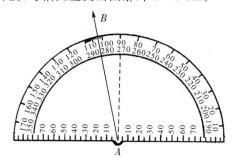

图 8-5　地形测量用量角器

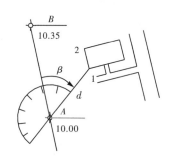

图 8-6　地形测量用量角器的使用

(2)光电测距仪测绘法

光电测距仪测绘法与经纬仪测绘法基本相同,不同的是用光电测距仪来代替经纬仪的视距。

如图 8-7 所示,先在测站点 A 上安置测距仪,量出仪器高 i,后视另一控制点 B 进行定向,使水平度盘读数为 $0°00'00''$。

立尺员将测距仪的单棱镜装在专用测杆上,并读出棱镜下觇标中心到测杆底的高度 v,为计算方便,调整测杆高,使 $v=i$。立尺时将棱镜面向测距仪,立于碎部点 1 上。

观测时,瞄准棱镜的标志中心,读出水平度盘读数 β、竖盘读数 L,测出斜距 D',并做记录。

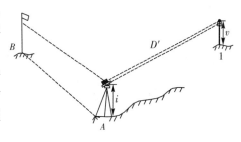

图 8-7　光电测距仪测绘法测图

$$\begin{cases} D_0 = D'\sin L \\ H = H_A + D'\cos L + i - v \end{cases} \tag{8-4}$$

将 D'、L 等输入计算器,按式(8-4)计算平距 D_0 和碎部点高程 H,然后与经纬仪测绘法一样,将碎部点展绘于图上。

3. 碎部点测绘过程中的注意事项

(1)为方便绘图员工作,观测员在观测时,应先读取水平角,再读取水准尺上、中、下三丝读数和竖盘读数;在读取竖盘读数时,要注意检查竖盘指标水准管气泡是否居中,或带有竖盘自动安平装置的开关是否打开;读数时,水平度盘估读至 $5'$,竖盘读数估读至 $1'$ 即可;每观测 20~30 个碎部点后,应重新瞄准起始方向,检查其变化情况。经纬仪测绘法起始方向水平度盘读数偏差不得超过 $3'$。

(2)立尺员在跑点前,应先与观测员和绘图员商定跑尺路线。立尺时,应将标尺竖直,随时观察立尺点周围情况,弄清碎部点之间的关系,地形复杂时还需绘出草图,以协助绘图员做好绘图工作。

（3）绘图员要注意图面整洁，注记清晰，并做到随测点，随展绘，随检查。

8.1.3 地形图的绘制、拼接、整饬、检查与验收

在外业工作中，当碎部点展绘在图上之后，就可对照实地随时描绘地物和等高线。如果测区较大，由多幅图拼接而成，还应及时对各图幅衔接处进行拼接检查，最后再进行图的清绘与整饬。

1. 地物绘制

地物要按地形图、图式规定的符号表示。房屋轮廓需用直线连接起来，而道路、河流的弯曲部分则是逐点连成光滑的曲线。对于不能按比例描绘的地物，用相应的非比例符号表示。

2. 等高线勾绘

等高线可以人工勾绘，也可以由计算机自动绘制。当采用人工勾绘时，可以采用图解法，也可以采用目估法。图解法原理如图 8-8 所示，A、B 为地面上两个相邻立尺地貌点，两点间地面为同一坡向，测定两点高程分别为 H_A 和 H_B，等高距为 h，若 $|H_A-H_B|>h$，则在 A、B 之间至少有 1 条等高线通过。利用式(8-5)可以内插得到 AB 连线上的这条等高线通过的点位 C。

$$AC=\frac{AB\times(H_A-H_C)}{H_A-H_B} \tag{8-5}$$

目估法原理是在已测得的碎部点间，按比例内插等高线。如图 8-9 所示，A、B 两碎部点是特征点，即坡度变化处，两碎部点间是平缓的，则可以估算出两碎部点间应内插的等高线数和位置。实际地貌很复杂，不可能将坡度变化处一一测量，因此，需要在实地根据地貌，加上一定量的碎部点勾绘等高线。这就需要一定的经验和技能。勾绘等高线时，可以先用虚线绘出山脊线、山谷线等地性线，沿这些线内插等高线通过点，并先勾绘加粗等高线（计曲线）。在加粗等高线上应注明等高线所代表的高程注记，方向指向山头。

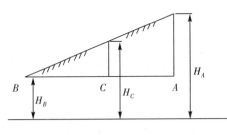

图 8-8 图解法原理

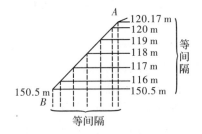

图 8-9 目估法原理

在地形图上为了能详细地表示地貌的变化情况，又不能使等高线过密而影响地形图的清晰，等高线必须按规定的间隔（称为基本等高距）进行勾绘。对于不同的比例尺和不同的地形，基本等高距的规定是不同的。

3. 地形图的拼接

由于分幅测量和绘图误差的存在,在相邻图幅的连接处,地物轮廓线和等高线都不会完全吻合。为了整个测区地形图的统一,必须对相邻的地形图进行拼接,如图 8-10 所示。地形测图规范规定,每幅图的图边测出图廓以外与相邻图幅有一条重叠带(一般为 2~3 cm),以便于拼接检查。对于聚酯薄膜图纸,由于是半透明的,纸的坐标格网对齐,就可以检查连接处的地物和等高线的偏差情况。如果测图用的是白纸,则须用透明纸条将其中一幅图的凸进地物、等高线等描下来,然后与另一幅图进行拼接检查。

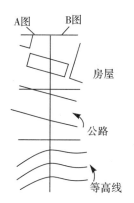

图 8-10　地形图的拼接

图的接边误差不应大于规定的碎部点平面、高程中误差的 $2\sqrt{2}$ 倍。在大比例尺测图中,关于碎部点的平面位置和按等高线插求高程的中误差规定见表 8-4。图的拼接误差小于限差时可以平均配赋(在两幅图上各改正一半),改正时应保持地物、地貌相互位置和走向的正确性。拼接误差超限时,应到实地检查后再改正。

表 8-4　　　　　　　　　　　　图的接边误差限差

地区类别	点位中误差(图上)/mm	相邻地物点间距中误差(图上)/mm	等高线高程中误差(等高距)			
			平地	丘陵地	山地	高山地
山地、高山地和实测困难的旧街坊内部	0.75	0.6	1/3	1/2	2/3	1
城市建筑区和平地、丘陵地	0.5	0.4				

4. 地形图的检查

为了确保地形图质量,除施测过程中加强检查外,地形图测完后,必须对成图质量做全面检查。地形图的检查包括图面检查、外业检查和设站检查。

(1)图面检查

检查图面上各种符号、注记是否正确,包括地物轮廓线有无矛盾,等高线是否清楚,等高线与地形点的高程是否相符,有无矛盾、可疑的地方,图边拼接有无问题,名称注记是否弄错或遗漏。如发现错误或疑点,应到野外进行实地检查修改。

(2)外业检查

根据图面检查的情况,有计划地确定巡视路线,进行实地对照查看。野外巡视中发现的问题,应当场在图上进行修正或补充。

(3)设站检查

根据图面检查和外业检查发现的问题,到野外设站检查,除对发现问题进行修正和补测外,还要对本测站所测地形进行检查,看所测地形图是否符合要求,如果发现点位的误差超限,应按正确的观测结果修正。

5. 地形图的整饰与验收

地形图经过拼接、检查和修正后,还应进行清绘和整饰,使图面更为清晰、美观。地形图整饰的次序是先图框内后图框外,先注记后符号,先地物后地貌。图上的注记、地物符号以及高程等均应按规定的地形图图式进行描绘和书写。最后,在图框外应按图式要求写出图名、图号、接图表、比例尺、坐标系统及高程系统、施测单位、测绘者及测绘日期等。

经过以上步骤得到的地形图,要上报当地测绘成果主管部门。在当地测绘成果主管部门组织的成果验收通过,图纸进行备案之后,该地形图方可在工程中使用。

8.2　数字地形图测绘

数字测图(Digital Surveying and Mapping,DSM)系统,是指以计算机为核心,外连输入输出设备,在硬件、软件的支持下,对地形数据进行采集、输入、成图、绘图、输出、管理的测绘系统。

随着计算机、地面测量仪器如全站仪和 GPS 等现代测量仪器的广泛应用,数字测图软件功能不断增强,数字测图正在工程实践中得到快速普及。由于数字成图采用位置、属性与关系三方面的要素来描述存储的图形对象,并提供可供传输、处理、共享的数字地形信息于各种管理信息系统(如 GIS),因此相对传统人工模拟测图具有很大优势。数字测图使大比例尺测图走向了自动化、数字化,实现了成果的高精度。

8.2.1　数字测图的基本思想

数字测图以自动采集及存储地形特征点空间坐标及属性库为数据源,在计算机相关硬件、软件模块的支持下,通过对储存的地形特征点空间数据进行处理,得到相关比例数字地图或各种专题地图。

广义的数字测图主要包括:地面数字测图、地图数字化成图、航测数字测图、计算机地图制图。从小范围的局部测量方式看,大比例尺数字测图是指野外实地测量,即地面数字测图,也称野外数字测图。

针对使用的测量设备及技术流程的不同,数字测图主要有以下几种方法。

1. 野外采集法

根据成图方式不同,野外采集法又分为草图法和电子平板法。其中电子平板法测图模式作业过程(图 8-11)与传统的小平板经纬仪测图模式作业过程相似,电脑屏幕代替小平板,为现测现绘;而草图法的作业过程为测记法,即先现场手工草绘出地形示意图,再到室内结合观测数据完成地形图绘制,其基本作业过程如图 8-12 所示。

基于草图法的数字测图软件目前在测图领域使用较广泛,一般它们都是基于 AutoCAD 平台开发的。

2. 已有纸质地图转换为数字化图

(1)数字化仪法

利用数字化仪将图纸特征点坐标转换为数字坐标,然后在计算机上借助成图软件,得到

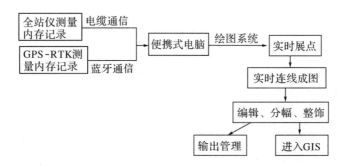

图 8-11　电子平板法作业过程

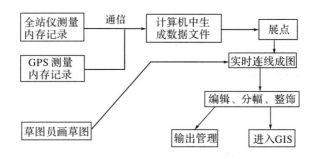

图 8-12　草图法作业过程

数字化图。由于采点转换等误差,成图精度低于原始图。数字化仪法流程如图 8-13 所示。

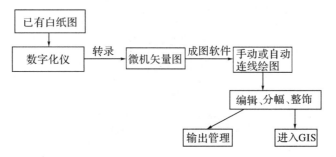

图 8-13　数字化仪法流程

（2）扫描矢量化法

借助图像扫描,仪器沿 x 方向扫描,沿 y 方向走纸,图在扫描仪上走一遍,即完成图的扫描栅格化,然后借助人机交互方式或矢量软件将栅格数据转换成矢量数据,经过编辑最终得到数字化图。扫描矢量化法流程如图 8-14 所示。

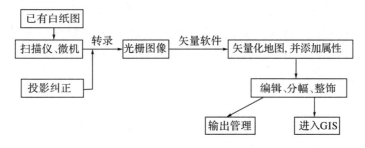

图 8-14　扫描矢量化法流程

3. 航测法（数字摄影测量）

航测法适应于大范围中小比例尺地形图的成图工作，它是利用数字相片媒体，通过数字摄影测量技术，把相片转换成数字地形图，相关内容见8.3节与8.4节。随着计算机影像处理技术和数字影像成像技术的发展，航测法得到的数字地形图已达到大比例尺地形图的精度。航测法基本流程如图8-15所示。

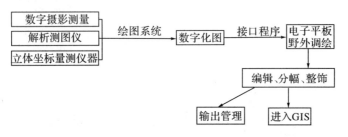

图 8-15　航测法基本流程

从上面介绍的几种方法可以获知，数字测图系统主要由数据输入、数据处理和数据输出三部分组成。其工作流程一般是：地形特征点采集及建库→数据处理与图形编辑→成果与图形输出。归纳数字测图的基本思想如图8-16所示。

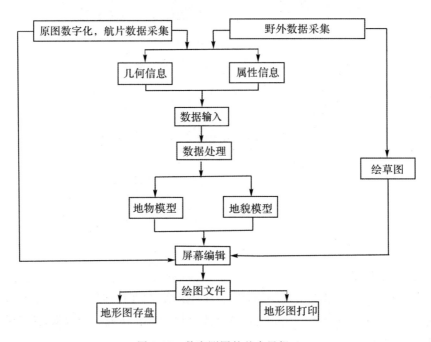

图 8-16　数字测图的基本思想

数字测图降低了测绘人员的劳动强度，提高了工作效率，保证了地形图绘制质量。同时应用计算机进行数据处理，可以直接建立数字地面模型和电子地形图，为国家、城市和行业部门的现代化管理以及工程技术人员进行计算机辅助设计提供了可靠的基础数据。

8.2.2　数字测图的野外数据采集方法

1. 观测方法

野外数据采集包括控制测量数据采集和碎部点测量数据采集两个阶段。

控制测量主要采用导线测量方法,观测结果(点号、方向值、竖直角、距离、仪器高、目标高等)自动或人工记入电子手簿,可由电子手簿解算出控制点坐标和高程。

碎部点测量根据设备不同,可以有以下几种方式:

(1)全站仪方式

若使用具有存储记忆功能的全站仪,可事先建立好测图文件并事先把控制点、测图范围等信息传输到全站仪存储器中,碎部点测量数据采集时,根据所使用仪器设备和控制点信息,可以直接采集碎部点的三维坐标或原始观测值(方向值、竖直角、距离、目标高等),自动或人工记入电子手簿或自动存储在全站仪中,然后传输给计算机。

(2)测距仪配合电子经纬仪方式

对于有数据输出端口的测距仪和电子经纬仪,通过通信电缆与电子手簿连接,可将采集的数据信息直接传送入电子手簿。对于没有数据输出端口的测距仪和电子经纬仪,须将采集的数据信息人工键入电子手簿。

(3)测距仪配合光学经纬仪方式

必须将方向值、距离、竖直角、目标高人工键入电子手簿,有数据输出端口的测距仪可将距离直接传送入电子手簿。这种采集方式外业工作量大,记录的数据容易出错,不适宜较大范围的数字测图。

(4)GPS-RTK 方式

测得数据均为点线面结构,格式简洁,通过接口程序可很方便地将采集的坐标文件引入测图 CAD 系统,如果有代码,可自动连线成图。

2. 数据采集和图形编绘

(1)草图法数据采集

①全站仪采点

数据采集之前一般先将作业区已知控制点的坐标和高程输入全站仪(或电子手簿)。草图绘制者对测站周围的地物、地貌大概浏览一遍,及时按一定比例绘制一份含有主要地物、地貌的草图,以便观测时在草图上标明观测碎部点的点号。观测者在测站点上安置全站仪,量取仪器高。选择一已知点进行定向,然后准确照准另一已知点上竖立的棱镜,输入点号和棱镜高,按相应观测按键,观测其坐标和高程,与相应已知数据进行比较检查,满足精度要求后进行碎部点观测。观测地物、地貌特征点时准确照准点上竖立的棱镜,输入点号、棱镜高和地物代码,按相应观测记录键,将观测数据记录在全站仪内(或电子手簿中)。观测时观测者应与绘制草图者及立镜者时时联系,以便及时对照记录的点号与草图上标注的点号是否一致,有问题时要及时更正。观测一定数量的碎部点后应进行定向检查,以保证观测成果的精度。

传统白纸测图或现代电子平板测图的图形在野外实时可见,因此便于发现错误,而草图法虽然数据实时记录,但图形不可见,所以必须检核,以防出错而外业返工。检核可采取以下方法：

a. 测量后视点坐标，与已知坐标核对是否相符。不相符，则说明测站后视数据有错误；或者测站瞄准的后视点点位有错误。

b. 开始测量之前，找一固定目标（如楼角、远处电线杆等），记下水平角度，分若干时间段重新瞄准该目标，核对水平角度是否与记录值相符。不相符，则说明前段数据方位有错误；记录下本时段号（内业处理通过"两点定向"可一次改正），重新定向，继续观测。

②现场草图绘制

野外数据的采集，不仅要获取地面点的三维解析坐标（几何数据），而且还要做地物图形关系的记录（属性数据），如何协调好两者的关系是本方法的关键。

草图法是一种十分实用、快速的测图方法。但缺点是不直观，容易出错，当草图有错误时，可能还需要到实地查错。

③草图绘制的注意事项

a. 草图纸应有固定格式，不应该随便画在几张纸上。

b. 每张草图纸应包含日期、测站、后视零方向、观测员、绘图员等信息；当遇到搬站时，尽量换张草图纸，不方便时，应记录本草图纸内哪些点隶属哪个测站，数据一定要标示清楚。

c. 不要试图在一张纸上画太多的内容，地物密集或复杂地物均可单独绘制一张草图，既清楚又简单。

d. 绘图员与观测员每隔一定时间（如每测 20 点），应互相核对点号，这样当发现点号不对应时，就可以有效地将错误控制在最近时间间隔内，以便及时更正，防止内业出错。

e. 草图配合实际测量数据，结合外业测量的速度，可以分批在计算机上处理，最后把建立的数据文件或图形进行合并及拼接。

绘制草图时必须把所有观测地形点的属性和各种测量数据在图上表示出来，以供内业处理、图形编辑时用。草图的绘制要遵循清晰、易读、相对位置准确、比例一致的原则。野外手工绘制的草图示例如图 8-17 所示。在野外测量时，能观测到的碎部点要尽量观测，确实不能观测到的碎部点可以利用皮尺或钢尺量距，将距离标注在草图上或利用电子手簿的量算功能生成其坐标。

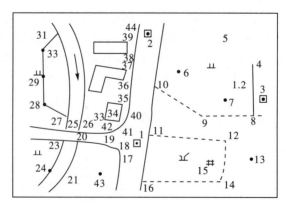

图 8-17　野外手工绘制的草图示例

（2）电子平板法数据采集

电子平板法一般采用的是第一种（全站仪）采集模式。在完成了工作路径与比例设定、通信参数设置、控制点入库后,设置测站,输入测站点号、后视点号和仪器高等信息。然后启动"碎部测量"功能（图 8-18）,弹出命令行如图 8-19 所示,即可按选定尺子（或棱镜）的模式实施电子平板测量。说明如下:

①S（选尺）点号,测量碎部点的点号。第一个点号输入后,其后的点号不必再人工输入,每测完一个点,点号自动累加 1。

②连接,指与当前点相连接的点的点号。必须是已测碎部点的点号或其他已知点。自动默认与上一点连接,与其他点连接时输入该点的点号,连接线型也可事先定义。

③M（采点）,如图 8-18 所示,地物类别的代码为 0。测量时同类代码只输入一次,其后的代码程序自动默认,碎部点代码变换时输入新的代码。

④水平角、垂直角、斜距由全站仪观测并自动记录输入。

图 8-18　数据采集对话框

⑤觇标高,观测点棱镜高度。输入一次后,其他观测点的棱镜高由程序自动默认。观测点棱镜高度改变时,重新输入。

对于电子平板数字图形编辑,由于数据采集与绘图同步进行,因此内业只进行一些图形编辑、整饰工作。

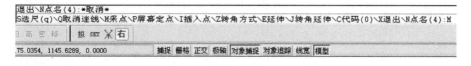

图 8-19　基于电子平板的碎部测量

3. 测点数据编码

传统的野外测图工作是用仪器测得碎部点的三维坐标,并展绘在图纸上,然后由绘图员对照实地描绘成图。在描绘图形的过程中,绘图员实际上知道了有关碎部点的位置、是什么地物点或地貌点、与哪些碎部点相连接等信息。数字测图由计算机软件根据采集的碎部点的信息自动处理绘出地形图。因此,所采集的碎部点信息必须包括三类信息:位置信息、属性信息、连接信息。碎部点的位置用 (X,Y,H) 三维坐标表示,并标明点号。属性信息用地形编码表示,连接信息用连接点点号和连接线型表示。

绘图软件在绘制地形图时,会根据碎部点的属性来判断碎部点是哪一类特征点及采用地形图图式中的什么符号来表示。因此,必须根据地形图图式设计一套完整的地物编码体系,并要求编码和图式符号一一对应。地形编码设计的原则是:符合国标图式分类、符合地形图绘图规则、简练、便于操作记忆、比较符合测量的习惯、便于计算机处理。地形编码的方法很多,如拼音编码、变长编码、3 位数字编码、4 位数字编码、5 位数字编码等。

地形要素码用于标识碎部点的属性。该码基本上根据《地形图图式》中各符号的名称和顺序来设计,用3位表示,其表示形式可分为3位数字型和3位字符型两种。

3位数字型编码是计算机能够识别并能有效迅速处理的地形编码形式,又称内码。其基本编码思路是将整个地形信息要素进行分类、分层设计。首先将所有地形要素分为10大类;每个信息类中又按地形元素分为若干个信息元,第一位为信息类代码(10类),第二、三位为信息元代码。

《数字地形图测量规范》(如 GB/T 17160—1997)规定了关于地物、地貌编码信息的标准代码,表8-5就是居民地的3位编码(其中第一位信息类代码为2)信息。

表 8-5　　　　　　　　　　　　　　　居民地的3位编码信息

编码	名称	编码	名称
2	房屋	202	一般房屋(砖)
200	一般房屋	203	棚屋
201	一般房屋(砼)	…	

8.2.3　数据内业编辑

对于草图法,数据采集完成后,应进行内业处理。内业处理主要包括数据传输、数据处理、图形处理和图形输出。其作业流程用框图表示,如图8-20所示。

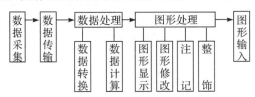

图 8-20　内业处理作业流程框图

1. 数据传输

将存储在全站仪(或电子手簿)中的外业采集的观测数据按一定的格式传输到内业处理的计算机中,生成数字测图软件要求的数据文件,供内业数据处理使用。

2. 数据处理

传输到计算机中的观测数据需进行适当的数据处理,从而形成适合图形生成的绘图数据文件。数据处理主要包括数据转换和数据计算两个方面的内容。数据转换是将野外采集到的带简码的数据文件或无码数据文件转换为带绘图编码的数据文件,供计算机识别绘图使用。对于简码数据文件的转换,软件可自动实现;对于无码数据文件,则需要通过草图上地物关系编制引导文件来实现转换。数据计算是指为建立数字地面模型绘制等高线而进行的建立插值模型、插值计算、等高线光滑的工作。在计算过程中,需要给计算机输入必要的数据,如插值等高距、光滑的拟合步距等,其他工作全部由计算机完成。

经过计算机处理后,未经整饰的地形图即可显示在计算机屏幕上,同时计算机将自动生成各种绘图数据文件并保存在存储设备中。

3. 图形处理

图形处理是对数据处理后生成的图形数据文件进行编辑、整理。借助现场绘制的草图,经过对图形的修改、整理、添加汉字注记、高程注记、填充各种形状地物符号后,即可生成规范的地形图。对生成的地形图要进行图幅整饰和图廓整饰,图幅整饰主要利用编辑功能对地形图进行删除、断开、修剪、移动、复制、修改等操作,最后编辑好的图形即为所需地形图,并按图形文件保存。

4. 图形输出

通过对数字地图的图层控制,可以编制和输出各种专题地图以满足不同用户的需要。利用绘图仪可以按层来控制线条的粗细或颜色,绘制出美观、实用的图形。

8.2.4　基于CASS11.0的数字地形图生成

南方测绘开发的 CASS11.0 测图软件是比较优秀的国产测图软件,支持 Auto-CAD2010-2014,32 位和 64 位操作系统均可使用。

结合 CASS 测图软件系统特点,介绍草图法数字测图方法的主要内容和方法。

1. 数据文件建立

内业转换得到的直角坐标格式数据表格可按文本方式保存。空间坐标数据文件可预先按 dat 坐标格式建立;这种坐标文件,可以用来进行展点、生成等高线等操作。由于 CASS 测图系统中测量坐标与屏幕坐标是对应的,而 AutoCAD 的坐标系(数学坐标系)与测量坐标系的 X、Y 轴正好相反,所以输入点的空间测量坐标值时,要先输入 Y 后输入 X。

CASS 数据文件结构如下:

$$点号\quad 标识符\quad Y\quad X\quad H$$

或

$$点号,标识符,Y,X,H$$

其中,点号可按个人习惯的方式编,如按测站索引方式等,标识符可以取地物代码,例如:

$$a1,0,302\ 143.67,4\ 305\ 423.22,15.432$$
$$b12,0,302\ 268.92,4\ 305\ 476.10,22.79$$

2. 地物绘制

在建立文件后,首先要确定当前工作比例尺,保证地物符号的正确展绘。

利用"数据下载"得到 CASS 坐标文件(∗.dat)(图 8-21),便可在图形上展出点位、点名、代码、高程等,以便连线成图时作为参考。

依据领图员勾绘的草图,对照图 8-22 的真实点分布,借助屏幕定位、坐标定位、点名定位三种方式及 CAD 的捕捉功能直接连线成图。

图 8-21　测点坐标下载

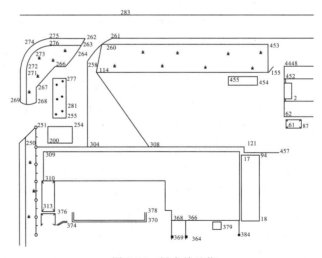

图 8-22　展点绘地物

如图 8-23 所示，执行 E、J、Z、A、N 为屏幕定位，N 为点名定位，最后默认为坐标定位。

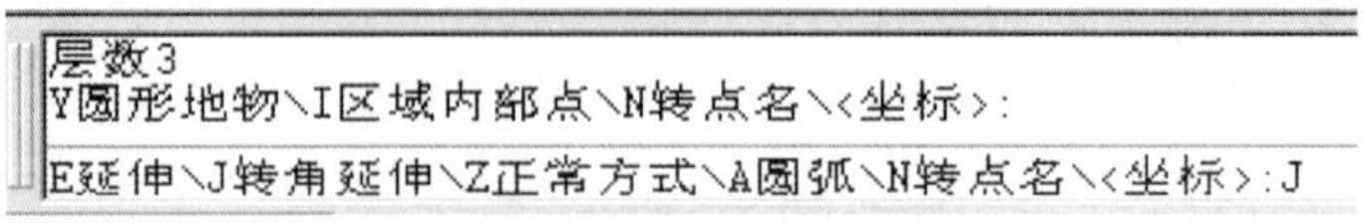

层数3
Y圆形地物\I区域内部点\N转点名\<坐标>:
E延伸\J转角延伸\Z正常方式\A圆弧\N转点名\<坐标>:J

图 8-23　绘图命令行

其中，J 转角延伸功能对于带多拐角的房屋展绘很是便利。

另外，还要根据地物菜单提示[图 8-24(a)]，完成各种地物符号及特殊地貌符号的绘制。如图 8-24(b)就是公共设施菜单下显示的“符号库”，此外还要借助相关编辑工具如图 8-25 用于特殊采点方法下展点的 COGO 工具，并按照相应图式规范要求完成地形图地物的绘制。

控制点
水系设施
居民地
独立地物
交通设施
管线设施
境界线
地貌土质
植被土质
市政部件
公共设施
加油站
路灯
单灯路灯
上一组
下一组
确定
取消

(a)地物符号菜单　(b)地物符号库

图 8-24　地物符号

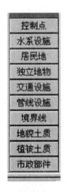

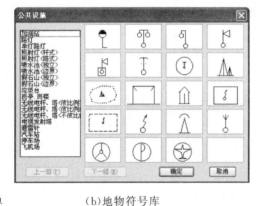

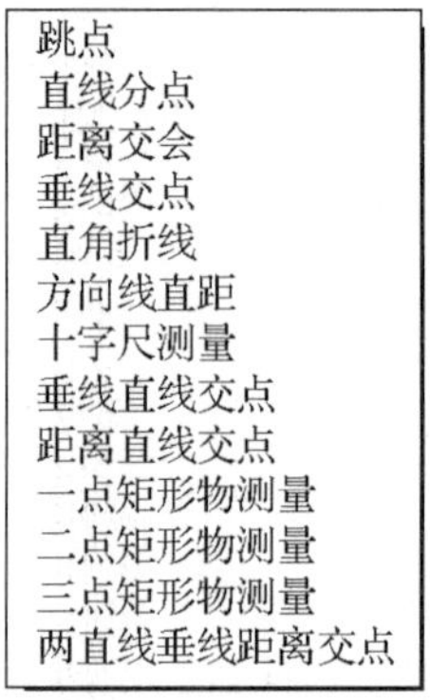

跳点
直线分点
距离交会
垂线交点
直角折线
方向线直距
十字尺测量
垂线直线交点
距离直线交点
一点矩形物测量
二点矩形物测量
三点矩形物测量
两直线垂线距离交点

图 8-25　COGO 工具

3. 地貌生成

地貌的主要表达方式是等高线，计算机自动生成等高线的方法很多，如格网法、三角网法等。在一定区域范围内，规则格网点或三角形的点的平面坐标(x,y)和其他地形属性的集合称为 DTM(Digital Terrestrial Model)，其中由 DTM 建立的不规则三角网 TIN(Triangulated Irregular Network)是数字测图中等高线绘制采用的主要方法，而基于 TIN 下[图 8-26(a)]的连续面模型能够有效地描述河流、峡谷、坡势等地形区域特征。

TIN 三角网构筑方法很多，其中由狄洛尼(Delaunay)三角网产生的 TIN 使用最广。该结构对于不连续的表面尤其有用，因为中间点可以用“断裂线”的方式放在不连续处。如，小河、悬崖和海岸线在拓扑表面中可被视为不同类型的断裂线。

对于建立 DTM 所需数据——外业采集高程离散点，即三维地形坐标数据，一般测图软件系统并无特殊要求，只要有足够的特征点即可。

但对于要求绘出斜坡或者陡坎者，则需要记录下坡坎的连接关系，即哪一个点和哪些点有联系，坡顶、坡底、比高要记录清楚，否则很难绘制出符合要求的地形图。

由于某些原因不参加构网的(如房屋的角点，加高降低的地物点位等)某一类离散点，尽可能在外业时设置该类型点的代码，以便在构网时将此类型点屏蔽掉。

依据外业原始数据文件建立 DTM，按图 8-27 的流程自动勾绘等高线，并利用断开工具自动或手动进行地物断开。图 8-26(b)就是基于 TIN 下生成的地形等高线图。

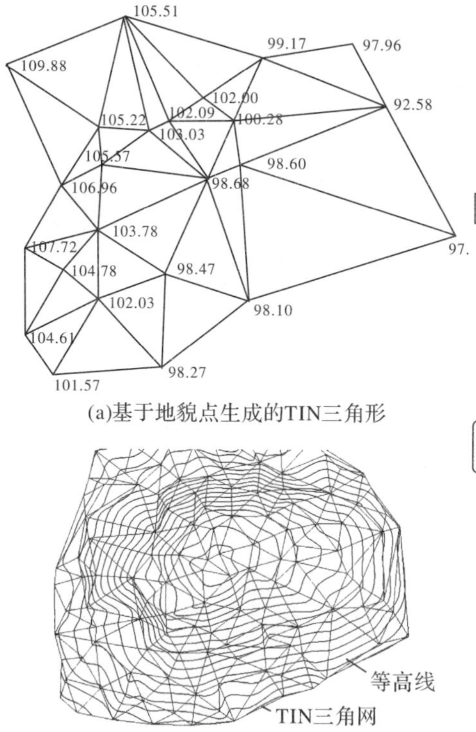

(a)基于地貌点生成的TIN三角形

(b)由TIN生成的地形等高线

图 8-26　等高线自动生成

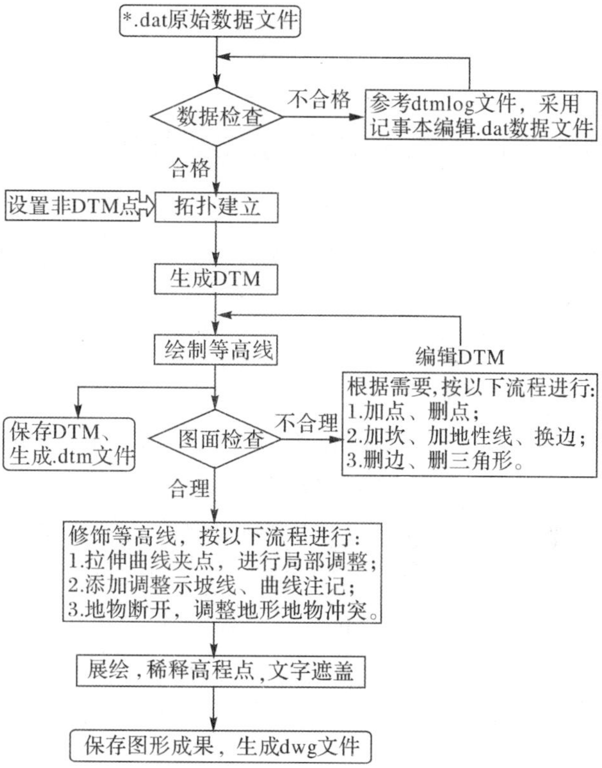

图 8-27　等高线生成流程

　　根据需要,再展绘地形特征点高程,并注记相关信息,包括图廓生成、图名输入、测图坐标、高程系统、测量比例尺、测量单位等。如果图幅较大,还要进行分幅工作。

　　由数字测图软件得到的数字地形图,可以按需要输出图,也可以直接提供数据库或图形给各种专业地理信息管理系统调用。

8.3　摄影测量与成图

　　摄影测量学是通过对所拍摄相片或数字影像进行判读与量测,获取目标物位置等信息的一门学科。由于影像信息较地形图更加真实,内容更加丰富,并能保证测量的精确性,因而得到了广泛应用。同时,卫星空间技术及遥感技术、GPS 技术、计算机数字技术的大量采用,使得摄影测量学的应用前景更加广阔。

　　摄影测量有许多种类,如,按摄影方式可分为地面摄影测量、航空摄影测量、航天摄影测量、近景摄影测量等,按数据处理方法可分为模拟摄影测量、解析摄影测量和数字摄影测量。由于所拍摄到的相片或影像含有各种误差,除用于判读外,当影像用于测量时,要进行一系列影像纠正及计算,以获取目标物的真实信息。

航空摄影测量是目前测绘大面积地形图最主要、最有效的方法,具有外业工作少、成图快、精度均匀、成本低、不受气候季节限制等优点。随着摄影测量理论和设备的发展,我国现有的 1:10 000~1:100 000 国家基本图乃至工程建设和城市大、中比例尺地形图的测绘都采用航空摄影测量方法绘制。

8.3.1　航空摄影测量与相片

航空摄影测量简称航测,它是以从飞机上摄取的地表相片(航片)为依据进行量测和判读,从而确定地面上被摄物体的大小、形状和空间位置,并获得被摄地区的地形图(线划地形图、影像地形图)或数字地面模型。

1. 航空摄影实施

(1)空中摄影

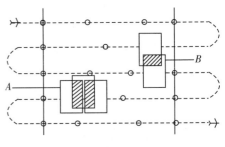

图 8-28　航摄航线

为了获取航空相片,在进行航空摄影前,应制订详细的计划,包括确定摄影区域、摄影时的航高、摄影倾斜程度、所拍摄相片的种类等。在测区进行航摄时,飞机通常沿 S 形路线飞行,如图 8-28 所示。为了利用相片进行立体观察和量测,相邻相片影像应有重叠区域。重叠有航向重叠 A 和旁向重叠 B 两种。航向重叠一般要求重叠度为 60%~65% 或更大。旁向重叠一般应达到 30%~40%。拍摄相片可以垂直摄影方式,也可以倾斜摄影方式进行。

(2)地面控制测量

把相片制成地形图是以地面控制点为基础的,因此,必须保证有足够数量的地面控制点。这些地面控制点可在已有的大地控制点的基础上进行加密,其步骤分为野外控制测量和室内控制加密。

携带仪器和航空相片到野外,根据已知大地控制点,用前面所讲的控制测量方法,测定相片控制点的平面坐标和高程,并对照实地将所测点的位置精确地刺到相片上。这项工作也称相片联测。

由于野外测定的控制点数量还不够,需要在室内进一步加密。可根据相片明显特征点,用解析法、图解法来加密。近年来,由于计算机技术的发展,利用解析法空中三角测量进行室内加密控制点的方法被广泛应用。

2. 航空相片

航空相片一般为正方形,常用尺寸有 18 cm×18 cm 和 23 cm×23 cm 两种。胶片或底片可以处理成全色黑白片、彩色片、红外黑白片、红外假彩色片等。量测用相片大多是黑白片。

(1)航测相片比例尺

航测相片上某两点间的距离和地面上相应两点间水平距离之比,称为航测相片比例尺,用 $1/M$ 表示。如图 8-29 所示,当相片和地面水平时,同一张相片上的比例尺是一个常数。

$$\frac{1}{M}=\frac{f}{H} \tag{8-6}$$

式中,f 为航摄仪的焦距,H 为航高(指相对航高)。

对一架航摄仪来说,f 是固定值,要使各相片比例尺一致,还必须保持同一航高。考虑飞机受气流波动等影响,在平静的大气条件下,同一航线的航高差别应保持在 ±20 m 以内,在不利情况下,一般不允许超过 ±50 m。但当地面有起伏或相片对地面有倾斜时,相片上各部分比例尺就不一致了,像点就产生航测投影差,如图 8-30 所示,由于地形起伏,点 A 实际位置成像后由点 a' 变成点 a,因此要进行影像纠正。

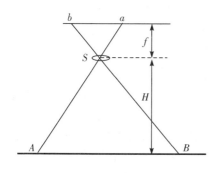

图 8-29　航测相片比例尺

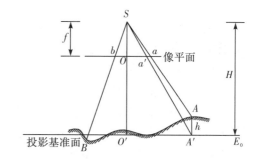

图 8-30　航测投影差

航摄的相片比例尺按成图比例尺而定,一般来说,将相片比例尺约放大 4 倍可制成所需比例尺的地形图。

(2)航空相片的方位元素

当利用航空相片进行解算时,即要通过计算来精确获得地面点或目标物的空间坐标时,需要确定摄影瞬间摄影中心的位置和摄影姿态。对其进行描述所用的参数,称为相片的方位元素。相片方位元素分为内方位元素和外方位元素。

①内方位元素

内方位元素用来描述摄影中心与相片之间的相对位置,包括摄影中心 S 到相片的焦距 f,及像主点在像平面坐标系中的坐标 x_0 和 y_0,如图 8-31 所示。

②外方位元素

外方位元素用来描述摄影瞬间,摄影中心的位置和摄影姿态,包括摄影中心在所选定的地面坐标系中的坐标 (X_S,Y_S,Z_S),(X_S,Y_S,Z_S) 称为三个线元素。还包括摄影机主光轴从铅垂位置沿两个坐标轴的 2 个旋转角元素 (φ,ω)、相片本身沿主光轴的 1 个旋转角元素 κ,共 3 个角元素,如图 8-32 所示。其中,第一个坐标轴称为主轴,第二个坐标轴称为副轴。一般规定转角绕轴逆时针旋转为正,反之为负。从图 8-32 可以看出,Y 轴为主轴,Z 轴为副轴。

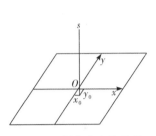

图 8-31　影像内方位元素

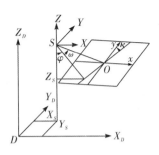

图 8-32　影像外方位元素

如果地面点 A 在所选定地面坐标系中的坐标为 X、Y、Z,相应像点 a 在以像主点为原点的像平面坐标系中的坐标为 x、y,则这两个坐标之间的关系如下:

$$\begin{cases} x = f_1(f, X_S, Y_S, Z_S, \varphi, \omega, \kappa, X, Y, Z) \\ y = f_2(f, X_S, Y_S, Z_S, \varphi, \omega, \kappa, X, Y, Z) \end{cases} \tag{8-7}$$

式(8-7)称为共线方程,是摄影测量解算的基本公式,其另一种表达方式见式(2-13)。

3. 航空相片的纠正、判读和调绘

(1)航空相片的纠正

航空相片的信息较之地形图要丰富得多,但是航空相片属于中心投影,如前所述,其影像不仅含有地面起伏引起的像点位移,也有因相片倾斜引起的像点位移,因而不能作为平面图直接进行量测之用。将普通相片转化成正射投影相片的过程,称为相片纠正。相片经纠正后,不仅可以当平面图使用,还可以在正射相片上套绘等高线,可以准确地获取地貌信息。通过制作立体匹配片,还可以制作立体正射相片对,不仅可以观看立体影像,还可以量测高程。此外,正射相片在非测量部门中也有着广泛的用途,包括农业部门、林业部门、规划部门、交通道路设计部门等。正射相片的制作可以利用正射投影仪,也可以采用数字微分纠正方法。

(2)航空相片的判读

航空相片的判读是指根据物体成像的规律和特征对相片影像进行识别、分析和解译,以判断被摄物体的性质和形态。判读所用的相片,既可以是普通相片,也可以是多光谱相片及遥感相片。相片判读既可以直接用人眼或用立体观察方法进行,也可先将相片进行光学处理和数字处理,以利于判读。进行判读时,既要了解相片成像规律,也应了解不同物体的构象规律。相片判读的内容包括物体的形状、大小、色调、阴影、纹理图案结构和相关特征等的分析。相片的判读既要在野外现场进行,一些内容也可以在室内进行。相片判读按目的可以分为专业判读和地形判读。

①专业判读。如土壤、森林、水系、地质及其他专业部门的分析调查工作。

②地形判读。为测绘地形图而进行,对地物、地貌的分析调查。

(3)航空相片的调绘

为了保证成图数据的可靠性和完整性,需要进行相片调绘,它是指将相片上的内容及未显示的内容,按绘制地形图的要求到实地识别、判读、调查的过程,其内容包括:

①地物、地貌的综合及取舍；

②地理名称的调查和注记；

③新增或未显示地物的现场补测。

4. 航测相片与地形图的区别

(1)投影方面的差别

地形图是正射投影,测图比例尺是一个常数且各处均相同。航测相片是中心投影,只有当地面绝对平坦,并且摄像时相片又能严格水平时,相片上各处的比例尺才一致,中心投影才与地形图所要求的垂直投影保持一致。

由于地面起伏引起像点在相片上的位移所产生的误差,称为投影差。如图 8-30 所示,由于地面起伏,使得地面点 A 的像点 a,与点 A 在基准面上的投影 A' 的可能像点 a' 之间产生差异。

投影差的大小与地面点选择的基准面高差成正比,高差越大投影差也越大。在基准面上的地面点,投影差为零。由此可见,投影差可随选择的基准面高度不同而改变。因此,在航测内业中,可根据少量的地面已知高程点,采取分层投影的方法,将投影差限制在一定的范围内,使之不影响地形图的精度。

(2)表示方法和表示内容不同

在表示方法上,地形图是按成图比例尺所规定的地形图符号来表示地物和地貌的,而相片则是反映实地的影像,它是由影像的大小、形状、色调来反映地物和地貌的。

在表示内容上,地形图常用注记符号对地物符号和地貌符号做补充说明,如村名、房屋类型、道路等级、河流的深度和流向、地面的高程等,而这些在相片上是表示不出来的。因此,对航测相片必须进行航测外业的调绘工作。利用相片上的影像进行判读、调查和综合取舍,然后按统一规定的图式符号,把各类地形元素真实而准确地描绘在相片上。

8.3.2　航空摄影测量内业成图方法

由于地形的不同和测图的要求不同,目前主要采用以下 4 种成图方法。

1. 综合法

在室内利用航测相片确定地物点的平面位置,其名称和类别通过外业调绘确定,等高线在野外用常规方法测绘。它综合了航测和地形图测绘两种方法,通常称综合法。这种方法适用于平坦地区作业。

2. 微分法

在野外控制测量和调绘工作完成后,在室内进行控制点加密。然后在室内用立体坐标量测仪测定等高线,再通过分带投影转绘的方法确定地物的平面位置。因为立体坐标量测仪的解析公式建立在微小变量的基础上,通称为微分法,且确定平面位置和高程分别在不同的仪器设备上完成,因此,又称为分工法。微分法采用的仪器设备比较简单,这种方法适用于丘陵地区。

3. 全能法

在完成野外控制测量和相片调绘后,利用具有重叠的航测相片,在全能型的立体坐标量测仪上建立地形的光学模型,并对该光学模型进行观测测量,测绘地物和地貌,着墨、整饬后得到地形图的方法称为全能法。这种方法适用于山区或高山区,成图质量较高,但仪器的价格比较昂贵。

4.计算机成图法

随着计算机技术的发展,利用计算机软件和计算机外部设备可以在计算机上直接对航测相片进行测量,得到航测区域的数字地形图。这种方法适用于任何区域的航测成图。

8.3.3 影像的立体观测与量测

在航空摄影测量中,立体观测与量测具有很重要的作用。虽然目前的全数字摄影测量系统可以不进行立体观测,但立体观测在对影像进行判读和解译方面,仍起着十分重要的作用。

人们看物体时具有立体感,是指物体具有远近的感觉。这是由于物体远近不同时,看同一物体时的两眼视线形成的交角不同,引起视网膜上的生理视差,并在大脑中形成感应与判断,如图8-33所示。物体 A、B 在视网膜上构象为 a_1、a_2、b_1、b_2,我们称 $a_1b_1-a_2b_2$ 为生理视差,(a_1',a_2') 与 (b_1',b_2') 称同名像点。假设在两眼 O_1 和 O_2 处拍摄相片,然后把物体 A 和 B 移走,而两眼分别观看对应的两张相片 P_1 和 P_2,其效果将与直接观看真实物体时一样,这就是立体观测的原理,所形成的立体视觉称为人造立体

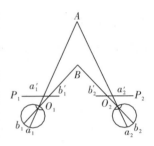

图8-33 影像立体观察原理

视觉。进行立体观测应满足下列条件:

①在两个摄站点处,对同一物体进行摄影,形成像对。

②两眼分别观看像对的两张相片或影像。

③两条同名像点形成的视线与眼基线 O_1O_2 构成一个平面,即两个同名像点形成的视线对对相交。

当人们观看具有重叠影像的像对时所看到的立体影像,称为立体模型。所谓立体量测是指对立体模型进行量测。当利用仪器恢复立体模型后,对模型进行量测,如用立体坐标量测仪,其结果是同名像点在两像平面坐标系中的像点坐标,如用精密立体测图仪可以直接测绘地形图。

8.3.4 数字摄影测量成图简介

数字摄影测量发展不仅表现为计算机可以代替人工进行大量的计算,而且还在于已经完全可以代替人眼来识别立体像对的同名像点,从而为摄影测量开辟了真正的自动化道路。

1.基本思想

数字摄影测量是以数字影像为基础,通过计算机分析和处理,获取数字图形和数字影像信息的摄影测量技术。数字摄影测量技术以立体数字影像为基础,由计算机进行影像处理和影像匹配,自动识别两个像对同名像点及坐标,运用解析摄影测量的方法确定所摄物体的三维坐标,并输出数字高程模型和正射数字影像或绘制线划等高线图和带等高线的正射影像图等。

影像匹配又称影像相关,影像相关是实现立体观察和量测自动化及测图自动化的关键技术。影像匹配技术是指影像自动化立体观测时,确定构成立体像对的左右相片上影像相似程度的算法,它以相关函数和相关系数来度量像对上的两个像点是否为同名像点。当相关函数和相关系数为最大值时即判断为同名像点;反之则不是。

影像相关利用两个信号的相关函数,评价它们的相似性以确定是否为同名点。依据产生信号的不同,影像相关的类型可分为:

①电子相关

采用电子线路构成的相关器,将两个影像视频信号比较来实现影像相关。

②光学相关

基于光的干涉和衍射原理,用光学系统解求影像相关的过程。

③数字相关

利用计算机对数字影像进行数值计算的方法(如相关函数)实现影像相关。

我国适普软件公司研制的 VirtuoZo NT 全数字摄影测量系统,能完成从自动空中三角测量(AAT)到测绘各种比例尺数字地形图、数字高程模型、数字正射影像图和数字栅格地形图的生产,其中数字测图软件(VirtuoZo Mapengine)可以完成从影像采点、地物识别到 DEM 建立至数字地形图生成的全过程。VirtuoZo NT 采用国际最先进的超快速匹配算法确定同名像点,匹配速度高达 $500\sim1\,000$ 点/秒,可处理航空影像、卫星立体影像和近景影像对。VirtuoZo NT 是 3S 集成技术、三维景观、城市建模和 GIS 空间数据采集的操作平台。

2. 设备需求

数字摄影测量系统由两部分组成:一部分与摄影测量处理有关;另一部分是模式识别与视觉。

利用航空影像进行测绘,如果不是 CCD 数码成像,影像必须数字化。因此,影像数字化器——扫描仪,是数字摄影测量必不可少的设备。随着影像数字化技术的发展,原始的航摄负片(无论是黑/白片、彩色片)扫描成正片后,和纠正后形成的正射影像均按数字形式完成。

数字摄影测量系统软件可完成数据存储、建立空中解析三角形、定向、影像匹配与编辑、正射影像的生成、正射影像的拼接、等高线的生成、数字地面模型的生成与拼接、数字地形图的编辑等功能。

对于模式识别与视觉,除需要计算机以外,还需要专用的图像卡和立体眼镜等专用的硬件设备。

3. 数字摄影测量产品组成

(1)附有内、外方位元数的原始正射影像图 DOM

(2)数字表面模型 DSM

DSM 可以用于"变化检测",如,在森林地区,可以用于检测森林的生长情况;在城区,可以用于检查城市的发展情况。特别是众所周知的巡航导弹,它不仅需要数字地面模型,更需要数字表面模型,这样才有可能使巡航导弹在低空飞行过程中,逢山让山,逢森林让森林。

(3)数字地面模型 DEM

DEM 是数字摄影测量的重要信息。作为一个产品,除用于地貌重构外,还有其他重要作用。

（4）正射影像图制作的数字线划图 DLG

DLG（各种比例数字地形图）是摄影测量的重要产品。其与 DEM、DOM 及 DRG 称为 4D 产品，在 7.4 节中已具体介绍。

（5）由正射影像加 DEM 所产生的自然环境的三维景观

由城市的正射影像、DEM、建筑物的量测数据、房顶与墙面的影像纹理数据所产生的城市环境的实景三维（图 8-34），已经为计算机可视化、计算机模拟、计算机动画、场景仿真、VR 虚拟现实、土地与城市规划提供了数据，这也为数字摄影测量的应用开辟了极为广阔的前景。党的二十大报告指出，领域之"新"源于跨学科深度交叉。

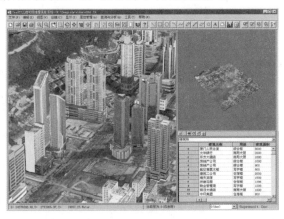

图 8-34　数字城市实景三维

8.4　基于低空无人机的地形图测绘

8.4.1　无人机简介

无人驾驶飞机简称"无人机"或"UAV"（Unmanned Aerial Vehicle），是利用无线电遥控设备和自备的程序控制装置操纵的不载人飞机。从技术角度定义可以分为：无人固定翼机、无人多旋翼、无人直升机、无人飞艇、无人伞翼机等。

低空无人机可实现高分辨率影像的采集，在弥补高空摄影或卫星遥感经常因云层遮挡获取不到影像点的同时，还解决了传统航空摄影或卫星遥感重访周期过长，应急不及时等问题。

低空无人机系统主要由飞机平台系统、影像信息采集系统和地面的飞行控制系统组成。其中机载影像采集器可以包括摄像机、数码相机、多光谱相机、红外热像仪甚至三维激光扫描系统。

新一代的无人机能从多种平台上发射和回收，例如从地面车辆、舰船、航空器、亚轨道飞行器和卫星进行发射和回收。地面操纵员可以通过计算机检验它的程序并根据需要改变无人机的航向。

为保证任务的安全进行，起飞前结合飞行控制软件进行自动检测，确保飞机的 GPS、罗

图 8-35　无人机弹射起飞

盘、空速管及其俯仰翻滚等状态良好,避免在航拍中危险情况的发生。

8.4.2　无人机系统硬件

无人机系统硬件包括以下几个部分:

(1)相机、镜头、结构件和云台的专业低空航测测绘系统以及集成了 GPS 和陀螺的惯导(定位定向)POS 系统。

(2)特殊设计的航空级飞行器和对应飞控系统包括高精度差分 RTK GNSS 的飞行导航控制系统。

(3)基于电池和电池监测硬件的电源系统;高效的数字视屏与数据链路传输系统发射端和接收端等。

8.4.3　无人机系统软件

无人机系统软件包括以下两部分:

(1)航点编辑器软件;遥控监测数据和回放软件;飞行记录仪(黑匣子)分析软件;终端通信软件。

(2)摄影测量数据处理软件,包括:

①相机高精度标定;

②自动空中三角测量(特征匹配、平差);

③DOM 或全景图快速拼接及 DSM 点云数据生成;

④DLG 立体测量成图软件。

8.4.4　无人机测绘的优势

(1)满足小区域高频率的测绘任务。可以不需机场,升降灵活,一般情况下,不必申请空域。方便实施各类紧急任务和传统测绘困难的区域。所有外业设备携带、转移方便,机动性强。受天气影响较小,空中飞行灵活,适用于中小区域的快速测绘作业。

(2)自动化,精度高。采用无人机低空飞行测绘地形图,只要做好外业飞行之前的规划,包括飞行高度的选择、相机的选择、分辨率的设置以及地面像控点的合理布设包括布设标志的选择、位置的选择、大小的选择、数量的选择,则可以大大提高内业的自动处理效率,同时更对最终测量精度具有决定性影响。

目前无人机低空摄影,影像空间分辨率还在不断提高,可以提供满足 1:1 000 ～ 1:2 000 地形图甚至 1:500 大比例尺地形图精度要求的成果。

(3)按需更新区域数据,并自己获取更新数据,同时能够获取高重叠度的影像,有利于提高后续数据处理的可靠性和精度;同时相对传统测绘作业,平台构建、维护以及作业的成本极低。

8.4.5 无人机影像采集和测量数据处理流程

如图 8-36 所示,UAV 低空摄影测量工作,包括外业航飞,获取原始影像和 POS 文件(飞行姿态信息);内业的影像处理过程,并获得如 DOM(正射影像)以及 DSM(数字表面模型)或 DEM(数字高程模型)等成果。然后通过专业立体影像数字测图软件,获得 DLG(数字线划图)等成果。

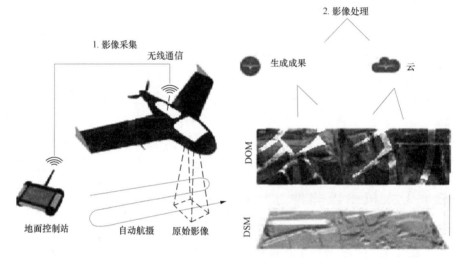

图 8-36 UAV 低空摄影测量

图 8-37 为基于 UAV 技术,整个内外作业流程。

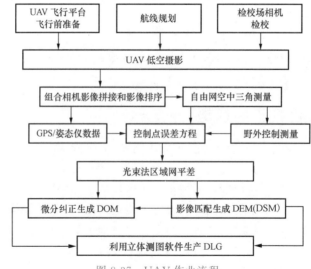

图 8-37 UAV 作业流程

1. 外业航飞主要工作

(1)规划与准备:选择测量地区,确定范围与布设规划;根据相机指标确定不同区域的飞行航高和飞行航线,检测相机参数可通过软件自行预测出;为保证解算质量,一般相片重叠度预设为航向 75%,旁向 60%。

(2)踏勘与布控:选择自然地面显著特征点或人工布点(如撒石灰、刷十字油漆标志)的方式布设像控点;像控点布设位置尽可能选择平面空旷区域,避免周围高低不平,房檐屋角等位置,然后用全站仪或 GPS-RTK 采集出像控点地面坐标。

(3)航飞:利用低空无人机快速起飞,获取到稳定、高清的原始数码影像,以及相片拍摄中心点的空间位置、飞行姿态等信息。

2. 内业数据处理一般流程

(1)建立项目工作文件(需要注意坐标格式以及坐标系的选择)。

(2)将 GPS/POS 文件及像控点导入,完成原始影像导入和排序。

(3)挑选包含相应控制点的对应相片,光标刺准像控点。对一些无法确定的位置或点可以选择跳过。通过筛选解算,获得有效和满足精度的像控点。

(4)利用影像匹配技术,快速完成自由空中三角(空三)测量加密建模。根据选定的像控点影像坐标及其地面坐标,通过光束法平差计算,求解出影像的外方位元素和加密点的物方空间坐标。

(5)通过空三测量提供的平差结果,获得测区正射影像 DOM、DSM 模型、点云数据等。并通过自动滤波修正等,获得 DEM 模型。

(6)利用空三测量生成的点云数据和 DEM 等数据,直接进行影像立体数字测图(如 8.3 节介绍),获得带高程的数字线划地形图 DLG。

8.4.6　无人机倾斜摄影测量与建筑信息模型建设

基于 UAV 的倾斜航空摄影区别于传统的竖直 UAV 航空摄影方式,UAV 倾斜航空摄影技术采用五个镜头同时获取下、前、后、左、右五个方向影像数据,配合 GPS 及惯导系统获取高精度的位置和姿态信息(POS 文件),通过特定的数据处理软件进行数据处理,将所有的影像纳入统一的坐标系统中。

UAV 倾斜航空摄影系统中重叠度在数值上和普通 UAV 摄影基本相似,倾斜影像则没有重叠度的概念,但其仍然有重叠,目的是满足景观覆盖,而不是测图。倾斜航空摄影的技术设计采用专用的软件进行设计,其相对航高、地面分辨率及物理像元尺寸仍然满足三角比例关系。

基于 UAV 倾斜摄影技术为建筑模型建立提供了现实世界的真实环境,可还原各种基础设施工程规划、施工和运营中的宏观场景。倾斜摄影数据获取手段的更新,引发了一场针对建模技术的革命,尤其对近几年出现的建筑信息模型(BIM)技术,倾斜摄影数据自始至终贯穿于 BIM 建设的全过程,并为建设过程的各个阶段提供更精细化的数据支撑,实现了微观上的信息化、智能化。随着数据采集手段和生产技术的发展,UAV 倾斜摄影建模技术与 BIM 技术无缝融合,实现了建筑工程从设计、施工到运营管理的彻底数字化以及信息最大化。

8.5　地籍房产图测绘

8.5.1　概　述

土地是社会活动和生产的载体,而与人工作、生活息息相关的房屋是客观存在的。通常把土地及其附属物的权属信息称为地籍。它是对土地的历史及现状的详细描述,且由国家政府机构和法律机构予以认可。它不仅是对个人基本权利的认可和保护,也是国家政府机构及企业进行土地开发、利用、管理和制定土地政策、经济政策、环保政策等的重要依据和基础。

地籍可分为许多种类,如按用途和地域等可以划分成税收地籍、产权地籍或法律地籍、多用途地籍或现状地籍、城镇地籍、农村地籍等。

地籍测量是指对权属土地及附属物的边界及界址点,利用各种测量技术进行精确测定,并用各种形式记录。同样房产测绘则是指结合产权管理的需要,对房屋及房屋用地的位置、权界、特征、属性及数量水平等的调查测绘。因此,作为土地管理基础和房产管理基础的地籍测量,其重要性不言而喻。

8.5.2　地籍房产调查

1. 地籍调查

地籍调查是指按照国家法律,采用科学方法,对土地及附属物的位置、质量、利用情况等基本状况所进行的调查与记录。由于土地权属及附属物权属会随时间不断变动,因此,将地籍调查分为初始地籍调查和变更地籍调查。

(1)初始地籍调查

初始地籍调查指对调查区域内所有土地在登记记录前的全面调查。它涉及许多部门,且工作量大。主要内容有:

①土地权属的调查

土地权属指与土地相关的权利范畴的确定。土地权属内容包括土地所有权、土地使用权、土地租赁权、土地抵押权、土地继承权等。土地权属调查的内容主要是查清界址点、界址线及其位置。土地权属调查时应填写地籍调查表,并附宗地草图。宗地草图内容包括宗地号、门牌号、界址点、界址线、界址线长、相邻宗地状况等。

②地籍测量

包括界址点、界址线的测量、各类土地地籍图的测绘、各类房产地籍图的测绘等。

③土地利用现状和土地等级的调查

土地利用现状调查的外业工作内容包括将地物界线、权属界线、线状地物等调绘到底图上或航测相片上。内业工作包括外业调绘成果的内业转绘,并绘制土地利用现状图。

（2）变更地籍调查

变更地籍调查指为了了解土地最新状况而进行的经常性的调查，因而是动态的。地籍调查不仅应如实和全面地反映（测量）土地状况，保持地籍各种记录与数据的完整性、一致性和一一对应性，也应严格遵循有关国家法律，并与相关政府机构的资料保持一致性和统一性。

2. 房产调查

房产调查分为房产用地调查和房屋调查，具体内容包括房屋权主名、产权性质、产别产权来源、房屋用途、房屋结构、房屋数量、建成年代、房屋层次、房屋层数、占地面积、用地分类、房屋面积、房产区号、街道号、宗地号、栋号、门牌号、权号、户号等。房产调查时还要测绘各类房产图，包括房产分幅图、房产分宗图和房产分户图。

8.5.3　地籍房产测量

1. 地籍测量

地籍测量是对相关地籍数量指标的测绘工作，是地籍调查的一部分。由于地籍的法律效力和政府效力，地籍测量必须准确和精确，并具时效性。地籍测量涉及几乎所有测绘技术和方法，如普通测量学、航空摄影测量与遥感、大地测量学、误差理论、空间技术、计算机数字技术等。下面叙述几项主要的地籍测量工作。

（1）地籍控制测量

地籍控制测量程序包括设计、选点、埋石、外业测量、外业成果计算和整理。地籍控制点作为测量界址点、地籍图的依据，其精度及分布与地形测量有所区别，必须满足地籍精度要求。通常界址点的测量精度要高于地籍图的比例尺精度，因此测量控制点精度要求与地籍图比例尺无关。地籍控制测量也采用分级布设、逐级控制的原则。地籍控制测量分为基本控制测量、地籍控制测量和图根控制测量。地籍控制测量的实施要严格执行相应技术规范要求。

（2）界址点的测量

界址点是土地权属范围界线上的点，也是土地面积计算的主要依据。测量界址点前应先进行土地权属的调查，确定界址点的位置，并进行野外踏勘。界址点的测量可以采用下面几种方法：

①解析法

即在实地利用全站仪、测距仪等工具直接测定界址点的位置。

②图解法

在图上用距离交会等方法进行坐标的量算。由于精度低，只适合于农村地区等要求精度不高的界址点类的测量。

③航空摄影测量方法

当需要大规模测量界址点，且界址点空中通视良好时，可采用航空摄影测量加密界址点的方法。

④GPS-RTK 技术

利用 GPS 实时动态相对定位技术可以快速、高精度测定界址点位置，尤其适合于农村等较开阔地区。界址点测量精度技术指标见表 8-6，界址点测量结束后，应计算界址点坐标，对界址点进行编号，计算宗地面积，并将结果填入规定表格中。

表 8-6　　　　　　　　　　界址点测量精度技术指标

等级	中误差/ m	等级	中误差/ m
A₁	0.05	A₃	0.25
A₂	0.20	A₄	0.50

（3）地籍图的测绘

地籍图是将地籍调查中各种地籍要素和地物要素反映到图上的表达形式。它应与地籍数据档案保持一致。

地籍图的测绘与普通地形图的测绘相似，包括选择比例尺和投影方式、对测区区域进行分幅和编号、选择测图方法、外业控制测量、外业碎部测量及绘图或外业调绘及内业转绘绘图等程序。地籍图的测绘方法有：

①利用经纬仪或全站仪实地测绘

既可以实地测绘在白纸或聚酯薄膜上，也可以是数字地籍图的测绘形式。

②利用航空摄影测量方法测绘

测绘方法有 3 种：

a.与利用航空摄影测量方法测绘地形图相同的方法测绘地籍图，其中地籍要素要通过外业调查获得。

b.绘制正射相片地籍图。将实地调查所得到的界址点、界址线等各种地籍要素标于正射相片地籍图上。这是一种快速测绘地籍图的方法。此外，也可以利用正射相片做地籍图的补充，或修测地籍图。

c.利用航测相片、正射相片及立体正射相片，可以直接从相片上分辨和标出农村土地利用现状和权属界线，制作农村地籍图，并量算各类别和权属土地面积。

③利用 GPS-RTK 技术测绘地籍图

（4）编绘地籍图

可以利用大比例尺地形图或影像平面图快速编绘地籍图。首先，要选择精度符合要求的地形图或影像平面图作为底图，其比例尺应尽可能与要绘制的地籍图比例尺相同，并进行外业调绘和补测。补测内容包括界址点、界址线、新增的地籍和地物要素，调绘结果标于底图上。在室内将调绘结果转绘到复制的二底图上，经整理、整饰后，制作成工作底图，再将工作底图用聚酯薄膜进行透绘，经过舍弃、整饰和清绘后，最终制作成地籍图。

（5）地籍图的基本内容

①地籍要素

包括行政界线、地籍区界、地籍子区界、界址点、界址线、地籍号、地籍子区号、宗地号、地类号、街道编号、房屋栋号、门牌号等。地籍要素的种类和等级繁多，绘制和注明时，应按照国家有关的规定和规范进行。

②地物要素

如房屋、道路、桥梁、河流、地下管线、电力线、分界线、植被覆盖、地理名称等。

③数学要素

如图廓线和坐标格网线及坐标注记、图的比例尺等。

地籍图的种类繁多,我国目前主要测绘的地籍图有:城镇地籍图、农村地籍图、宗地图、土地利用现状图、土地所有权属图、各种房产地籍图等。

(6)地籍图与地形图的差异

地籍图(图 8-38)与地形图相比,其内容以各类界址点、界址线、土地类别、土地面积、宗地号、门牌号等地籍要素为主,很多地物要素可以舍弃。此外,地籍图一般不测绘等高线。地籍图具有法律效力,应与各类文字和数据记录档案保持一致,并保持现势性。地籍图的测绘以地籍调查为基础,因而不像地形图测绘那样,通常只是依自然状态予以测绘。

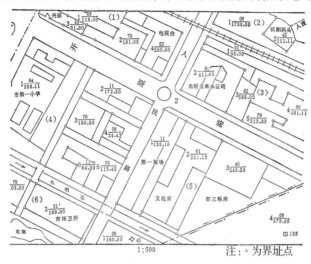

图 8-38　地籍图

2. 房产测量

(1)房产测图

按房地产管理的需要,测绘的房地产图分为房地产分幅图、房地产分丘图、房屋分层分户图等。

①分幅图内容

分幅图内容包括控制点、行政地界、丘界、房屋、房屋附属设施、房屋维护物等房地产要素及编号,以及与房地产有关的地形要素和地理要素。

②分丘图

丘是指土地权属调查的单元,又称宗地,它是由界址点构成的封闭地块,原则上由一个土地使用者使用。分丘图(宗地图)的内容除表示分幅图的内容外,还应表示房屋权界线、界址点、界址点点号、通廊、阳台、房屋建成年份、丘界长度、房屋边长、建筑面积、墙体归属等各项房地产要素,如图 8-39 所示。

③分户图

包括本户房屋所在地的地名及门牌号、图幅号、丘号、栋号、所在楼层、户号、房屋权界线、楼梯、走道等公用部分、毗邻墙体的归属、房屋边长、房屋建筑面积及分摊共有共用面积。

测量方法以全站仪辅以钢尺、手持测距仪等进行,按数字法成图,测量时严格遵守《房地产测量规范》要求。

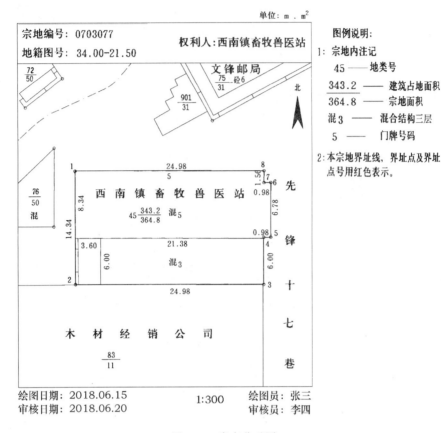

图 8-39 房产分丘图

（2）面积测算

房地产面积测算是房产测绘的重要内容，它是房地产产权管理、核权发证、征收房地产税等必不可少的资料。

房地产面积测算包括房屋面积的量算和房屋用地面积的量算。房屋面积的量算包括房屋建筑面积的测算和共有共用面积的测算和分摊。房屋用地面积的量算包括房屋占地面积测算和丘面积的量算。

房屋建筑面积是指房屋外墙勒脚以上的外围水平面积，但还应包括阳台、走廊、室外楼梯等附属设施的建筑面积。

房屋面积的量算方法主要是解析法和图解法。

解析法根据实地测量的数据如边长、角度、坐标等，按相应解析公式计算。也可以根据房屋的几何形状，将其分解成若干简单的几何形状，并按相关面积计算公式求算并累加。

图解法是根据已有的房地产竣工图，采用不同的面积量测工具求算面积，如求积仪法、扫描数字化量算法等。

习 题

8-1 简述利用经纬仪测绘法测绘地形图的过程及注意事项。

8-2 简述利用全站仪测绘地形图的过程。

8-3　分述人工和计算机绘制等高线方法。

8-4　简述数字成图的关键步骤,CASS9.0数字文件结构的特点是什么?

8-5　什么是相片的方位元素,什么叫共线方程,其作用是什么?

8-6　什么叫影像的立体量测,其作用是什么?

8-7　相片调绘内容有哪些?

8-8　航测相片与地形图有什么不同?

8-9　什么叫初始地籍调查和变更地籍调查?

8-10　可以利用哪些方法测量界址点?

8-11　简述数字摄影测量成图的基本思想。

8-12　地籍图与地形图的差异是什么?

8-13　简述无人机测绘地形图的主要外业、内业工作流程。

第9章

地形图的应用

地图(包括地形图)的绘制和使用具有悠久的历史。在现代信息社会,地图作为描绘地球表面各类信息的媒体,其使用价值更是无法估量。如工业、农业、地质业、矿业、林业、建筑业、国土资源管理、城市建设、交通建设、水利建设等领域中的规划与设计、教育和科学研究、各种自然灾害的预测等均需要用到地图。我们的日常生活也离不开地图的帮助,如使用城市地图、交通地图、旅游地图、导航用电子地图等。在科学史上也可以找到地图作用的痕迹。例如,魏格纳受地图上大西洋两侧海岸线形状的启发,提出了"大陆漂移说"。不同的行业需要不同类型的专题地图,如,地势地貌图、地质图、气象图、水文图、土壤图、植被图、动物地理图等自然专题地图,以及政区地图、人口地图、工业地图、农业地图、商业地图、交通地图、环境地图、历史地图等人文专题地图。

9.1 概　述

9.1.1　普通地图的内容

普通地图的内容由数学要素、地理要素和辅助要素三部分构成。

(1)数学要素

地图的数学要素包括地图的平面坐标系统与高程系统、地图的投影、比例尺、定向等内容。数学要素是在地图上进行对象测量和计算的基础。

(2)地理要素

地理要素是地图的主体内容,可以分为自然要素和人文要素两大类。自然要素包括地形地貌、地表地质类型的分布、气象、地球物理、地表植被的分布、水系的分布等。人文要素包括城市、人口、经济、交通、文化等。

(3)辅助要素

辅助要素是对地图阅读与使用起参考作用的说明性和工具性内容,包括图名、图号、接图表、图廓线、坡度尺、附图、图例、相关说明与资料等。

9.1.2 地形图的阅读

地形图包含了地物、地貌要素内容,使用地形图前必须首先熟悉地形图的相关规范及图上对应各点、线、面的意义,在此基础上才能对地形图进行分析和应用。地形图的阅读涉及以下几个主要内容:

(1)地形图的选择

为了某项应用,如国土规划、城市规划、工程建设、地质勘探等,必须根据其习惯和要求,选择相应的地形图和专题地形图。选择内容包括地形图的比例尺、现势性、精确性、内容的详细性等项内容。此外还应收集有关地区的地形地貌、水文地质、社会经济等方面的文字及统计数据资料。

(2)熟悉地形图的平面坐标和高程系统

我国地形图采用如前面介绍的 80 国家大地坐标系统。我国高程系统采用"1985 年国家高程基准"。实际应用中也可以采用独立的平面坐标和高程系统。地形图所采用的平面坐标及高程系统的种类,可以在地形图图廓外的说明中获得,或在地形图图廓线上标明的坐标分划及地形图的编号中获得,如图 9-1 和图9-2 所示。

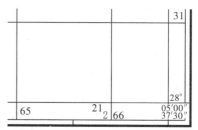

1998年4月航摄,1999年8月调绘。
1954年北京坐标系。
1995年版图式。

图 9-1 地形图平面坐标和高程系统注记

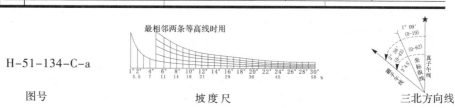

H-51-134-C-a

图号　　　　　　　　坡度尺　　　　　　　三北方向线

图 9-2 地形图图号、坡度尺和三北方向线

(3)了解地形图图廓外的说明

这些说明包括图名、图号、比例尺、投影方式、接图表、图例、坐标和高程系统、测图编图方式和时间、三北方向线、坡度尺等。图 9-3 所示为地形图样例,其左上为接图表,接图表是对本幅图相邻图幅的说明。这种说明可以是图名,也可以是图号,既可以放在图的左上角或右上角,也可以放在图的四条图廓线上或外。图 9-2 下面分别是图号、坡度尺和三北方向

线。我国 1∶10 000 及更小比例尺地形图图廓线为经纬线,且规定 1∶10 000~1∶250 000 比例尺地形图必须绘出方格网。在 1∶500 000 与 1∶1 000 000 比例尺地形图图面内直接绘出经纬网线。

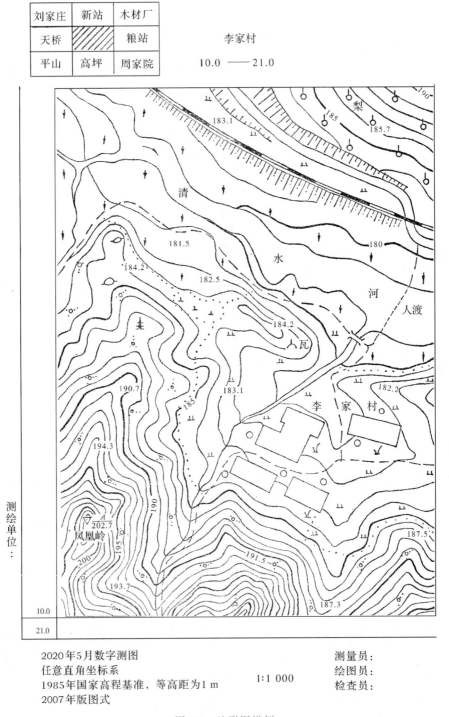

刘家庄	新站	木材厂
天桥		粮站
平山	高坪	周家院

李家村

10.0 —— 21.0

测绘单位:

2020年5月数字测图
任意直角坐标系
1985年国家高程基准,等高距为1 m
2007年版图式

1∶1 000

测量员:
绘图员:
检查员:

图 9-3 地形图样例

（4）地形图内容的阅读

地形图内容按分类方式不同可分为人文要素和自然要素两大类，也可以分成地物和地形地貌两大类。不同类型的应用，对于地图内容的选择重点有所不同。地物包括居民地及其类型、密度和分布、各类建筑物及其分布、公路、铁路及其附属的车站、水系、港口、码头、水库、电站、土地利用状况、动植物的分布状况等。地形地貌包括等高线的类型及分布，平原、丘陵、山地、河谷的分布与变化特征，地形地貌与河流、湖泊、河滩、沼泽等的相互关系等。从这些内容的阅读中可以判断出一个区域的社会、文化、人口、经济、农业等的发展状况，及与周边地区的联系与互动程度。这些联系与互动包括人员的流动、货物的流动、金融业务的流动、科技的交流、文化的交流等。从一个城市或地区及周边的地貌水文特征，人口、文化与经济发展状况，周边城市的数量和发展状况，与周边城市和地区交流的方便程度（如公路、铁路、港口及河流的分布状况等），可以判断出该城市或地区的引力和发展潜力。这种引力和发展潜力是进行区域规划、城市规划、商业规划、交通规划等各类规划的重要依据。读图是人的一个认知过程，因而是一个主观的过程，人的经验会对这一认知过程产生很大影响，我们应尽可能做到客观地认知。下面以图 9-3 为例，简要介绍地形图的阅读方法。

①识读地物和主要植被

识读地物主要是根据地物符号和注记了解地物的分布和地物的位置，如根据植被符号了解植被分布情况。图 9-3 中有居民点李家村；东北角有一条公路和铁路通过，沿铁路南侧有路堤（加固斜坡），沿公路两侧有路堑（未加固斜坡）；有一条清水河从西北至东贯穿图幅，该河除主河道外，南侧还有两条支流；从东至西，从南至北有小路通过，小路通至清水河边有人渡，小路跨越清水河支流架设有一座行人小桥；在凤凰岭主峰上有三角点一个；在向北的山坡上有一座宝塔；在图幅中部有坟地一块和瓦窑一座。

图中主要植被是位于清水河两岸的大面积稻田，位于李家村周围和铁路与公路之间的一片旱地，位于东北角的梨树园，位于南部山上的大面积灌木林。此外，在李家村房屋周围有零星树木和竹丛。

②识读地貌

识读地貌主要是根据地貌符号、等高线特性以及地性线来辨认和分析地貌、识读地貌变化状态。图 9-3 中主要地貌是南部的凤凰岭，山势较陡。凤凰岭主峰向北延伸是该山的主要山脊，主峰东侧还有两条小山脊，两山脊之间便是山谷，紧靠主峰的山谷较长。图 9-3 的东北角为山坡地，地势较平缓；清水河两侧是一狭长平坦地带。

9.1.3　地形图阅读的注意事项

1. 地形图的概括和取舍的原则

概括和取舍又称制图综合。由于受到比例尺的限制，地形图不可能将所有事物包括进图中，必须根据其重要性及对专题的需要进行概括与取舍。地形图的比例尺越小，概括和取舍的程度越高。

2. 地物地形的变化

由于修筑建筑物、公路、铁路以及农业改造、城市改造与扩建等原因，使地面上的地物地形不断发生变化，而地形图未必能及时反映这些变化。因此，阅读地形图时应注意地形图内容随时间变化的可能性,以便更好地识图和用图。

3.影响地形图量算精度的因素

在地形图上可以进行点位坐标、直线曲线距离、面积、体积、高程、坡度、方向等的量算。这些量算将直接为其他的应用提供数据基础。影响这些量算精度的因素主要有以下几方面:

(1)地形图精度的影响

地形图本身的精度受到测绘时的控制点精度、实地测量精度、编绘过程中的主观性、对纸质地形图进行数字化过程中的误差等因素的影响。

(2)地图投影的影响

在中小比例尺地形图上,由于地图投影的缘故,地形图上各点的变形是不均匀的,这会导致点位坐标、直线曲线的长度、面积等的量算产生误差。如:地形图上不同位置的相同长度距离,其实地距离是不一致的。因此应根据不同的用途,选择不同投影方式的地形图,如农业图可以采用等面积投影,普通地理图可以采用等角投影,航海图可以采用墨卡托投影。

(3)图纸变形的影响

地形图图纸本身会产生变形、褶皱等现象,会对图上的测量作业产生影响。为了减少图纸变形的影响,可以利用图示比例尺和坡度尺进行距离和坡度的测量,或对测量的坐标、距离、面积、体积进行变形修正。

(4)测量仪器和方法的影响

对于同一项任务,采用不同的仪器和计算方法进行量算,必然会对最终结果产生影响。因此,应根据不同的精度要求采用不同的测量仪器和方法。

9.2   地形图的基本应用

9.2.1   点位平面坐标的测量

在大比例尺地形图内绘有方格网,如图 9-4 所示。欲在图上测量点 P 的坐标,可以利用图示比例尺在点 P 所在的方格四周量取过点 P 与 x 轴和 y 轴平行线所截的距离 ab 和 ac,并乘以比例尺分母 M(1 000)换算成实地距离,则点 P 坐标为

$$x_P = x_a + ab \cdot M$$
$$y_P = y_a + ac \cdot M$$

(9-1)

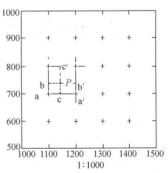

图 9-4   地形图上测量点坐标

式中,x_a、y_a 为点 P 所在方格网西南角直角坐标。

也可以根据图纸的变形量,对图上的测量距离进行改正。改正后的 ab 距离为

$$ab = \frac{L}{l} ab_1$$

(9-2)

式中,L 为方格网名义长度;l 为图上量得的方格网实际边长;ab_1 为图上量得的 ab 线段的实际长度。

同理,可以对所量得的 ac 线段长度进行改正。

当需要进行大量点位平面坐标的量取时,可以使用数字化仪。也可以将图纸扫描并输入到绘图软件中,量取各点屏幕坐标,再经过倾斜改正和比例缩放,换算成实地坐标。若是矢量化数字地形图可以直接查询点位坐标。

在中小比例尺地形图中也可以量取地形图上某一点位的地理坐标。因为中小比例尺地形图的经纬线近似于直线,如图 9-5 所示,若想量取点 P 的地理坐标,首先根据图廓线上的经纬度分划绘制经纬线网格(图中虚线),然后过点 P 作平行于经纬线的直线,在相邻经纬线网格上截取距离 ab 和 ac,则点 P 的地理坐标为

$$\lambda_P = \lambda_a + \Delta\lambda = \lambda_a + \Delta\lambda_0 \frac{ac}{AD} \tag{9-3}$$

$$\varphi_P = \varphi_a + \Delta\varphi = \varphi_a + \Delta\varphi_0 \frac{ab}{AB} \tag{9-4}$$

式中,λ_a 和 φ_a 是点 P 所在相邻经纬线网格西南角的地理坐标;$\Delta\varphi_0$ 为纬线网格边 AB 线段所代表的纬差;$\Delta\lambda_0$ 为经线网格边 AD 线段所代表的经差。

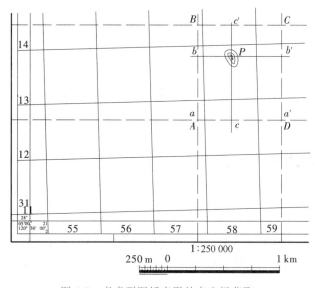

图 9-5　考虑到图纸变形的点坐标获取

9.2.2　两点间水平距离的测量

可以通过分别量取图上直线两端点的平面坐标计算出两点间水平距离。当测量精度要求不高时,可以利用图上的图示比例尺或复式比例尺直接量取两点间距离。在中小比例尺地形图上测量的直线距离,应根据投影公式进行投影变形改正,或用经纬线复式比例尺进行量距的改正。

9.2.3　方位角的测量

如图 9-6 所示,在图上量取 A、B 两点的坐标,便可计算出直线 AB 的坐标方位角。当测量精度要求不高时,也可以用量角器直接量取坐标方位角。过点 A 的 x 轴为起始方向,

顺时针量取至 AB 方向的夹角,便是 AB 方向的坐标方位角。如果要提高精度,可以再反量 BA 方向的坐标方位角,并按下式求得该直线的坐标方位角为

$$\alpha = \frac{1}{2}(\alpha_{AB} + \alpha_{BA} \pm 180°)$$

当以过点 A 的经线为起始方向时,量取的是直线 AB 的真方位角。也可以根据三北方向线将量得的某种方位角改正成其他形式的方位角。

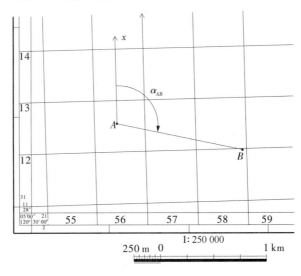

图 9-6 测量方位角

9.2.4 点位高程的确定

如图 9-7 所示,欲求地形图上点 K 的高程,可在点 K 所在两相邻等高线之间按线性比例进行高程内插。过点 K 作一条大致垂直于两相邻等高线的短线 mn,与相邻等高线的交点分别为 m 和 n,相邻等高线等高距为 h,则点 K 与点 m 之间的高差及点 K 高程分别为

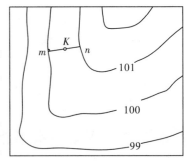

图 9-7 确定点位高程

$$h_{mK} = h\frac{mK}{mn} \qquad (9\text{-}5)$$

$$H_K = H_m + h_{mK} \qquad (9\text{-}6)$$

式中,H_m 为点 m 所在等高线的高程。

地形地貌的分析与各类工程设计经常要分析和计算地面某处的坡度。欲求图上地面两点 A、B 之间的坡度,可以测量 A、B 两点的高程和 A、B 两点间的水平距离,则 A、B 两点间的坡度值为

$$i = \frac{h_{AB}}{D_{AB}} \times 100\% \qquad (9\text{-}7)$$

如果用角度表达,则为

$$\tan \alpha = \frac{h_{AB}}{D_{AB}} \tag{9-8}$$

式中,倾斜率 i 以百分率(%)或千分率(‰)表示;α 为倾斜角。

坡度有正负之分,上坡为正。当两点间距离较长,地面有起伏时,所求的是两点间平均坡度。也可以利用坡度尺在图上进行坡度的测量。

9.2.5　在地形图上量取曲线或折线的长度

在地形图上经常会遇到需要量取曲线或折线长度的情形,如量取公路、铁路、输电线、通信线、河流等的长度。图上曲线长度的测量可以使用曲线计来完成。如图 9-8 所示,曲线计由圆形计算盘和手柄组成,计算盘上有 10 个大格共 100 个小格。盘下面有一个转轮,转轮在图上沿曲线转动,计数盘读数乘以每一小格的线长 q,便可以计算出曲线长度,然后乘以地形图比例尺分母,便可换算成实地曲线长度。q 可以通过测量已知线长 L 计算出来。测量已知线长 L 的计数盘读数为 n,则 q 为

$$q = \frac{L}{n} \tag{9-9}$$

若在比例尺为 $1:M$ 的图上,测量得到的曲线计计数盘读数为 m,则曲线实地长度为

$$D = mqM \tag{9-10}$$

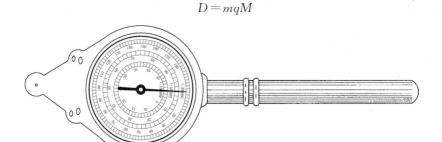

图 9-8　曲线计

9.3　面积、体积的量算

地形图的应用中,面积和体积的量算是最为常见的应用之一。在矢量数字地形图中一般均有面积计算功能,可以直接调用。对于纸质地形图或数字栅格地形图而言,可以采用多种方法进行面积的量算。下面叙述几种地形图上面积的量算方法。

9.3.1　图解法

图解法是利用绘有按顺序排列的某种规则图形的透明模片,蒙在待量面积的地形图上,通过统计待量面积轮廓线内的规则图形个数,计算出所需面积。规则图形可以是方格、矩形或六角形等。这种方法使用起来较为方便,但统计工作量大。

1. 方格模片法

如图 9-9 所示,将透明方格模片固定在地形图上,数出待量面积内的整方格数和不整方格数,方格边长可以是 1 mm 或 2 mm,并将不完整的方格数合并成完整的个数。根据每个方格所占实地面积,便可计算出待量轮廓线内的实地面积。

2. 平行线模片法

如图 9-10 所示,平行线模片的平行线间隔可以是 1 mm 或 2 mm,将模片固定在地形图上,平行线与待测面积轮廓线所截形状近似为梯形,测量沿平行线中间线与轮廓线所截的长度,如图 9-10 中虚线所示,虚线长度分别为 $l_1 = ab$, $l_2 = cd$, $l_3 = ef$, $\cdots$, $l_n = yz$。设平均线间隔为 2 mm,则待测面积为

$$S = (l_1 + l_2 + \cdots + l_n) \times 2 \ (\text{mm}^2) \tag{9-11}$$

再按地形图的比例尺将其转换成实地面积。

方格模片法与平行线模片法的精度分别取决于方格大小与平行线间隔的大小。

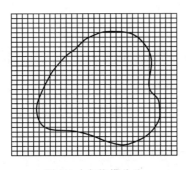

图 9-9　方格模片法

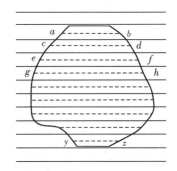

图 9-10　平行线模片法

9.3.2　求积仪法

求积仪有两种,分别是机械求积仪和电子求积仪,其构造和原理基本相同。电子求积仪可以自动显示面积数值。对于小面积的量测,如面积小于 5 mm^2 的图形,不宜使用求积仪测量面积。下面主要介绍机械求积仪的构造与使用。

1. 机械求积仪的结构

如图 9-11 所示,机械求积仪主要由三个部件构成:极臂、描迹臂和计数机构。

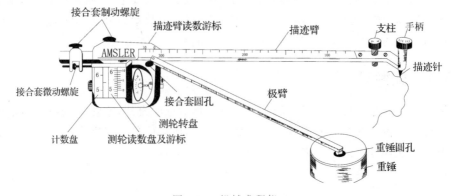

图 9-11　机械求积仪

（1）极臂

极臂两端分别与接合套和重锤相连,测量时重锤固定不动,重锤中心为求积仪极点。

（2）描迹臂

描迹臂又称航臂,臂上有刻画,测量时根据地形图比例尺调整其长度。地形图比例尺与描迹臂长度的关系见表 9-1。臂长用制动螺旋和微动螺旋进行调整。描迹臂另一端有一描迹针,用以跟踪欲测量的图形轮廓线。

表 9-1　　地形图比例尺与描迹臂长度的关系

比例尺	描迹臂长度/mm	单位读数面积 K/m^2	加常数 δ
1∶1 000	305.9	10	23.580
1∶200		0.4	
1∶500	239.7	2	24.799
1∶250		0.5	
1∶400	184.6	1	27.379

（3）计数机构

接合套上附有由计数盘、测轮和游标组成的读数装置。计数盘有 10 个格,注记数字从 0 至 9,以指标线为准读取计数盘读数。测轮有 10 个大格,代表计数盘 1 个格,1 个大格又分成 10 个小格,可以读取 1/100 的数字。测轮附有游标,可以读取 1 小格的 1/10。因此,从计数机构中可读取 4 位读数。

2. 机械求积仪的使用

①首先根据地形图的比例尺查得求积仪的描迹臂长度,并用制动螺旋和微动螺旋将描迹臂调节至该长度。

②将求积仪极点固定在欲求面积的图形之外,从图形轮廓线某点起沿图形轮廓线匀速移动描迹针至起始点。起始点两次读数分别为 m 和 n。

③从表 9-1 中查得相应单位读数对应的面积 K,则面积测量值为

$$S = K(m-n) \tag{9-12}$$

当欲测量图形面积较大时,可以将求积仪极点放在图形内进行量测,此时式(9-12)中应加上加常数 δ,加常数可以在表 9-1 中获得,面积计算公式为

$$S = K(m-n)+\delta \tag{9-13}$$

3. 单位读数面积 K 和加常数 δ 的测定

初次使用求积仪时,应对单位读数面积 K 进行检验。检验时针对已知其面积 S 的图形进行测量,起始点读数分别为 m 和 n,则

$$K = \frac{S}{m-n} \tag{9-14}$$

同理可测定加常数 δ。

4. 求积仪精度估算

利用求积仪对面积为已知的图形进行面积的多次测量,测量值与已知值的差异为 Δ,则求积仪对此面积的测量精度为

$$m = \pm\sqrt{\frac{[\Delta\Delta]}{n}} \tag{9-15}$$

式中,n 为测量次数,不同面积的测量精度一般是不同的。

KP-90N 动极式电子求积仪结构如图 9-12 所示。使用时开机,选择测量单位,设置比例尺,并沿欲测量面积的图形轮廓线移动一周,便可自动显示欲测量的图形面积。为了提高精度,可多测量几次,并取平均值作为最终结果。

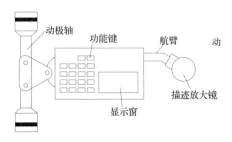

图 9-12　KP-90N 动极式电子求积仪

在纸质地形图上测量面积时,应检测图纸的伸缩程度,并对所测量面积进行图纸变形改正。

9.3.3　解析法

除了利用模片及求积仪测量面积外,也可以通过测量图形边缘个别点位坐标计算图形面积。对于由直线组成的不规则图形的面积量算,可采用熟知的面积计算公式。三角形面积计算公式为

$$S = \frac{1}{2}hl \tag{9-16}$$

式中,h 为三角形的高;l 为三角形的底边长。

三角形面积计算也可以采用如下公式为

$$S = \sqrt{K(K-a)(K-b)(K-c)} \tag{9-17}$$

式中

$$K = \frac{1}{2}(a+b+c)$$

式中,a、b、c 分别为三角形三条边的长度。

对于梯形的面积,也需要测量边长和高度再进行计算。

如图 9-13 所示,由直线组成的四边形,其面积计算公式为

$$
\begin{aligned}
S &= \frac{1}{2}(x_1+x_2)(y_2-y_1) + \frac{1}{2}(x_2+x_3)(y_3-y_2) + \\
&\quad \frac{1}{2}(x_3+x_4)(y_4-y_3) - \frac{1}{2}(x_1+x_4)(y_4-y_1) \\
&= \frac{1}{2}\left[x_1(y_2-y_4) + x_2(y_3-y_1) + x_3(y_4-y_2) + x_4(y_1-y_3) \right] \tag{9-18}
\end{aligned}
$$

对于任意 n 边形,其面积计算公式为

$$S = \frac{1}{2}\sum_{i=1}^{n} x_i(y_{i+1}-y_{i-1}) \tag{9-19}$$

或

$$S = \frac{1}{2} \sum_{i=1}^{n} y_i (x_{i+1} - x_{i-1}) \tag{9-20}$$

公式中会用到 x_0、y_0、x_{n+1}、y_{n+1}，其值可以用下面的值来代替为

$$x_0 = x_n, \quad y_0 = y_n, \quad x_{n+1} = x_1, \quad y_{n+1} = y_1$$

面积计算公式中，顶点编号为顺时针时，面积计算值为正；顶点编号为逆时针时，面积计算值为负。点位坐标既可以在纸质地形图上量取，也可以在数字栅格地形图上量取，然后根据比例尺换算成实地面积。

如图 9-14 所示，对于由曲线组成的不规则图形，可在纸质地形图或数字栅格地形图上测量出图形轮廓线上多个点的坐标，并利用最小二乘曲线拟合方法，分别求出曲线 ACB 和曲线 ADB 的曲线方程。设二者的曲线方程分别为 $f_1(x)$ 和 $f_2(x)$，取微量元素 Δx 为

$$\Delta x = x_{i+1} - x_i \quad i = 1, 2, \cdots, n$$

则图 9-14 中阴影所示的微分面积为

$$S_{i,i+1} = \frac{1}{2} \{ [f_1(x_i) - f_2(x_i)] + [f_1(x_{i+1}) - f_2(x_{i+1})] \} \Delta x \tag{9-21}$$

则总的面积是各个微分面积之和

$$S = \sum_{i=1}^{n} S_{i,i+1} \tag{9-22}$$

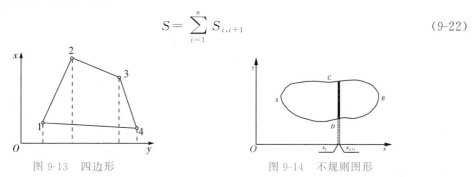

图 9-13　四边形　　　　　　　　图 9-14　不规则图形

地形图上体积的量算，可以利用等高线来完成。首先采用上述量算面积的方法测量等高线与规定的边界线围成的面积，将相邻等高线围成的面积的平均值乘以基本等高距，便是相邻等高线围成的体积。将规定范围内相邻等高线围成的体积取和便是欲求的体积。同理可以计算带状或其他形状地形的体积，为计算场地开挖土方量提供依据。

9.4　地形图在工程设计与施工中的应用

9.4.1　绘制纵横断面图

在公路、铁路、输电线、水渠等设计过程中，为估算工程量，需要沿线路方向或垂直于线路方向绘制地面的断面图，即要绘制地面纵横断面图。如图 9-15 所示，欲在 A、B 两点连线方向绘制断面图，首先在地形图上作 A、B 两点的连线，连线与等高线的交点高程为等高线高程。绘制一直角坐标，横轴代表直线 AB，点 A 为原点，横轴尺度代表水平距离。纵轴代表高程，纵轴尺度可以不同于横轴尺度（一般扩大 10 倍），以便夸大高程的起伏。

按某一比例将点 B 及直线 AB 与各等高线交点，按照与点 A 的距离，绘到横轴上。在横轴各交点沿平行于纵轴方向绘制虚线，各虚线高度为相应交点的高程。将虚线顶点连接

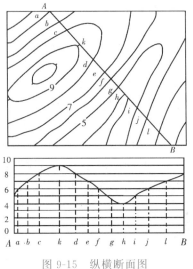

图 9-15　纵横断面图

起来,便形成直线 AB 上的断面图。对于数字化地形图,如果没有绘制纵横断面图的功能,亦可按上述方法进行绘制。

9.4.2　按限定坡度选定两点间最短路线

在公路、铁路、水渠及各类管线的设计过程中,一般都有严格的坡度限制,即线路最大坡度不应超过某一限值。在满足坡度限制的条件下,我们总希望以最短距离使地面上的两点相通,同时应考虑实际地质构造的限制、工程量大小、施工的方便程度等因素,对各种方案进行比较。下面仅就在限定坡度条件下,选择最短路线的方法进行叙述。如图 9-16 所示,假设欲在点 A 和点 B 之间修一条公路,限定坡度为 $i=10\%$,地形图比例尺为 $1:2\,000$,基本等高线等高距为 $h=5$ m,则通过相邻等高线的最短距离为

$$d=\frac{h}{iM}=\frac{5}{0.1\times 2\,000}=0.025 \text{ m}$$

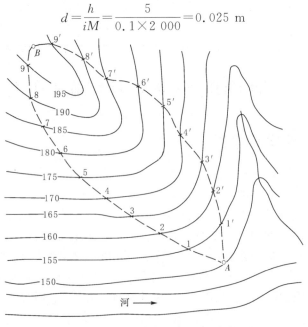

图 9-16　限定坡度条件下的最短路线选择

在图上进行量距时,以点 A 为圆心,作以 d 为半径的圆弧,与上一个相邻等高线相交,交点为 1 点;然后再以 1 点为圆心,d 为半径,作圆弧与上一个相邻等高线相交,依此类推,到达点 B 为止。将圆弧与等高线交点 $A,1,2,3,\cdots,B$ 连接起来,便是限定坡度条件下 A,B 两点间最短路线,图中绘出了两条最短路线。实际当中应综合考虑各种因素,选择最佳方案。

9.4.3　确定汇水面积

在水库与道路的设计过程当中,需要考虑水坝、桥涵的建设。此时,坝体位置及高度、桥涵孔径大小的确定都与上游汇水面积有关。在此,汇水面积指某个区域,这个区域的雨水会汇聚到水坝或桥涵上。汇水面积可在地形图上进行确认与测量。汇水面积的边界线方向与山脊线一致,与等高线垂直,并通过一系列山头和鞍部,最后与所指定的断面闭合,如图 9-17 所示。图中 AB 线段为欲修筑的坝体或桥涵,图中虚线为断面 AB 的汇水面积。

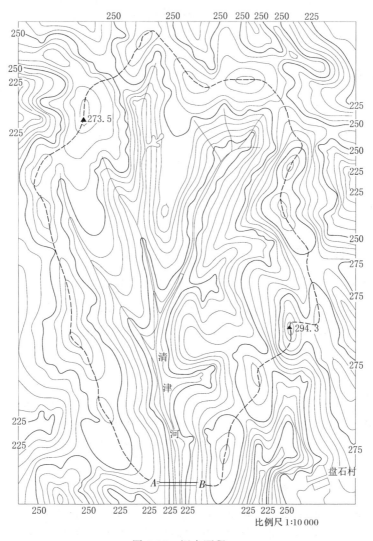

图 9-17　汇水面积

9.4.4 计算水库容量

进行水库设计时,需要根据溢洪道的起点高程,确定水库容量。如图 9-17 所示,图中 AB 线段为坝体,溢洪道高程假设为 235 m,则可以确定高程为 235 m 的等高线就是水库淹没的边界线,从而可以计算出水库的最大蓄水量。假如基本等高距为 $h = 5$ m,计算水库容量的步骤如下:

(1)求等高线围成的面积

利用求积仪或其他方法(如对于数字地形图而言)测量或计算出 235 m 等高线与坝体 AB 围成的面积 S_{235},然后测量出高程 230 m 的相邻基本等高线与坝体 AB 围成的面积 S_{230},依此类推,测量或计算出面积 $S_{225},S_{220},\cdots,S_n$。高程为 n 的最后一条等高线与库底的高程差为 Δh。

(2)计算水库容量

①235 m 高程等高线与 230 m 高程等高线间的容量为

$$V_1 = \frac{1}{2}(S_{235} + S_{230})h \tag{9-23}$$

②230 m 高程等高线与 225 m 高程等高线间的容量为

$$V_2 = \frac{1}{2}(S_{230} + S_{225})h \tag{9-24}$$

依此类推,最后计算 n 米高程等高线与库底间的容量为

$$V_n = \frac{1}{3}S_n \cdot \Delta h \tag{9-25}$$

则总的水库容量为

$$V = V_1 + V_2 + \cdots + V_n \tag{9-26}$$

9.4.5 场地平整

在建筑、农田等的建设中经常会涉及平整地面的工作。当需要平整的范围较大时,可以首先利用地形图预先设计土地平整的范围和高程,计算相应土石方工程量,并进行方案比较,最终选择省工省时且节省费用的方案。在确定范围内,不进行土石方内运和外排工作的条件下,平整土地的内容与计算方法如下。

1.计算地面各点高程

如图 9-18 所示,根据地面的复杂程度、地形图的比例尺和土石方量的计算精度要求,在欲平整的范围内画出方格网,并对每个纵横方格线与顶点进行编号,然后根据等高线内插出各方格顶点的高程 $H_1,H_2,\cdots,H_n$,将其标注于方格顶点右上方。设地形图比例尺分母为 M,基本等高距为 d。

2.计算设计高程

将每个方格四个顶点的高程取平均值,为每个方格内地面的平均高程。将各方格平均高程相加,并除以总方格数,即为所设计平整后的地面高程。图 9-18 中虚线即为设计高程

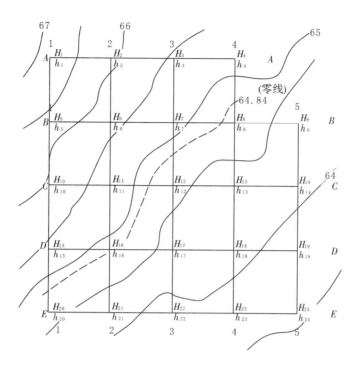

图 9-18　场地平整方格网

等高线,它是填挖土石方的设计分界线(高程为 $H_{设计}$),或称零线,以满足计算中"填挖平衡"的要求。因为计算设计高程时,角点高程会用到 1 次,拐点高程会用到 3 次,边点高程会用到 2 次,中间点高程会用到 4 次,因此设计高程计算公式为

$$
\begin{cases}
H_1 = 角点高程之和 \times \dfrac{1}{4} \\[2mm]
H_2 = 边点高程之和 \times \dfrac{2}{4} \\[2mm]
H_3 = 拐点高程之和 \times \dfrac{3}{4} \\[2mm]
H_4 = 中间点高程之和 \times 1 \\[2mm]
n_{方} = 方格总数
\end{cases}
\tag{9-27}
$$

$$
H_{设计} = \frac{1}{n_{方}}(H_1 + H_2 + H_3 + H_4)
\tag{9-28}
$$

3. 计算填挖高度

将方格各顶点高程减去设计高程,即为方格顶点处需填挖的高度为

$$
h_{填挖} = H_{地面} - H_{设计}
\tag{9-29}
$$

当计算出的填挖高度为正值时,表示该点处的挖掘深度;为负值时,表示该点处的填埋高度,将填挖高度注于方格顶点的右下方。

4. 计算填挖土石方量

填挖土石方量的计算公式为

①角点

$$填挖土石方量=填挖高度 h \times \frac{1}{4}方格面积 \tag{9-30}$$

②边点

$$填挖土石方量=填挖高度 h \times \frac{2}{4}方格面积 \tag{9-31}$$

③拐点

$$填挖土石方量=填挖高度 h \times \frac{3}{4}方格面积 \tag{9-32}$$

④中间点

$$填挖土石方量=填挖高度 h \times 方格面积 \tag{9-33}$$

最后计算的填土石方量总和与挖土石方量总和,两者应基本相等。如果是利用数字地形图进行填挖土石方量的计算,仍可以按上述方法进行计算。

【例 9-1】 如图 9-19 所示,设方格边长为 20 m,设计高程为 25.2 m,每方格的挖深或填高数据已分别按式(9-30)~式(9-33)计算出,并注记在相应方格顶点的左上方,依上述方法得到的挖土石方量和填土石方量见表 9-2。

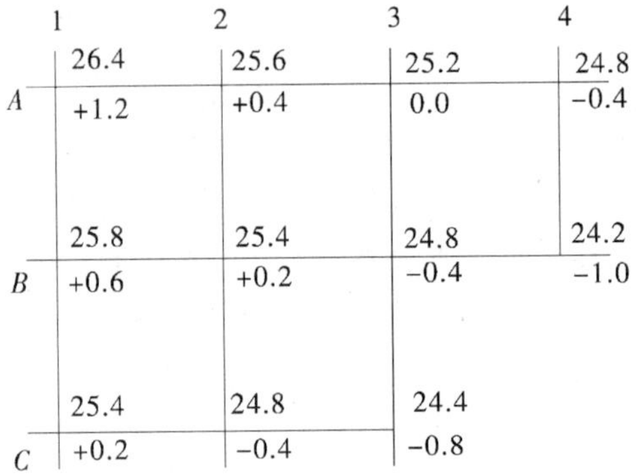

图 9-19 方格网填(挖)高计算

表 9-2　　　　　　　　场地填挖土石方量计算

点号	挖深/m	填高/m	所占面积/m²	挖方量/m³	填方量/m³
A_1	1.2		100	120	
A_2	0.4		200	80	
A_3	0.0		200	0	
A_4		-0.4	100		40
B_1	0.6		200	120	
B_2	0.2		400	80	
B_3		-0.4	300		120
B_4		-1.0	100		100
C_1	0.2		100	20	
C_2		-0.4	200		80
C_3		-0.8	100		80
求和				420	420

从计算结果可以看出,挖土石方量和填土石方量相等,满足了"填挖平衡"的要求。

如果设计中要求将地面平整为倾斜面,如为了排水的方便,则首先绘制设计倾斜面的等高线,然后用内插方法算出方格顶点的设计高程。利用上述方法计算出每个方格顶点的填挖高度,并计算总的土石方工程量。

9.4.6　在水工选址规划中的应用

为了改造自然,首先必须了解自然。各项工程建设在规划设计之前,都要进行勘察测量工作,了解与设计有关的自然现象。测量工作的成果主要体现在各种比例尺的地形图形式方面。

在我国广阔的大地上,遍布着江河湖泊,蕴藏着极为丰富的水利资源,海岸线曲折蜿蜒,逶迤数千里,有很多良好的港湾和海洋资源。为了开发与利用水利资源,必须兴建水工建筑物,例如拦河坝、船闸、水闸、渠道、运河、港口、码头等。对于一条河流或者一个水系而言,首先应该有一个综合开发利用的全面规划,进行梯级开发,合理地选择水利枢纽的位置和分布,以使其在发电、航运、防洪及灌溉等方面都能发挥最大的利用。这时应该有全流域的比例尺为 1∶50 000～1∶100 000 的地形图以及水面与河底的纵断面图,以便研究河谷地貌的特点,探讨各个梯级水利枢纽中水头的高低、发电量的大小、回水的分布情况以及流域与水库面积的大小等,并确定各主要水利枢纽的形式和建造的先后次序。

对于一个具体水利枢纽工程而言,拦河坝是一项主要工程。坝址的选择主要取决于地形与地质条件,河谷最窄而岩层良好的河段是最可能建坝的地方。

建坝以后,即在河流的上游形成水库。水库的容量与淹没面积的大小取决于地形与拦水高度。为了进行水库的设计,要采用比例尺为 1∶10 000～1∶50 000 的地形图,以解决下述的一些重要问题:确定回水的淹没范围;测量淹没面积;计算总库容与有效库容;设计库岸的防护工程;确定沿库岸落入临时淹没或永久浸没地区的城镇、工矿、企事业单位以及重要耕地,并拟定相应的防护工程措施;设计航道及码头的位置;制定库底清理、居民迁移以及交通线改建等的规划。在研究上述问题时,对地形图的要求并不完全一致。有些项目(例如计算库容)需要在整个库区范围内施测同一精度的地形图,而另一些项目(例如设计库岸的防护工程)则需要在局部地区有较高精度的大比例尺地形图资料。因此,为了满足各种用图项目的需要,测图工作应按不同比例尺和内容进行。

在初步设计阶段,除了库区的地形图以外,在可能布设枢纽工程的全部地区,也应有比例尺为 1∶10 000～1∶25 000 的地形图,以便正确地选择坝轴线的位置。坝轴线选定以后,即应在这个划定的枢纽布设地区,提供 1∶2 000～1∶5 000 比例尺地形图,以研究下列各类建筑物的布置方案:

(1)主要的永久性建筑物,如溢流坝段及非溢流坝段、发电厂、船闸以及引水渠的渠首建筑物等。

(2)临时性的辅助建筑物,如施工围堰、施工导流的渠道等。

(3)永久性的及临时性的交通运输线路,如铁路、公路、架空索道等。

（4）施工期间的临时工厂。

（5）永久性的或临时性的工人住宅区以及其他的辅助建筑物。

在大坝施工设计阶段，对于坝区、厂房地区、船闸闸室、引水渠渠首以及引水隧洞的进口等处，可测绘1∶1 000（有时需1∶500）比例尺地形图，以便详细地设计该工程各部分的位置与尺寸。

对于港口码头的设计，一般也分为两个阶段。相对来说，这项工程所占的区域较小。

在初步设计阶段，需要比例尺为1∶1 000或1∶2 000的陆上地形图与水下地形图（水下地形图测量方法见2.4节），以便布置铁路枢纽、仓库、码头、船坞、防洪堤以及其他的一些附属建筑物，并且进行方案比较。图9-20所示为某成品油专业码头规划设计中采用的水下地形图。

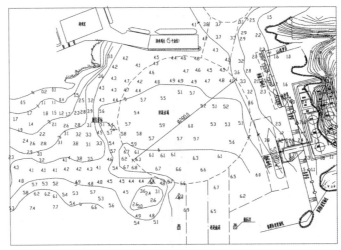

图9-20   某成品油专业码头规划设计中采用的水下地形图

在施工设计阶段应采用1∶500或1∶1 000比例尺地形图，以便进一步精确地确定建筑物的位置和尺寸。

按交通部港口工程技术规范的规定，测图比例和范围应按设计阶段、工程规模，由勘察、设计及有关部门共同商定。表9-3为港口各设计阶段所需地形图比例尺的要求。

表9-3   港口各设计阶段所需地形图比例尺的要求

设计阶段	所需地形图比例尺
规划选址	1∶5 000,1∶10 000
初步设计	1∶1 000,1∶2 000
施工图	1∶500,1∶1 000

注   小型工程可不分阶段，比例尺宜采用1∶500,1∶1 000。

此外，对进港航道，在初步设计及可行性研究阶段，测图比例尺一般可选用1∶5 000，1∶10 000。施工图阶段，在航道较长且已定线的情况下，可施测沿航道轴线的带状地形，比例尺可选用1∶1 000,1∶2 000。为满足工程量计算的需要，可加测沿航道轴线的地形断面，其纵横比例尺可不采用同一比例，以保证其竖向的精度。

对港区范围内的主要建筑物、构筑物及管线、铁路、道路，在初步设计的测量图中，应标明其正确位置,施工图测量中,应测定其坐标。

9.4.7　在地质勘查及矿山开采中的应用

　　地质勘查工作按详细程度可分为普查、详查和勘探三个阶段。普查阶段填绘地质图所用地形图底图比例尺一般为 1∶100 000,1∶200 000。在普查的基础上,在成矿区域内进行详查,详查阶段填绘地质图所用地形图底图比例尺为 1∶50 000,1∶25 000,1∶10 000 等。在确定矿区范围后转入勘探阶段,填绘地质图所用地形图底图的比例尺为 1∶1 000,1∶2 000,1∶5 000,1∶10 000 等。在勘探阶段填绘大比例尺地质图时,地形图的测绘与地质测量工作是同时进行的。地质勘探工作的内容包括:勘探线网的设计与测设;钻孔、探井、探槽等位置的设计与测设;地形地质剖面图的测绘;地质填图测量;等等。它们首先都是在地形图上进行设计,然后在现场进行测设及测绘。

　　另外地形图与航测相片及卫星遥感图像相结合可用于地质现象的解译,如用于地质构造、岩性等的分析和解译。

　　在采矿业中的储量计算需要用到 1∶25 000,1∶10 000 及更大比例尺的地形图,并用 1∶5 000,1∶2 000,1∶1 000 比例尺地形图进行施工地点的确定、储量的计算与核定、开采设计等项工作。

9.5　地形图在建筑规划中的应用

9.5.1　在国土及城市总体规划中的应用

1. 地形图(地图)在国土规划中的应用

　　国土规划是根据国家总的发展战略和目标,并结合各区域自然、社会、经济发展状况等条件,对国土及资源的开发利用和保护所进行的全面总体规划和远景设计。

　　国土规划内容包括:

　　(1)全国土地及自然资源的综合评价。

　　(2)国家社会经济发展现状分析和预测。

　　(3)确立国土开发的任务和目标。

　　(4)确立自然资源开发的目标和布局。

　　(5)确立区域及城市发展和产业发展的布局。

　　(6)规划交通、通信等基础设施的布局。

　　国土规划期限一般为 15 年。国土规划分为综合规划和专项规划。国土规划按地域分为:全国;跨省(区)的大区域;省级区域;省范围小区域。

　　国土规划与城镇体系规划、城市规划有所区别。城镇体系规划是国土规划的一个部分,城市规划则应在国土规划与城镇体系规划指导下完成。国土规划的重点内容有铁路网的规划建设、高速公路的规划和建设、区域调水及水资源配置规划、土地利用规划、环境规划等。

　　国土规划的各个阶段会使用各种比例尺的地形图(地图),规划工作主要是在地形图(地图)上进行的,规划地形图(地图)则是利用地形图(地图)进行规划成果的主要表达形式,它可以一目了然地在规划地形图(地图)上展示未来的发展前景。

2. 地形图(地图)在城市总体规划中的应用

城市规划是一种政府行为,是一个城市及周边地区在将来一段时期内确定城市的定位、性质、规模、发展重点、合理利用土地等自然资源、合理布局城市的社会经济空间所进行的一种综合性的安排和构想。城市规划的主要内容有:城市发展目标的确立;城市土地分类和利用规划的制定;城市空间布局的确立,包括地上和地下空间的开发、城市景观和特色的确定等;城市发展的长期目标的确立。

城市规划由两个阶段和五个层次构成。两个阶段为城市总体规划阶段和城市详细规划阶段,五个层次包括市(县)域城镇体系规划、城市总体规划、城市各区规划、控制性详细规划和修建性详细规划。城市规划前期的调查与分析工作,离不开地形图(地图)作为基础资料所提供的丰富而又详细的各类信息。这些调查与分析内容包括了解城市及周边地区的地形地貌、土地利用现状及分类分布、居民地及建筑物的分布与质量状况、交通分布状况等。

市(县)域城镇体系规划是城市总体规划的一个重要组成部分,市(县)域城镇体系规划是对城镇群未来发展的规模和结构,土地利用的范围,相互间的职能及产业分工上的协调,能源、交通、通信、供电、供水等基础设施建设的布局等进行规划。市(县)域城镇体系规划的成果包括文字说明和以地形图(地图)为底图的规划图,所用图比例尺根据需要确定。

城市总体规划期限一般为20年,内容包括编制市(县)域城镇体系规划,确立城市发展方向和性质,确定城市规划的范围,确定城市用地性质的分布及规划各类基础设施,包括铁路、公路、车站、港口、机场、通信、供水、供电、给排水、绿地、环境保护、文物古迹保护等。城市总体规划成果包括规划文本、附件说明、基础资料附件和规划图。规划图纸包括城镇布局现状图、城市现状图、市(县)域城镇体系规划图、城市总体规划图、道路交通规划图、各类专项规划图、近期建设规划图,它们均是以地形图(地图)为底图进行描绘和规划的。所用图纸比例尺大中城市为1:10 000~1:250 000,小城市为1:5 000~1:10 000。

城市各区规划、控制性详细规划和修建性详细规划是城市总体规划中较为详细的阶段,它们均以城市总体规划为依据,或以各区规划为依据。控制性详细规划的前期,应收集相关资料,并进行基础调查和分析研究工作。需要收集的资料包括最新1:1 000,1:2 000比例尺地形图(地图)。控制性详细规划的成果有文本说明及大比例尺详细规划图。修建性详细规划前期工作包括调查及分析某地区的土地使用状况、地形地貌、地质状况、居民地及各类建筑物的分布、交通状况等。修建性详细规划的成果有规划文件和规划图,规划图包括规划地段的现状图[要在地形图(地图)上进行描绘]、规划总平面图、竖向规划图、综合管线图等,图比例尺一般为1:500~1:2 000。小城镇规划图比例尺一般为1:10 000或1:20 000,包括地理位置图、镇域现状图、土地利用规划图、镇域总规划图、镇域基础设施配套规划图。

城市规划中的许多专项规划图都是以地形图(地图)为底图的,包括土地使用现状图、土地使用规划图、中心城市土地使用规划图、市道路系统规划图、绿地系统规划图、对外交通图、市(县)域城镇体系规划图、市(县)域生态环境保护规划图、都市圈城市现状及地形分析图、主要道路、铁路、港口总体规划图、历史文化名城保护规划图、居住用地规划图、商贸布局规划图、主要公共设施规划图、旅游用地规划图、中心城市重大市政设施布局图等。

9.5.2　在线路规划与勘测设计中的应用

铁路、公路、输电线等线路的规划与设计离不开地形图,下面以铁路、公路的选线与定线为例,说明地形图的作用。

铁路、公路的选线与定线是一项综合性的工作,选线与定线的过程会受到沿线诸多条件与因素的制约。铁路、公路的选线与定线不仅要考虑本身的投资和运营效益,还要与国家及区域的整体规划相协调。铁路、公路的选线与定线要考虑沿线的城镇、工业矿山的分布,交通、航运、空运及各类管线的分布,沿线地形地貌、地质、水文、气象等条件,还应考虑与农业的协调关系,并选择合理的技术方案和标准。线路的选线与定线可以分成三个步骤:

1. 总体规划与布局

这一阶段确定线路的基本走向,它是在 1∶10 000～1∶50 000 比例尺地形图上进行的,经过实地考察踏勘和多种方案比较,最终确定基本走向。

2. 路线走廊带选择

在选定基本走向的基础上,根据沿线自然条件选择细部控制点(线路中心线点)。这项工作一般在 1∶2 000～1∶5 000 比例尺地形图上进行,也是通过实地察看,并进行各种方案的比较来完成的,也可以在实地直接进行定线,这种方法只适用于低等级的简单道路。

3. 具体定线

定线是在前面确定的走廊上,结合细部地形地质条件,并综合考虑线路纵横面的安排,内插出线路的细部控制点,即线路中线点的位置。线路定线设计一般是在 1∶2 000 比例尺地形图上完成的。

作为线路工程重要组成部分的隧道和桥梁,在规划设计阶段,地形图也起着重要作用。如对于城市中的地铁工程,在初步设计阶段,应用比例尺为 1∶2 000 或 1∶5 000 的城市地形图,选定线路的布置。为了设计车站、进口大厅、竖井以及用明挖法施工的地区,还需要该地区的 1∶500 比例尺地形图。为了施工设计,还要沿着设计的线路施测 1∶500 比例尺带状地形图,带的宽度由隧道的深度与地质条件决定。

对于大型桥梁,首先要以 1∶25 000 或 1∶50 000 比例尺地形图为基础,结合实地踏勘,获得桥址的几个可能的比较方案,这称为初步设计阶段。在施工设计阶段,除了要施测河流的水下地形、流速及流向以外,还需范围较大、比例尺为 1∶1 000～1∶10 000 的桥渡总平面图以及比例尺为 1∶500～1∶5 000 的桥址地形图。桥渡总平面图用以选择桥位和桥头引线,确定导流建筑物的位置以及施工场地的布置。地形图内应绘出各方案的线路的导线、中线、水文断面、水位点、最高洪水位的泛滥线、洪水时的流向、船只走行线等;用以设计主体工程及其附属工程(例如导流建筑物等),并估算工程数量与费用。

现代遥感技术在线路的设计与改造中也会起到重要的作用。由于遥感图像能够提供地面真实的影像,可用于沿线地形地质情况的调查与分析,减少野外勘察工作量,为选线提供帮助。

数字摄影测量提供的数字地形图、数字地面模型、正射影像图、地面景观图、动态透视图等平面及三维数字化产品,不仅给线路设计前期的地形地质调查以及沿线社会、经济、交通等状况的调查提供了丰富的信息,也为线路的设计提供了方便的条件,并大大减少了计算工作量。

9.5.3　在建筑规划用地分析中的应用

规划设计的用地分析就是合理利用地形进行规划设计,减少投资,更好地满足建筑功能要求。它主要需考虑以下几方面的问题:

1. 地面坡度

在地形图上进行用地分析时,首先要将用地的区域划分为各种不同坡度的地段。由于地形的复杂程度不同,划分起来有很大的难度。区域划分时只能依据图上等高线平距的大小来大致地划分,并用不同的颜色或不同的符号来表示不同坡度的地段。根据国家行业标准 CJJ 83－2016《城乡建设用地竖向规划规范》规定,城市主要建设用地适宜规划坡度见表 9-4。

表 9-4　　城市主要建设用地适宜规划坡度

用地名称	适宜坡度/%	用地名称	适宜坡度/%
工业用地	0.2～10	城镇道路用地	0.2～8
仓储用地	0.2～10	居住用地	0.2～25
铁路用地	0～2	公共设施用地	0.2～20
港口用地	0.2～5	其他	—

2. 建筑通风

山地或丘陵地带的建筑通风设计,除应考虑季风的影响外,还应考虑建筑区域地貌及温差而产生的局部风的影响。在某些时候,这种地方小气候对建筑通风起着主要作用,因此在山地或丘陵地域做规划设计时,风向与地形的关系是一个不容忽视的问题。

如图 9-21 所示,当风吹向小山丘时,由于地形的影响,在山丘周围会产生不同的风向变化。整个山丘根据受风方向及形式不同可分为 6 个区。

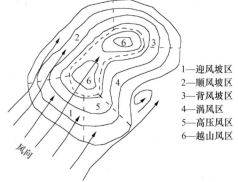

图 9-21　地形与风向分布形式

1—迎风坡区
2—顺风坡区
3—背风坡区
4—涡风区
5—高压风区
6—越山风区

(1)迎风坡区

风向大致垂直于等高线。在此布置建筑物时,宜将建筑物平行或斜交等高线布置。

(2)顺风坡区

风向大致平行于等高线,如果将建筑物垂直或斜交等高线布置,则通风良好。

(3)背风坡区

背风坡区是指风吹不到的坡区,可根据不同季节风向转化的具体情况布置建筑物。

(4)涡风区

涡风区是指风向是旋涡状的地方,可布置一些通风要求高的建筑物。

(5)高压风区

高压风区是指迎风区与涡风区相遇的地方。该地段不宜布置高层建筑物,以免产生更大的涡流。

(6)越山风区

山顶部分风力较大,通风良好,宜建通风要求较高的建筑物,如亭阁类建筑。

以上风区的划分是随不同风向和季节变化而改变的。如在我国大部分地区,冬季以西北风为主,而夏季多为东南风。建筑规划设计时应考虑主流风向。

3. 建筑日照

建筑日照是规划建筑物布置时要考虑的一项重点内容,在我国北方地区尤为重要。在山区或丘陵地带建筑日照的间距受其坡向影响较为明显。我国位于北半球,无论什么季节太阳总处于南天空,随着地理纬度的增加,太阳对室内照射角度随季节变化的量增大。如在我国南方,冬至日和夏至日太阳的高度角度变化较小,每天的日照时间也变化较小。而北方地区冬至日和夏至日的太阳高度角度变化很大,每天的日照时间变化也比较大。一般情况下,在设计建筑物时,要考虑冬至日建筑及山体挡光问题。合理利用地形,形成建筑物高度梯次,可缩小建筑物间距,节约用地。在向阳坡布置建筑物时,要比背阳坡节省用地。

4. 道路交通

在进行用地分析时,除要考虑建筑日照、建筑通风等因素外,还要考虑道路交通情况。道路交通设计与地形的关系很大,尤其在崇山峻岭地或丘陵地进行规划设计时,应首先考虑道路交通网络设计。道路的横坡度应为 1%～2%。机动车车行道规划纵坡见表 9-5。

表 9-5　　　　　　机动车车行道规划纵坡

道路类别	最小纵坡/%	最大纵坡/%	最小坡长/m
快速路		4	290
主干路	0.2	5	170
次干路		6	110
支(街坊)路		8	60

在布置道路和建筑物时,既要尽量减少土石方工程量,节约建筑投资,又要考虑居民出行和交通方便。

5. 市政管网

市政管网是建筑物不可分割的一部分,在进行规划设计时,管网设计也是一项主要工作。如在建设一个居民小区时,要同时设计排水、给水、供暖、供电、煤气、电视、网络、电话、楼宇自动化等管线。这些管线与地形的关系十分紧密,尤其是排水管网。利用水重力作用的排水系统,必须根据地形的高差进行设计,其他管线也涉及埋深、交叉、防冻、抗压等问题,应充分考虑利用地形。

6. 土石方工程量

在建设项目的规划设计阶段,需要确定各种建筑物的平面位置及室内外标高和道路、管网等平面位置及坡度标高。这些平面位置及标高的确定,都必须依靠地形图来完成。设计好这些建筑物的平面位置和标高可减少土石方工程量,而利用好地形的高低变化和自然地貌中的冲沟、坎地、台地等,不但可以节约土地资源,还可减少建设项目的经济造价。

利用地形图进行建筑用地规划设计是一门综合科学,不但要考虑以上所述几方面综合因素,还应该考虑公共设施、社区服务、气候气象、雨水排放、绿化、运动、停车场等。

9.6　地形图在地理信息系统中的应用

地理信息系统(Geographical Information System,GIS)是伴随着测绘空间信息技术和计算机技术发展形成的多学科交叉的产物。简单地给 GIS 下定义是很困难的,因为 GIS 的内容丰富,且在不断发展。如美国学者 Parker 认为"GIS 是一种存储、分析和显示空间与非空间数据的信息系统",也有学者认为"GIS 是由计算机硬件、软件和不同的方法组成的系统,该系统设计用来支持空间数据的采集、管理、处理、分析、建模和显示,以便解决复杂的规划和管理问题"。支撑 GIS 的是一系列学科的共同作用,包括计算机科学与技术、测绘学、地理学、遥感科技等。GIS 是对地球表面地理现象的数字化描述。

地理现象的含义是广泛的,既有客观的一面,也有主观或精神的一面;既有现实的,又有历史的;既有自然的,又有人文的。GIS 侧重于表达现实及历史的实体地理现象。对实体地理信息的描述可以分成三类:

(1)属性特征

属性特征用来描述地理实体是什么,如道路、建筑物、控制点、路灯等。

(2)空间特征

空间特征用来描述事物的空间位置及相互关系,如道路沿线各点的坐标及与道路其他点的连接关系。

(3)时间特征

时间特征用来描述事物随时间的变化。

地形图在 GIS 中所起的作用,可以通过 GIS 的功能来反映,GIS 一般包括以下几项主要内容:

1. 数据的输入和编辑系统

GIS 数据可以分为空间数据和属性数据两类。数据来源包括地图数据、遥感数据、文本及统计数据、实测数据等。GIS 可对输入数据进行显示,实现放大、缩小、增加、删除、注记、属性连接、编辑修改等功能。

在这一项中,空间数据和属性数据既是数字地形图的重要组成部分,也是 GIS 运行的最基础平台。数字地形图可分为数字栅格地形图(DRG)和数字矢量地形图(DLG)。数字栅格地形图一般来自原有纸质地形图的扫描件或航摄、遥感图,由于其文件的数据结构为栅格,因此对图中的点、线、面不能进行单独编辑操作。数字矢量地形图一般由电子全站仪、GPS等直接测量,或通过数字栅格地形图的矢量化而获得,对图中的点、线、面等可以进行单独编辑操作。

2. 空间数据库管理系统

GIS 主要采用数据库技术对空间数据和属性数据进行定义和存储管理,以方便数据的访问、提取、检索、维护和更新。

在这里,重点是数字地形图空间数据的合理有效存储,包括数据格式选择、投影方式确定、数据更新或转换的手段等。

3. 空间分析和查询系统

GIS 具有地形分析、叠加分析、缓冲区分析、网络分析、各类数据的统计和查询功能。要实现这些功能,首先要载入和运行数字地形图。图 9-22 所示为借助数字地形图生成的某水库周围地形电子沙盘。改变大坝不同的蓄水高度,淹没区域一目了然。利用强大的空间数据(包括矢量和影像地形图)及属性数据源,就可以进一步进行包括淹没村庄、田地等的统计分析，以及建立防洪抗旱三维调度查询指挥应急系统。

图 9-22　借助数字地形图生成的某水库周围地形电子沙盘

4. 制图和输出系统

GIS 首先是一个计算机地图制图系统，它可将制作的各种类型地图及图形统计图表和报表等进行存储、显示和打印。

由以上分析可知，地图是 GIS 的主要数据来源，地图制图是 GIS 的主要功能之一。GIS 的另一项主要功能是空间分析，空间分析也是以地图为基础的。地图的空间数据与属性数据质量的好坏，将直接影响空间分析质量的好坏。

计算机制图系统与 GIS 都具有空间数据的输入、编辑和输出功能，它们之间的区别主要在于空间分析方面。有很多成熟的 GIS 专业软件，如 ARC/INFO，MAPINFO，MGE，MAPGIS，GEOSTAR 等，它们都具有面向对象的二次开发功能。GIS 的二次开发功能既可以采用专用开发语言，也可以采用通用计算机高级程序语言，还可以利用高级语言进行 GIS 应用的开发。GIS 根据其内容可分为综合或基础 GIS 和专题 GIS。

GIS 不仅具有前述地图所具有的全部用途，而且把地图进行了伸展，用地图把地理世界从过去、现在到将来生动地再现出来。由于应用大型空间数据库进行数据管理，GIS 技术的发展为国土资源的调查、分析、规划和利用，区域及城市规划中的前期调查分析及具体规划，大型工程项目的规划与设计等诸多领域提供了有力的技术保障。

习　题

9-1　地图由哪些要素构成？地形图图廓外的内容一般有哪些？什么是接图表？什么是三北方向线？

9-2　在地形图上进行量算时，影响其精度的因素有哪些？

9-3　地形图上有一直线 AB，其坐标方位角的量算值为 $\alpha_{AB}=103°11'23''$。地形图的图廓外说明中标明此图的子午线收敛角为 $+3'27''$，磁偏角为 $-21'45''$，直线 AB 的真方位角和磁方位角是多少？

9-4　求积仪的测量精度如何确定？利用图解法、求积仪法和解析法进行图上面积量算分别适用于何种场合？

9-5 如图 9-17 所示,试量算出 AB 坝体所围成的水库最大汇水面积和汇水量是多少,在此假设溢洪道和 AB 坝体几乎同高。

9-6 如图 9-17 所示,指出三个山头和三个鞍部,并用铅笔绘出三条山脊线和三条山谷线(用虚线描绘)。

9-7 如图 9-17 所示,有两个山头,高程分别是 273.5 m 和 294.3 m,试绘制两山头连线间的断面图,水平距离与高程的尺度可以不同。

9-8 图 9-23 为 1∶1 000 比例尺地形图,方格网边长为 5 m。

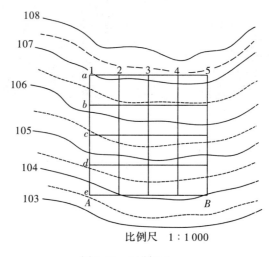

比例尺 1∶1 000

图 9-23 习题 9-8

(1)将图中方格网内的场地平整为平地,求出设计高程、各小方格顶点的填挖高度和总的填挖土石方量。

(2)现欲将场地平整为一均匀倾斜面,AB 线段的设计高程为 105 m,以 5% 的坡度使场地向北下降倾斜。试绘出设计等高线,求出各小方格顶点的填挖高度,并计算总的填挖土石方量。

9-9 地形图在城市规划中的作用是什么?城市详细规划中要用到哪些比例尺的地形图?

9-10 地形图在地质勘查与矿山开采中的作用是什么?

9-11 地形图在线路勘测与规划设计中有哪些应用?数字化地图产品,如数字地形图、数字地面模型、数字正射影像图等在线路勘测与规划设计中的应用情况如何?

9-12 什么是 GIS? GIS 的主要功能是什么?

9-13 数学地形图在 GIS 中的作用有哪些?

第10章

工程放样方法

放样(set out)又称测设,是建筑工程测量最主要的工作之一,它是把设计图纸上建筑物的平面位置和高程,结合控制点或定位轴线点的平面位置和高程,换算为它们之间的水平角、水平距离和高差,然后到实地根据控制点或定位轴线,用相关测量仪器放样水平角、水平距离和高程。

10.1 测量基本元素放样

10.1.1 水平距离测设

所谓水平距离测设,就是以地面上某一点为线段的起点,在给定的方向上标定出该线段的终点,使该线段的水平距离等于设计值。如图 10-1 所示,已知地面上点 A 及 AC 方向,现要在 AC 方向上测设出点 B,使 A、B 两点的水平距离为设计值 L,其方法如下:

首先,从起点 A 开始沿 AC 方向丈量稍大于设计值 L 的长度 L_1,得到点 B';然后精确测定 L_1 的长度得 AB' 的水平距离 L',求得差值 $d=L'-L$;最后按照 d 的符号,用小钢尺从点 B' 沿 AC 方向水平量出 d 即得到点 B,至此水平距离 L 测设完毕。

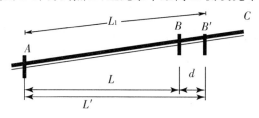

图 10-1 水平距离测设

如果拥有测距仪或全站仪,利用其距离放样功能进行水平距离测设将更为快速精确。

10.1.2 水平角测设

所谓水平角测设,就是已知角的顶点和一个方向,在地面上标定出另一方向,使其与已知方向间的水平夹角等于设计值。如图 10-2 所示,AB 为一已知方向,现要在点 A 以 AB 为

起始方向向其右(左)侧测设给定的水平角β,其方法如下:

首先,在点A安置经纬仪或全站仪,用盘左瞄准点B,读取水平度盘读数;然后,松开水平制动螺旋,顺(逆)时针转动照准部,使水平度盘增加(减少)β值,此时望远镜视线方向即为欲测设的方向;最后,在此方向上适当位置标定出点C,至此水平角即测设完毕。

一般情况下,为了消除仪器误差和提高测设精度,对于没有双轴补偿的仪器,要用盘左、盘右重复上述步骤,测设两次,得点C'、点C'',取点C'和点C''的中点C作为最终位置。

如图10-3所示,当精度要求较高时,可用作垂线改正的方法进一步调整,以提高测设的精度。其方法如下:

先用上述一般方法测设出水平角β,在地面上标定出点C;再用多测回法较精确地测出$\angle BAC$(设其值为β_1),并测量出AC的水平距离;然后按下式计算出垂直改正值

$$d = AC \cdot \tan(\beta - \beta_1) \tag{10-1}$$

最后,过点C作AC的垂线,再从点C出发沿垂线方向向外(当β大于β_1时)量取改正值d,定出点C'',或向内(当β小于β_1时)量取改正值d,定出点C',则$\angle BAC'$或$\angle BAC''$就是要测设的水平角β。

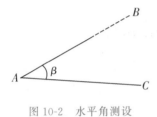

图10-2 水平角测设

图10-3 水平角精密测设

10.1.3 高程测设

所谓高程测设,就是将某点的设计高程在实地上标定出来。如图10-4所示,已知水准点A的高程为H_A,现欲在木桩上测设高程为H_B的点B,其方法如下:

首先,在A、B两点之间安置水准仪,在点A上竖立水准尺,读取后视读数a;然后计算出点B的前视读数$b = H_A + a - H_B$;最后将水准尺紧贴点B木桩侧面上下移动,当尺上读数为b时,尺底即为设计

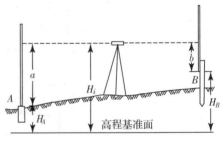

图10-4 高程测设

高程,此时在紧靠尺底的木桩侧面上画一水平线,即标定完毕。

10.2 平面点位放样

平面点位放样要根据现场控制点的分布、地形情况、放样对象的大小、设计提供的条件以及精度要求,综合利用测设水平角、水平距离的方法施测,常用的方法有如下几种:

1. 极坐标法

所谓极坐标法,就是通过测设一个水平角和一段水平距离来完成点平面位置测设。这是测量最经典的放样方法,也是一般工程放样常采用的方法。本方法测站设置灵活,适于流动性作业。

极坐标放样方法

如图 10-5 所示,选取某控制点 O 为极点(测站点),其坐标为 $O(x_0,y_0)$,与另一已知点 A 的连线构成的起始方向为极轴(零方向线),起始方位角为 α_{OA},欲放样某点 $P(x_P,y_P)$,则极坐标法测量的实质就是确定 **OP** 的矢量大小,即

$$D_{OP}=|\boldsymbol{OP}|=\sqrt{(x_P-x_0)^2+(y_P-y_0)^2} \tag{10-2}$$

$$\begin{cases} \alpha_{OP}=\arctan\dfrac{y_P-y_0}{x_P-x_0} \\[2ex] \alpha_{OA}=\arctan\dfrac{y_A-y_0}{x_A-x_0} \end{cases} \tag{10-3}$$

则放样角为

$$\beta=\alpha_{OP}-\alpha_{OA}(+360°)$$

若 $\beta<0°$,则计算值需加上 360°。

测设时,在点 O 安置经纬仪,正镜(盘左)以 $0°0'0''$ 瞄准点 A,顺时针转动 β 角,在 OP 方向上量取水平距离 D_{OP},定出点 P,倒镜(盘右)按同法再定点 P,若两点不重合,取其平均点位即可。

这种方法需要两个已知点 O、A 互相通视,如果采用全站仪实施,放样更方便。

2. 直角坐标法

在建筑场地上布设好的大型建筑方格控制网,方格顶点的建筑坐标均已知。如图 10-6 所示,xO_1y 坐标系为以建筑主轴线为准设定的相对坐标系,若放样点 P 的设计坐标为 $P(x_P,y_P)$,选择离点 P 最近的方格顶点 $O(x_0,y_0)$ 进行放样,放样前先求出放样元素 δ_x、δ_y:

$$\begin{cases} \delta_x=x_P-x_0 \\ \delta_y=y_P-y_0 \end{cases} \tag{10-4}$$

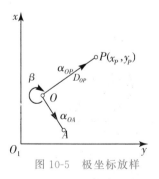

图 10-5　极坐标放样

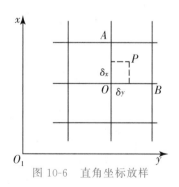

图 10-6　直角坐标放样

测设时,在点 O 安置经纬仪,A、B 为建筑方格顶点上的两个已知点,瞄准点 A(或点 B),沿视线 OA(或 OB)方向丈量纵距 δ_x(或横距 δ_y),定出点 C,将仪器移至点 C,安置仪器

后瞄准点 A（或点 B）或通过点 O 且距离较远的点，正、倒镜测设 $90°$ 角，沿直角的平均方向丈量横距 δ_y（或纵距 δ_x），即得点 P 在场地的平面位置。

本方法使用简单，仪器要求不高，但须地势平坦、便于量距，适应于大型建筑场地施工放样。对于使用 GPS 设备放样，直角坐标法是 GPS-RTK 最常使用的方法，具体介绍见 10.6 节。

3. 角度（方向线）交会法

角度交会法适于大型工程，尤其是桥梁工程中桥墩中心的放样。

如图 10-7 所示，在已知控制点 A、B 上，用经纬仪分别放样由计算得到的 α、β 所对应的方向线 AP、BP，两条方向线的交会处即为欲放样桥墩中心点 P。设点 P 设计坐标为 (x_P, y_P)，已知点 A、B 坐标分别为 (x_A, y_A)、(x_B, y_B)。

α、β 按下式计算，并根据放样精度的需要取最小单位：

$$\begin{cases} \alpha = \arctan \dfrac{y_B - y_A}{x_B - x_A} - \arctan \dfrac{y_P - y_A}{x_P - x_A} (\pm 360°) \\[3mm] \beta = \arctan \dfrac{y_P - y_B}{x_P - x_B} - \arctan \dfrac{y_A - y_B}{x_A - x_B} (\pm 360°) \end{cases} \tag{10-5}$$

放样时，分别在 A、B 两点架设经纬仪，盘左时 A、B 两点经纬仪互相瞄准，并各配置水平度盘读数为 $0°00'00''$，在点 A 顺时针拨 $360° - \alpha$，在点 B 顺时针拨 β，两个视线交会处即为放样点 P 的实际位置。

另外更直接地，也可按方向线交会法放样。如图 10-7 所示，设 AP、BP 两边的方位角分别为 l_1、l_2。已知边 AB 方向角为 l_0，在 A、B 点经纬仪分别配置 AB 方位角 (l_0) 或 BA 方位角 $(l_0 \pm 180°)$，当水平度盘显示 l_1、l_2 时，就可获得点 P 的位置。

角度交会法要注意精度选取的方向性，这与交会角 γ 大小有关。如图 10-8 所示，测角误差椭圆显示的是交会角 γ 变化对 m_x、m_y 的影响。当 $\gamma < 30°$ 时，垂直于已知测站基线方向的误差 m_x 急剧增大；而当 $\gamma > 150°$ 时，则 m_y 急剧增大；$\gamma = 90°$ 时，精度分布在半径为 $r = \sqrt{m_x^2 + m_y^2}$ 的圆上时，交会精度是均匀的。可以看出 γ 必须在一定的限度内，方能保证所需方向的定位精度。

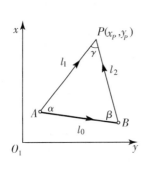

图 10-7　角度（方向线）交会放样

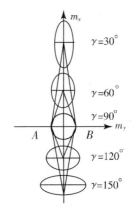

图 10-8　角度交会误差椭圆

4. 距离交会法

距离交会法适于建筑场地平整,量距短且无障碍的情况(最好在一个整尺段内)。如某层楼面混凝土刚保养完,建筑材料还没有吊上堆位的时候。

如图 10-9 所示,设放样点 P 的设计坐标为 (x_P,y_P),场地已做好的轴线控制点 A、B 坐标分别为 (x_A,y_A)、(x_B,y_B)。

利用下式可以计算点 P 的放样参数 (D_1,D_2):

$$\begin{cases} D_1=\sqrt{(x_P-x_A)^2+(y_P-y_A)^2} \\ D_2=\sqrt{(x_P-x_B)^2+(y_P-y_B)^2} \end{cases} \tag{10-6}$$

式中,D_1、D_2 为轴线控制点上两已知点至放样点的水平距离。

放样时,分别以点 A、点 B 为圆心,D_1、D_2 为半径,在点 P 估计位置附近画圆弧,两圆弧交会处即为放样点 P 的位置。

距离交会法精度也有方向性,同样与交会角 γ 大小有关。比较图 10-8 的角度交会中误差椭圆随 γ 的变化规律,距离交会中 γ 大小的变化对 m_x、m_y 影响方向正好与其相反。如图 10-10 所示,$\gamma>150°$ 时,垂直于已知测站基线方向的误差 m_x 急剧增大,而当 $\gamma<30°$ 时,m_y 急剧增大。

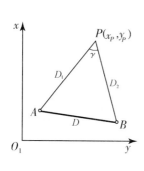

图 10-9　距离交会放样

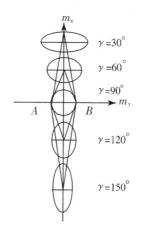

图 10-10　距离交会误差椭圆

10.3　线段坡度放样

在道路、管道、排水沟等线路中工程以及按指定坡度平整场地时,均需把根据设计坡度测设的坡度线作为施工的依据。测设方法可采用倾斜视线法,此法是使视线与设计坡度线平行,再通过视线测设出地面上坡度线的位置。

如图 10-11 所示,点 A、点 B 为设计坡度两端点,若已知点 A 设计高程为 H_A,设计坡度为 $i_{AB}=-1\%$,则可以获得点 B 的设计高程为

$$H_B=H_A+i_{AB}D_{AB}=H_A-0.01D_{AB} \tag{10-7}$$

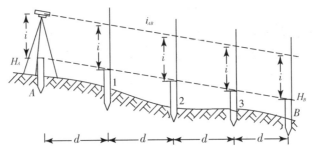

图 10-11　倾斜视线法放样坡度

从点 A 沿 AB 方向测设出一条坡度为 i_{AB} 的坡度线,测设方法可用水准仪(地面坡度大,也可用经纬仪)设置倾斜视线,另外为施工方便,每隔一定距离 d 打一木桩,步骤如下:

(1)将坡度线两端点 A、B 的设计高程测设到地面,并打木桩。用高程测设方法测设出点 B。

(2)在点 A 安置水准仪并量仪器高 i,安置时使一个脚螺旋在 AB 方向上,另两个脚螺旋的连线大致垂直于 AB 方向。

(3)瞄准点 B 上的水准尺,旋转 AB 方向上的脚螺旋和微倾螺旋,使视线倾斜至水准尺读数为仪器高 i 为止,此时,仪器视线与设计坡度已平行。

在中间各桩点 1、2、3 处打木桩,保证在桩顶上所立水准尺的读数均等于仪器高 i,则各桩顶的连线就是测设在地面上的设计坡度线。

若各桩顶上所立水准尺实际读数为 b_i,则各桩的填挖尺数 Δ 为

$$\Delta = i - b_i \qquad\qquad (10\text{-}8)$$

当 $\Delta = 0$ 时,桩位附近不填不挖;当 $\Delta > 0$ 时,桩位附近挖,反之为填。

当设计坡度较大,超出水准仪脚螺旋的最大调节范围时,应使用经纬仪进行测设。

10.4　圆曲线放样

圆曲线又称单曲线,由半径 R 一定的圆弧构成。线路设置圆曲线的目的是保证车辆转弯时的运行安全,圆曲线测设分两步进行:即主点(起、中、终点)测设和细部测设。

10.4.1　圆曲线主点测设

1.圆曲线要素及计算

如图 10-12 所示,JD 为道路中线 L_1、L_2 的交点(拐点),两中线夹角 α 称为转向角,转向角有左转和右转之分,本例中为左转。为保证车辆从 L_1 平稳过渡到 L_2,在其间适当插入一段半径为 R,长为 L 的圆弧,该圆弧与两中线相切,切点分别是 ZY(直圆)、YZ(圆直),圆弧中点为 QZ(取中),ZY、YZ、QZ 称圆曲线三主点。图中 T 为曲线切线长,JD 到 QZ

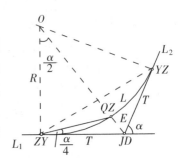

图 10-12　圆曲线主点及要素

的距离 E 称外矢距,q 为切曲差。L、T、E、q 称圆曲线四要素。

根据几何关系,可以推出圆曲线四要素计算公式为

$$
\begin{cases}
T = R\tan\dfrac{\alpha}{2} \\[2mm]
L = R\alpha\,\dfrac{\pi}{180} \\[2mm]
E = R\left(\sec\dfrac{\alpha}{2} - 1\right) \\[2mm]
q = 2T - L
\end{cases}
\tag{10-9}
$$

2. 主点里程计算

在线路测量中,沿线路中线自起点开始测量距离,每隔一定距离(如 20 m)测设一点,钉立木桩,桩上注明里程。这些桩称整桩,里程桩编号为 $0+020$,$0+040$ 等,这里"＋"表示以公里为单位的小数;而在地面坡度变化较大或沿线有重要地物的地方增钉加桩,里程桩编号为 $1+026.7$ 等,整桩和加桩均称里程桩。圆曲线主点里程桩推算公式为

$$
\begin{cases}
ZY = JD - T \\[2mm]
YZ = ZY + L \\[2mm]
QZ = YZ - \dfrac{L}{2}
\end{cases}
\tag{10-10}
$$

检核

$$
JD = YZ - T + q
$$

这里圆曲线主点为起点(ZY)、终点(YZ)、中点(QZ),JD 为曲线交点。

3. 主点测设

如图 10-13 所示,$\angle\overline{YZZYJD} = \dfrac{\alpha}{2}$,$\angle\overline{QZZYJD} = \dfrac{\alpha}{4}$。

一般测设步骤是在 JD 架设经纬仪,后视瞄准中线方向(ZY 延长线),在此方向量出 T,打桩定出点 ZY;经纬仪水平度盘顺拨 $180° - \alpha$,在此方向上量取 T,打桩定出点 YZ;再反拨 $90° - \dfrac{\alpha}{2}$,在此方向上量取 E,打桩,即得点 QZ。至此,三个主点都已确定。

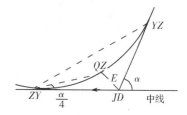

图 10-13　曲线主点测设

10.4.2　圆曲线细部测设

圆曲线细部测设的方法很多,下面介绍两种常见方法。

1. 偏角法

偏角法为极坐标定点法,极点 ZY,极轴为 $\overline{ZYJD}$,如图 10-14 所示。

取一定弧长间隔 l(对应圆心角 φ)放样,则

$$
\delta = \frac{\varphi}{2} = \frac{l}{2R}\frac{180}{\pi}
\tag{10-11}
$$

对于放样细部第一点,由于里程桩凑整原因,设点 ZY 到第一个整桩距离为 l_A,$\delta_A = \dfrac{l_A}{2R}\dfrac{180}{\pi}$,因此各点偏角计算公式为

$$\delta_i = \delta_A + (i-1)\delta \qquad (10\text{-}12)$$

而由点 ZY 至各放样点水平距离为

$$d_i = 2R\sin\delta_i \qquad (10\text{-}13)$$

如弦弧差 Δ_i 较小,可近似用弧长代替弦长:

$$\Delta_i = l_i - d_i = \frac{l_i^3}{24R^2}$$

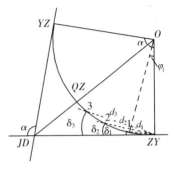

图 10-14 偏角法测设圆曲线

测设程序如下:

(1)计算测设数据

按式(10-11)及式(10-12)计算各点 δ_i、d_i,并进行列表,实例见例 10-1。

(2)点位测设

在点 ZY 处分别正拨 δ_i,并依次量 d_i,测设到 QZ 处;再把仪器搬至点 YZ 处,反拨角,用同样方法放出另一半弧长。

如按拨角配合分段弦线交出点位,可在一个测站如点 ZY 上一次完成。

(3)检查

曲线测至终点的闭合差限差:纵向(切线方向)为 $\pm l/1\,000$ cm(l 为曲线长),横向(法线方向)为 ± 10 cm。

【例 10-1】 某道路工程中线交点 J_5 的里程桩编号为 2+247.80,其转角 $I_5 = 80°36'$,圆曲线设计半径 $R=50$ m,试用偏角法测设该曲线(细部点整桩间隔 10 m)。

解 ①先求曲线四要素

$$T = R\tan\frac{I_5}{2} = 42.4 \text{ m}$$

$$L = RI_5\frac{\pi}{180} = 70.34 \text{ m}$$

$$E = R\left(\sec\frac{I_5}{2} - 1\right) = 15.56 \text{ m}$$

$$q = 2T - L = 14.46 \text{ m}$$

②推算主点里程

JD	2+247.80		检核	
$- T$	42.4			
ZY	2+205.40		YZ	2+275.74
$+ L$	70.34		$- T$	42.4
YZ	2+275.74		$+ q$	14.46
$- \dfrac{L}{2}$	35.17		JD	2+247.80
QZ	2+240.57			

③按式(10-12)、式(10-13)推算各细部点放样数据,注意凑整问题,即起点 ZY 里程 2+

205.40,第一个细部点里程应是 2+210,则 $l_A=4.6$ m。表 10-1 列出了半个圆弧(到 QZ)的放样数据(另一半也可仿此从 YZ 起反拨放出,但要注意里程安排,表略)

表 10-1　　　　　　　　圆曲线细部测设表

桩号	里程	偏角			d/m	备注
		(°)	(′)	(″)		
ZY	2+205.40	0	0	0	0	
	+210	2	38	08	4.60	
	+220	8	21	55	14.55	
	+230	14	05	41	24.31	
	+240	19	49	28	33.91	
QZ	+240.57	20	09	03	34.55	检核点
	⋮					

2. 直角坐标法

如图 10-15 所示,以 ZY 为坐标原点,建立测量坐标系,JD 方向为 x 轴,圆心方向为 y 轴,则曲线上任一点 i 的坐标为

$$\begin{cases} x_i=R\sin\varphi_i \\ y_i=R(1-\cos\varphi_i) \end{cases} \quad (10\text{-}14)$$

$$\varphi_i=\frac{l_i}{R}\frac{180°}{\pi}$$

列表计算,l_i 为 ZY 到放样点弧长。

如以 $\varphi_i=\dfrac{l_i}{R}$ 代入式(10-14),并按级数展开得

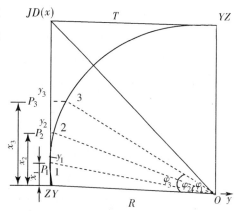

图 10-15　直角坐标法测设圆曲线

圆曲线参数方程(参数变量为 l_i)为

$$\begin{cases} x_i=l_i-\dfrac{l_i^3}{6R^2}+\dfrac{l_i^5}{120R^4}\ (\approx l_i,\text{当}\ R\gg l_i) \\ y_i=\dfrac{l_i^2}{2R}-\dfrac{l_i^4}{24R^2}+\dfrac{l_i^6}{720R^5}\left(\approx\dfrac{l_i^2}{2R},\text{当}\ R\gg l_i\right) \end{cases} \quad (10\text{-}15)$$

施测步骤如下:

(1)沿 JD 方向用钢尺量 x_i 得 P_i;

(2)用方向架或经纬仪在点 P_i 处定出 x_i 的垂直方向,并沿此方向量 y_i;

(3)检核 QZ 至最近桩距离,误差在限差之内方合格。

一般用此法放样要从 ZY、YZ 两方向向 QZ 施测。此法适于平坦地区,可不用仪器,而且测点误差不累积。

【例 10-2】　已知条件同例 10-1,取偏角法放样圆曲线数据,试采用直角坐标法放样圆曲线。

解　按公式(10-14)计算,获得的部分放样圆曲线数据见表 10-2。

表 10-2   直角坐标法放样圆曲线数据

辅点编号	l_i/m	$\varphi_i = \dfrac{180}{\pi R} l_i /(°)$	x_i/m	y_i/m
1	10	11.459 2	9.93	1.00
2	20	22.918 3	19.47	3.95
3	30	34.377 5	28.23	8.73

10.5　全站仪放样简介

10.5.1　概　述

随着全站仪和建筑 CAD 软件的普及,坐标法放样已成为点平面位置测设的主要方法。在 AutoCAD 中打开 dwg 格式的基础平面设计图,在图中采集需要测设的点位平面,并生成一定格式的坐标数据文件,上传到全站仪内存文件中,应用全站仪的坐标放样功能测设坐标数据文件中的点位。

全站仪一般使用单盘(盘左)位测设点位(尤其是带双轴补偿装置的),精度较高。如在场区控制点上安置全站仪,测站至测设点位的距离若控制在 120 m 以内,使用 5″级全站仪测设点位的误差将小于 6 mm,测距相对误差小于 1/20 000;若使用 2″级全站仪测设点位,误差将小于 4 mm,测距相对误差小于 1/35 000。因此平

图 10-16　用激光导引全站仪现场获取测设点位坐标

面位置的测设精度完全可以满足相应施工测量规范要求。图 10-16 是用激光导引全站仪现场获取测设点位坐标的情景。

10.5.2　全站仪放样实施

如同第 5 章全站仪坐标测量过程所介绍的一样,全站仪放样实施也是以苏一光 RTS112 全站仪为例。RTS112 放样模式有两个功能,即测定放样点和利用内存中的已知坐标数据设置测站点。若放样点坐标数据未被存入内存,可从键盘输入坐标,也可通过计算机建立放样文件并从传输电缆装入仪器内存。

坐标数据文件建立的有关内容参见第 5 章,RTS112 能够将坐标数据存入内存,内存划分为测量的坐标数据和供放样用的已知坐标数据。

放样过程中,一般有以下几个步骤:

1. 选择放样坐标数据文件

运行放样模式首先要选择一个坐标数据文件,也可以将新点测量数据存入所选定的坐

标数据文件中,文件还包括测站点坐标数据及后视点坐标数据的等信息。在此模式下仅仪器现有的坐标数据文件可以被选定,若要创建一个新文件,可参见 5.3 节有关内容。

当放样模式已运行时,也可以按同样方法选择文件,见表 10-3。

表 10-3   选择放样文件

操作过程	操作	显示
①由主菜单 1/3 按 [F2] (放样)键	[F2]	菜单 1/3 F1:数据采集 F2:放样 F3:存储管理 P1↓ 选择坐标文件 FN:DATA3 输入 调用 跳过 确认
②如按 [F3](跳过)键, 仅输入测站点、后视点、放样点三点坐标即可	[F3]	放样 1/2 F1:测站设置 F2:后视点设置 F3:放样 P↓
③如按 [F2](调用)键, 按[▲]键或[▼]键可使文件表向上或向下滚动,选择一个坐标文件	[▲]或[▼]	DATA /C0228 DATA2 /C0080 ＞DATA3 /C0085 第一 最后 查找 确认

2.设置测站点

设置测站点的方法有两种。

(1)利用内存中的已知坐标数据文件设置(表 10-4)

表 10-4   利用内存中的已知坐标数据文件设置测站点

操作过程	操作	显示
①由放样菜单 1/2 按 [F1](输入测站点)键, 即显示原有数据	[F1]	测站点 点号：_____ 输入 调用 坐标 确认
②按 [F1](输入)键	[F1]	测站点 点号＝1001 回退 空格 数字 确认

（续表）

操作过程	操作	显示
③输入点号,按 F4 (确认)键	输入点号 F4	仪器高输入 仪高＝1.500 m …　… 清空 确认
④按同样方法输入仪器高,显示屏返回到放样单 1/2	F1 输入仪器高 F4	放样　　　　　　1/2 F1:测站设置 F2:后视点设置 F3:放样　　　　　P↓

（2）直接键入测站点坐标（表 10-5）

表 10-5　　　　　　　　直接键入测站点坐标

操作过程	操作	显示
①由放样菜单 1/2 按 F1 (输入测站点)键,即显示原有数据	F1	测站点 点号： 输入 调用 坐标 确认
②按 F3 (坐标)键依次输入 N、E、Z 后确认	F3	N：　　　　1 000.000　m E：　　　　2 000.000　m Z：　　　　　 10.000　m 输入 …　 点号 确认
③按同样方法输入仪器高,确认后显示屏返回到放样菜单 1/2	F1 输入仪器高 F4	仪器高输入 仪高＝1.500 m …　… 清空 确认

3. 设置后视点及确定后视方位角

有以下三种后视点设置方法可供选用。

（1）利用内存中的已知坐标数据文件设置后视点（利用内存中的已知坐标数据输入后视点坐标,表 10-6）。

表 10-6　　　　　利用内存中的已知坐标数据文件设置后视点

操作过程	操作	显示
①由放样菜单按 F2 (后视)键	F2	后视 点号： 输入 调用　NE/AZ　确认

（续表）

操作过程	操作	显示
②按 F1（输入）键	F1	后视 点号：1002 字母　SPC　清空　确认
③输入点号，照准后视后，按 F4（确认）键	输入点号 F4	方位角设置 HR　　45°00′00″ ＞照准？ 检测　　是　　否
④照准后视点，按 F3（是）键，显示屏返回到放样菜单 1/2，如果要保留后视点信息，按 F2 键检测	照准后视点 F3	放样　　　　　1/2 F1：测站设置 F2：后视点设置 F3：放样　　　　P↓

（2）直接键入设置后视方位角（表 10-7）

表 10-7　　　　　直接键入设置后视点坐标方位角

操作过程	操作	显示
①由放样菜单按 F2（后视）键	F2	后视 点号： 输入　列表　NE/AZ　确认
②按 F3 键后，再按 F3 键	F3	后视 HR＝45°00′000″ …　　…　　清空　确认
③按 F1 键输入后视方位角，照准后视后，按 F4（确认）键	输入角度 F1	方位角设置 HR　　45°00′00″ ＞照准？ 检测　　是　　否
④按 F3 键后返回放样主菜单 1/2。如果要保留后视点信息，按 F2 键检测保存	照准后视点 F3	放样　　　　　1/2 F1：测站设置 F2：后视点设置 F3：放样　　　　P↓

（3）直接键入后视点坐标（表 10-8）

表 10-8   直接键入后视点坐标

操作过程	操作	显示
① 由放样菜单 1/2 按 F2（后视）键，即显示原有数据	F2	后视 点号： 输入　列表　NE/AZ　确认
② 按 F3（NE/AZ）键	F3	N—>　　　　　　　　m E：　　　　　　　　m 输入 …　　　角度　确认
③ 按 F1（输入）键，输入坐标，按 F4（确认）键	F1 输入坐标 F4	N：　　　　　　1 500.000 m E=2 500 m … …　　　清空　确认
④ 照准后视点，按 F3（确认）键，显示屏返回到放样菜单 1/2	照准后视点	方位角设置 HR　　45°00′00″ ＞照准？ 检测　　是　　否

4. 输入所需的放样坐标后开始放样

实施放样有两种方法可供选择。

（1）通过点号调用内存中各点的坐标（表 10-9）

表 10-9   调用内存中各点的坐标

操作过程	操作	显示
① 由放样菜单 1/2 按 F3（放样）键，F1（输入）键，输入放样点号，确认	F3	放样 点号： 输入　调用　坐标　　确认 放样 点号=1004 数字　SPC　清空　　确认
② 输入放样点镜高，按 F4（确认）键 如果仅坐标放样，此处可忽略	F1 输入点号 F4	镜高输入 镜高：　　　　　1.000m … …　　清空　　确认

（续表）

操作过程	操作	显示
③显示屏出现放样元素的计算结果 HR:放样点的水平角计算值 HD:仪器到放样点的水平距离计算值	[F1] 输入镜高 [F4]	计算 HR:　　　　　12°29′52″ HD＝45.777　m 角度　距离　…　…
④照准棱镜,按[F1]（角度）键 HR:实测的水平角度（方向） dHR:对准放样点仪器,应转动的水平角＝实际水平角－放样的水平角。指挥棱镜移动。当 $dHR=0°00′00″$ 时,即表明放样方向正确,固定水平方向	[F1]	点号 HR　　　　　　12°29′52″ dHR　　　　　　4°12′18″ 距离　…　坐标　…
⑤照准棱镜,再按[F1]键 dHD:放样点到仪器实际水平距离－放样的水平距离 dHZ:放样点到仪器实际高程－放样高程	照准 [F1]	dHR:　　　　　0°00′00″ dHD:　　　　　－0.112 dZ:　　　　　　0.152 测距　模式　角度　下点
⑥指挥棱镜沿固定方向移动,当显示值 dHD（或 dZ）均小于放样误差允许值时,则放样点的测设已经完成		dHR:　　　　　0°0′0″ dHD:　　　　　0.000 dZ:　　　　　　0.000 测距　角度　坐标　下点

（2）直接键入坐标（表 10-10）

放样点的坐标可直接由键盘输入,并可存入内存中的一个文件内。

表 10-10　　　　　　　　　　　　直接键入坐标值

操作过程	操作	显示
①由主菜单按[F3]键进入放样界面	[F3]	存放样　　　　　　　　1/2 F1:测站设置 F2:后视点设置 F3:放样　　　　　　　P↓
②按[F3]键进入放样点坐标输入	[F3]	N:　　　　　　0.000　m E:　　　　　　0.000　m Z:　　　　　　0.000　m …　　…　　角度　确认

（续表）

操作过程	操作	显示
③依次输入坐标及镜高,按 F4键确认	F4	N: 1 200.000 m E: 2 600.000 m Z= 10.000 m … … 清空 确认
④显示屏出现放样元素的计算结果 HR:放样点的水平角计算值 HD:仪器到放样点的水平距离计算值		计算值 HR: 12°29′52″ HD=45.777 m 角度 距离 … …
⑤对准棱镜,先按F1键,得到 dHR,指挥棱镜移动,直到 $dHR=0°00′00″$ 时,即表明放样方向正确。固定水平方向	F1 输入点号 F4	点号 HR 12°29′52″
⑥放样实施中		dHR 4°12′18″ 距离 … 坐标 …
⑦照准棱镜,再按F1键 dHD:放样点到仪器实际水平距离－放样的水平距离 dHZ:放样点到仪器实际高程－放样高程 指挥棱镜沿固定方向移动,当显示值 dHD(或 dZ)均小于放样误差允许值时,则放样点的测设已经完成	F1 输入坐标 F4	HR: 0°00′00″ dHD: 0.000 dZ: 0.000 测距 角度 坐标 下点
⑧按F3键显示放样点坐标	F3	N: 1 200.000 m E: 2 600.000 m Z: 10.000 m 模式 角度 … 下点

选择放样工作模式,采用平距(HD)、方向(HR)中的任意一种放样模式时,要注意以下两点:

（1）测量距离－放样距离＝显示值(dHD),该功能显示出测量的距离与输入的放样距离之差。若 dHD 大于零,棱镜应往测站方向移动调整。

（2）测站与立镜点方位角－测站与放样点方位角＝显示值（dHR），该功能显示出测站与立镜点方位角和输入的测站与放样点方位角之差。若 dHR 大于零，则仪器应顺时针旋转调整到使 dHR＝0 的方向。

为简便操作程序，可以不选择坐标数据文件直接放样，但将无法调用坐标和存放测量的新点坐标。

10.6　GPS-RTK 放样简介

传统的放样，往往需要 2～3 人操作，来回移动寻找目标，同时在放样过程中还要求点间通视良好，在应用上效率不高。如果采用 GPS-RTK 技术放样，则仅需把设计好的点位坐标输入到 GPS 控制器中。GPS 接收机会引导操作人员走到要放样点的位置，既迅速又方便。由于 GPS 是通过坐标来直接放样的，而且精度很高，也很均匀，因此，在外业放样中效率会大大提高，且只需一个人操作放样即可。

同第 5 章 GPS 坐标测量一样，下面仍以 A30 GPS 的 RTK 放样作业为例说明。

1. 基准站设置

首先启动基准站，打开测量控制器 FOIF Survey 界面，并通过蓝牙与基准站建立联系。根据菜单提示，定义好作业参数，如坐标系统、比例因子、坐标显示方式（如网格、经纬度）等。

把已知基准站控制点坐标及放样点的设计坐标等要素输入到控制器中，启动基准站，并输入相关信息。基准站启动完成后，设置好流动站，包括作业模式、差分格式。

2. 流动站放样

在流动站上先完成仪器初始化，也就是进行整周模糊度的固定工作。当初始化完成后，控制器提示，"固定"时，可以进行 RTK 放样。

放样前，应先进行放样的点、线数据的输入或定义。

借助 FOIF Survey RTK，可以实现的放样功能有：放点，放线，DTM 放样，道路放样等。点放样分为常规点放样和分类器放样。如图 10-17 示，在 点放样 下选择需要的模式进行。

图 10-17 为放样点模式，选择"键入单一点名称"，即放样点的进入方式后，按事先定义或需要来选择，回车确认。进入图 10-18 的界面，即进入放样导航模式。整个导航界面有图形显示和文本显示，用导航到点来指导放样点位的现场寻找。除了右侧的数字提示外，还有左边的图形提示，如果测杆离放样点很远，会有箭头提示方向，当测杆离放样点很近时，会出现牛眼和十字线，当十字线落入牛眼中时，放样点即确定（图 10-19）。

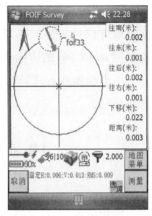

图 10-17　放样点模式　　　　图 10-18　放样导航模式　　　　图 10-19　放样点确定

线放样有直线放样和直线库放样。若放样直线,首先进入手薄 FOIF Survey 根目录下 键入 中"直线"命令,建立如图 10-20 所示的 Line001 号直线。直线建立方式可以采用两点式,也可以采用一点加一个方向等。建立好直线后,在根目录下 测量 菜单中"放样"命令下选择"直线"后,调入直线文件,即进入图 10-21 界面。此时,放样时就会提醒测杆偏离(offset)放样道路多远,因此此种模式就实现了已知直线上的任意桩位放样。放样偏离设定直线的任意桩号,向右偏为正,左偏为负,垂直方向类似。

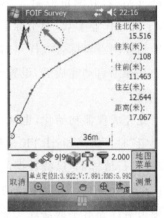

图 10-20　放样线路建立　　　　　　　图 10-21　实时线路放样

当放样偏差满足限差要求时,就可以在地面标定中线点。

3. 基于视觉 RTK 放样

周围特征不明显或环境复杂时,现场放样找点通常是费时费力的工作,会出现定点难、复杂环境 RTK 不固定、放样点位置够不到等问题,需要工作人员有丰富的经验才能解决。而如今影像 RTK 技术的推出,使得放样工作变得简单轻松。

视觉 RTK 是一款长"眼睛"的 RTK,在每一台视觉 RTK 的机头下方,都有一颗不惧弱光环境的高清摄像头。依靠这只"眼睛",视觉 RTK 能够实现高动态的实景影像和辅助虚拟影像融合,在 RTK 手簿上显示直观明了的第一视角实景放样指引。如此一来,放样更具"沉浸感",找点跟着"导航"走,对工作人员手感和经验的依赖便大大降低。

完成 RTK 初始化后,选择待放样点,单击屏幕右侧【视觉】图标,然后按照右侧界面显示的实景方向和位置进行放样即可。如图 10-22 所示。

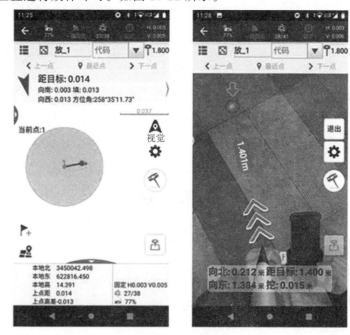

图 10-22　视觉 RTK 放样

习　题

10-1　施工放样的基本内容有哪几项?

10-2　简述已知水平角精密测设的方法与步骤(包括计算公式)。

10-3　利用高程为 7.531 m 的水准点,测设高程为 7.831 m 的室内地坪±0 标高。设尺立在水准点上时,按水准仪的水平视线在尺上画了一条线,问在该尺上的什么地方再画一条线,才能使视线对准此线时,尺子底部恰好在±0 高程的位置。

10-4　简述直角坐标法测设一点平面位置的方法与步骤(包括计算公式)。

10-5　已知点 P 坐标为(1 300.00,1 300.00),测站点 A 坐标为(1 332.503,1 228.543),后视方向方位角 $\alpha_{BA}=289°42'10''$,试按极坐标放样法求算点 P 放样数据并简述放样步骤。

10-6　简述用水准仪法进行坡度测设的方法。

10-7　圆曲线主点里程如何推算,放样步骤是什么?

10-8　已知路线 JD 里程为 1+120.5,其转角 $\alpha=39°15'$,选定曲线半径 $R=220$ m,试计算用偏角法测设圆曲线主点及细部点的放样数据(曲线上每隔 20 m 定一点,到一半圆弧即可)。

10-9　简述直角坐标法放样圆曲线细部的步骤。

10-10　设放样点为 P,测站点为 A,后视点为 B,简述用 RTS-112 放样点 P 的仪器操作过程。

10-11　结合 A30 GPS,描述用 RTK 技术放样一个点的主要操作要领。

第11章

工程施工测量

11.1　概　述

11.1.1　施工测量的内容

施工测量是指在建筑工程的勘测设计、施工、竣工验收、运营管理等阶段所进行的各种测量工作的总称,其主要任务可概括为:

(1)施工控制测量

施工控制测量即根据勘测设计部门提供的测量控制点,在整个建筑场区建立统一的施工控制网,作为后续建筑物定位放样的依据。

(2)施工放样

施工放样是指将设计建筑物的平面位置和高程标定在实地的测量工作。为后续的工程施工和设备安装提供诸如方向、标高、平面位置等各种施工标志,确保按图施工。

(3)竣工测量

在各项、各分项、各分部工程施工之后,进行竣工验收测量,检查施工是否符合设计要求,以便随时纠正和修改。成果存档,并作为日后维护、改造的依据。

(4)变形测量

对一些大型的重要建筑物进行沉降、倾斜等变形测量,以确保它们在施工和使用期间的安全。

另外,在施工期间尤其是基坑开挖期间,还需要测绘大比例尺方格地形图,为工程的土方估算、景观设计等提供必要的图纸资料。

11.1.2　施工测量的原则

为确保施工质量,使建筑物平面位置和高程放样位置均符合设计要求,施工测量中也要遵循"从整体到局部,先控制后细部;前一步未做检核,不能进行下一步工作"的原则。即先在施工现场建立统一的平面及高程控制网,然后再依据已建立的控制网去测设建筑物的平面位置和高程位置。

11.1.3 施工测量的特点

（1）施工测量的成果应体现设计的意图，满足施工的需要，并达到工程质量的要求。

（2）施工测量贯穿于施工全过程，因此测量工作应配合施工进度要求。

（3）施工现场工种多样，交通频繁，大量的填挖使现场地面变动较大，故对测量标志的埋设、保护与检查提出了严格要求，保证测量点位有损坏与丢失时能及时恢复。

11.1.4 施工测量的准备工作

1. 了解设计意图，熟悉校核图纸

对于建筑工程测量，首先要了解建筑总体布局、建筑定位依据和建筑定位条件。其中定位依据一般有两种：一是依据城市规划部门指定的建筑红线；二是依据原有的地面建筑物或构筑物的相对位置。

另外要校核图纸尺寸，检查建筑柱列轴线等结构部件尺寸是否有矛盾的地方，对一些特殊要求，包括预埋件、预留孔等位置和精度，要加注说明。

熟悉校核图纸不应仅在室内进行，还应到施工现场勘察环境，并确定观测方法和测量仪器。

2. 仪器准备

根据现场条件和测量方法，选择好测量仪器，包括经纬仪、水准仪、全站仪及 GPS 等，并保证仪器设备工作正常，经过了相关指标检验。根据条件，最好利用选定的测量仪器对给定的施工控制点进行必要的检核。

如对于城区建筑施工，由于建筑红线桩是由规划部门给定的，而红线桩经常作为建筑物平面位置定位的依据，因此，使用选定的仪器对给定的建筑红线桩位进行复核是必需的。

3. 观测计划的制订

从实际情况出发，选择好平面控制点和高程控制点的位置，充分估计其在整个建筑施工中使用的方便性和安全性，观测方法要根据测量对象和内容而定。尤其对高层建筑的竖向控制方案，在层高逐渐升高后，竖向控制方法应有周密安排。

11.2 施工控制测量

11.2.1 施工控制测量网的布设形式

在建筑施工中，勘测阶段建立的控制网一般是为测图服务的，无论是精度还是控制点位置分布都不能满足施工测量需要。因此，施工前必须建立施工控制测量网。施工控制测量网包括平面控制网和高程控制网，它们是后续施工测量各项目实施的基础。

1. 平面控制网布设

施工平面控制网的布设形式，应根据建筑物的总体布置、建筑场地的大小以及建筑场地周围地形条件等因素来确定，主要布设形式有：

（1）建筑基线

这是建筑施工中最常采用的方式，适用于建筑场地狭小，平面布置相对简单时的布设。建筑基线应平行或垂直于主要建筑物的轴线，长的一条基线尽可能布设在场地中央。根据建筑物的分布和现场地形状况，建筑基线可布设成（三点）直线形、（三点）直角形、（四点）丁字形、（五点）十字形等几种形式（图 11-1）。

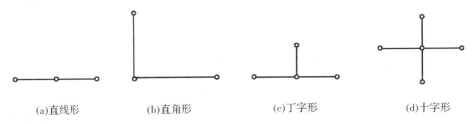

(a)直线形   (b)直角形   (c)丁字形   (d)十字形

图 11-1 建筑基线的布设形式

在不受施工影响的条件下，建筑基线应尽量靠近主要建筑物，相邻基线点之间应通视良好；为了便于检查点位是否有变动，基线点应不少于 3 个；纵横基线应相互垂直。如果需要，还可在上述图形的基础上加设几条与之相连接的纵横短基线，组成多点阶梯形基线组。

一般建筑基线的测设是利用周围场地附近已有施工控制点，通过坐标反算求出放样参数，按极坐标法施测，也可直接按直角坐标法定位。

（2）建筑方格网

工业和民用建筑的总平面图布置，要求建筑坐标的坐标轴与建筑物的轴线平行。因此，建筑方格网应首先根据设计总图上各建筑物、构筑物以及各种管线的位置，结合现场的地形情况，选定方格网的主轴线，如图 11-2 中的 EF 与 CD，然后再布置其他的方格网点。主轴线应尽量布设在建筑区的中央，并与主要建筑物的轴线平行，其长度应能控制整个建筑区；方格网的点、线在不受施工影响的条件下，尽量靠近建筑物；方格网各边应严格互相垂直。正方形格网的边长一般为 100～200 m，矩形格网一般为几米至几百米的整数长度。

如图 11-3 所示，当建筑方格网的建筑坐标系（平行或垂直建筑主轴线）与测量坐标系不一致时，为利用测量控制点来测设方格网主点的位置，应先将主点 P 的建筑坐标 $(A_P、B_P)$ 按式（11-1）换算成测量坐标 $(x_P，y_P)$。这是由于勘测、设计单位提供的控制点通常是基于测量坐标系的原因。

$$\begin{cases} x_P = x_0 + A_P \cos \alpha - B_P \sin \alpha \\ y_P = y_0 + A_P \sin \alpha + B_P \cos \alpha \end{cases} \tag{11-1}$$

式中，α 为 OA 边坐标分位角。

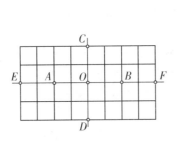

图 11-2 建筑方格网

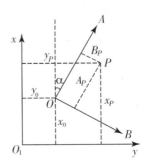

图 11-3 不同坐标系转换

2. 建筑场地高程控制网布设

建筑场地内应有足够数量的高程控制点,水准点的密度应尽量满足安置一次仪器就能测设出所需的高程点。场区水准网应按两级布设,首级按四等以上水准测量组成闭合或附合水准路线。在此基础上进行图根水准点加密,建筑方格网点或建筑基线主点也可纳入高程控制网中。此外,在整个施工期间,要注意保护,经常查看,确保高程控制点的安全稳定。

11.2.2　施工控制测量网的特点及测量方法

1. 平面控制网测量

施工平面控制网既可以单独建立,也可用原有地面测图控制网替代。但测图控制网的密度和精度有时不能满足施工测量要求,需要增补控制点,并重新对网进行高精度测量,然后再以平面控制网数据测设出主轴线,如图 11-4 所示,点 Ⅰ、Ⅱ、Ⅲ、Ⅳ、Ⅴ 为精密施工平面控制网控制点,而点 A、B、C、D、O 的坐标由设计图纸给出。利用网上控制点,采用第 10 章介绍的方法,将主轴线 A、B、C、D、O 各点测设出来,并埋设石桩或混凝土桩作为控制桩标志。

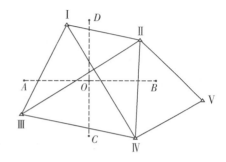

图 11-4　施工平面控制网

根据需要和条件,可以采用 GPS、全站仪、经纬仪等多种仪器按三角网、导线网等形式实施平面控制测量。观测要满足国家规范要求,一般距离丈量相对误差不超过 1/10 000,测角误差不超过 $10''$。

2. 高程控制网测量

施工放样的任务,除了通过建筑物的定位放线确定建筑物的平面位置、控制建筑物的平面形状和大小外,还要通过高程的测设来控制建筑物各个部位的标高。

为了保证整个建筑场地各部分高程的统一和精度要求,以及高程测设的便利,在开工之前需要建立施工高程控制网。对一般民用建筑物,可采用四等附合或闭合水准测量法测量其高程,其高程闭合差不得超过 $\pm 10 \sqrt{n}$（mm）;对工业建筑物,应按三等或三等以上水准测量法测量其高程,其高程闭合差不得超过 $\pm 5 \sqrt{n}$（mm）。

观测仪器可以选择水准仪,按水准测量法施测,也可以利用全站仪用三角高程法施测。

11.3　民用建筑施工测量

民用建筑是指单层、多层、高层及以上,适于住宅、休闲、工厂等使用的工程建筑物,其结构从钢结构、钢混结构到砖木结构等,形式多样,施工手段也不同。民用建筑测量基本内容包括建筑物定位、放线和抄平(水准)等,具体解释如下。

11.3.1 基本内容和方法

1. 建筑物定位及控制桩

所谓建筑物定位,就是通过测设待定位建筑物的一些特征点的平面位置,将其在地面上的平面位置确定下来。对于民用建筑,一般选定其外部轮廓轴线的交点为特征点;对于工业建筑,一般选定其柱列轴线的交点为特征点。可见,所谓建筑物的定位,实质上就是点平面位置的测设。

点平面位置的测设可通过水平距离和水平角的测设来完成。水平距离测设和水平角测设的不同组合可形成不同的点平面位置测设方法,比如角度交会法、距离交会法、极坐标法等。

如图 11-5 所示,建筑物定位时所测设的轴线交点桩(又称定位桩或角桩)J,在开挖基槽或基坑时将被破坏。为了后续施工时能方便地恢复各定位轴线的位置,通常要在各轴线延长线上的适当位置设置轴线控制桩,如 1、2、3、4 桩。设置方法如图 11-6 所示,J_1、J_2、J_3、J_4 为 4 个定位桩,安置经纬仪或全站仪于点 J_1,瞄准点 J_2,抬高望远镜,沿视线方向在轴线 J_1J_2 的延长线上适当位置(既要保证控制桩的安全稳定,又要便于安置仪器恢复各轴线的位置)设置控制桩 K_1;纵转望远镜,沿视线方向在轴线 J_2J_1 的延长线上适当位置设置控制桩 K_2;瞄准点 J_4,重复上述步骤设置轴线 J_1J_4 的控制桩。再将仪器置于点 J_3,同法设置轴线 J_3J_4 和 J_3J_2 的控制桩。

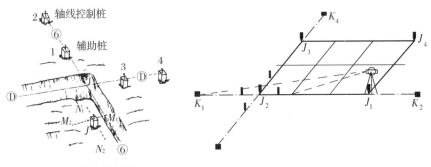

图 11-5 轴线控制桩

图 11-6 建筑物放线

值得注意的是,上述纵转望远镜设置控制桩时,为了消除仪器的误差,要盘左、盘右投测两次,取其中点作为最终位置。另外,控制桩设置完毕,在后续的施工过程中要注意保护、经常查看,确保其安全稳定。为此,最好设置双点控制桩,如图 11-5 中轴线⑥上的 1、2 桩点。

2. 建筑物放线

建筑物放线,就是根据建筑物的定位桩或控制桩将建筑物的各施工标志线(如建筑物的轴线、开挖边线等)在即将开工的施工面上标定出来。下面以基础及室内地坪施工完毕后的放线为例,介绍一般的放线方法。

如图 11-5 所示,安置经纬仪或全站仪于点 1,瞄准轴线⑥上基坑另端控制桩,降低望远镜,沿视线方向在轴线⑥上定位桩 J 的大致位置处标定两个定位点 N_1、N_2;然后将经纬仪或全站仪再安置于点 3,瞄准Ⓓ轴上基坑另端控制桩,降低望远镜,沿视线方向在轴线Ⓓ上定

位桩 J 的大致位置处标定两个定位点 M_1、M_2；最后在点 N_1、点 N_2 和点 M_1、点 M_2 之间分别拉线，其交点即为定位桩 J。同法可标定出其余基础定位桩。根据定位桩和定位轴线，按照设计轴线间距，通过水平距离的测设即可完成建筑物各细部轴线的测设；根据建筑物的轴线，按设计及施工要求即可放出其他各施工标志线。

为了满足后续施工的需要，在把轴线恢复到室内地坪面上的同时，在基础的侧面（墙或柱面）上也要投影标定出来，一般弹出竖直墨线并用红油漆在线上画竖立的三角形表示，如图 11-7 所示。

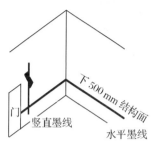
图 11-7　墙体上控制墨线

3. 建筑物抄平

建筑物抄平是在建筑物施工时，指导模板位置平整，或用于墙体施工平整度控制，一般是在每层建筑墙体四周离楼板一定距离（通常是 500 mm）墙面，借助水准仪，用墨线弹出一条水平控制线，如图 11-7 所示。

11.3.2　施工放样精度要求

施工放样是根据施工控制网进行的，其精度指标可根据测设对象的定位精度要求和施工现场面积大小，并参照有关测量规范制定。一般要求是：

（1）框架式总体位置精度（包括自动化程度高、严格对称式建筑群等）要高于一般建筑物；

（2）建筑物主轴线测设精度高于细部放样精度；

（3）建筑物细部尺寸放样精度，取决于建筑物大小、材料、性质、用途及施工方法，通常相对精度高于绝对精度。

表 11-1 列出了部分土建工程施工项目测量允许偏差。

表 11-1　　　　　　　　　　土建工程施工项目测量允许偏差（部分）

序号	项目	允许偏差/mm	序号	项目	允许偏差/mm
1	基槽（坑）底标高	±10	4	柱上±0 标高	±3
2	墙边线对轴线的位移	±10	5	吊车轨道跨距	±3～±5
3	楼面标高	±10	⋮	⋮	⋮

11.3.3　民用建筑施工各阶段放样

1. 基础施工测量

测量对象包括墙基础和柱基础。测设内容包括放样基槽开挖边线、控制基础开挖深度、测设垫层的施工高程、放样基础模板位置。

其中若只用水准尺向深基坑内标定高程是无法进行测设的，此时应借助钢尺引测。如图 11-8 所示，设地面水准点 A 的高程为 H_A，基坑内点 B 的设计高程为 H_B，现利用地面水

准点 A 来测设基坑内点 B 的设计高程,方法如下:

将检验过的钢卷尺零端点向下挂在坑边的支架上,并在下端拴一重量相当于钢尺检定时拉力的重锤;将水准尺竖立在水准点 A 上,在水准点 A 和钢尺中间安置水准仪,利用水准仪提供的水平视线读取读数 d、c;然后,将水准仪安置于基坑内读取钢尺读数 b,再以下式计算点 B 应读的前视读数 a:

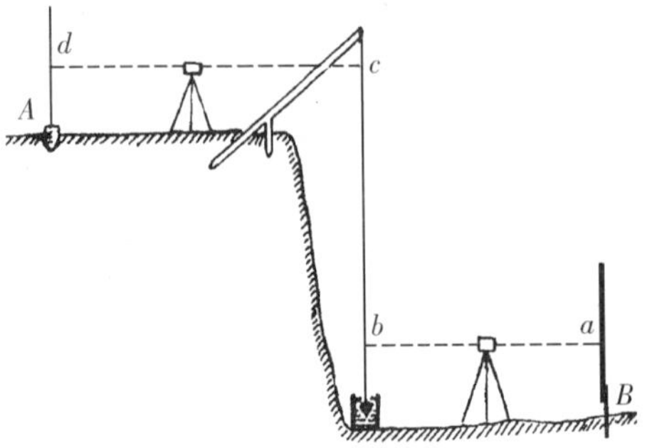

$$a = H_A - a + b - c + d - H_B \qquad (11\text{-}2)$$

图 11-8　钢尺引测

最后将水准尺紧贴点 B 木桩侧面上下移动,当尺上读数为 a 时,尺底即为设计高程,此时在紧靠尺底的木桩侧面上画一水平线即测设完毕。

对于一些大型基坑的开挖,为了便于车辆运送土石,一般在开挖的过程中留一个斜坡便道。因此,在斜坡被挖掉之前,最好利用该斜坡把水准点引测到基坑内,建立坑内水准点。之后,坑内其他标高就可以利用坑内水准点来控制,从而避免上述借助钢尺传递高程的不便。

2.基墙施工测量

基墙施工测量主要内容包括放样基槽开挖边线并用水准仪抄平,以及在槽壁面标注水平桩。

(1)基础墩测量

如图 11-9 所示,按照基础大样图上的基槽宽度,再加上口放坡的尺寸,计算出基槽开挖边线的宽度。

由桩中心向两边各量出基槽开挖边线宽度的一半,做出记号,在两个对应的记号点之间拉线,在拉线位置上洒上白灰,按照白灰线位置开挖基槽。基槽挖到一定深度后,用水准测量法在基槽壁上、离基坑设计高程 0.3~0.5 m 处,每隔 2~3 m 的拐点位置,设置水平桩,控制基槽开挖深度。

(2)垫层和基础放样

基槽开挖完成后,应在基坑底设置垫层标高桩(图 11-9)。使桩顶面的高程等于垫层设计高程,作为垫层施工的依据。垫层施工完成后,根据轴线控制桩拉线、吊垂球,将墙基轴线投测到垫层上,用墨斗弹出轴线墨线(图 11-10),并用红油漆画出 J_1、J_2、J_3、J_4 标记,墙基轴线投测完成后,应按设计尺寸复核。

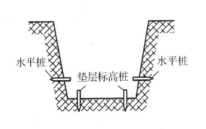

图 11-9　基槽抄平

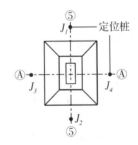

图 11-10　基础放样

建筑物基础施工放线时也可借助龙门板,它是保证施工定位的有效工具,既能控制基础部位的轴线及标高,也可作为工序交接和工程质量检验的依据。如图 11-11 所示,龙门板布局由龙门桩和龙门板组成,板面高程应用水准仪测设,最好标定为建筑±0 标高。再用经纬仪将建筑主要轴线测设到龙门板上,并钉小钉拉线固定位置。

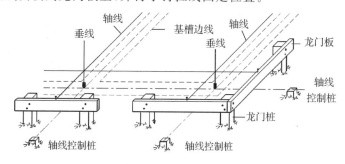

图 11-11　龙门板布局

3. 工业厂房柱基施工测量

图 11-12 为单层装配厂房主要构件及分布,它主要由杯形柱基、吊车梁、屋架、天窗和屋面板等主要构件组成,吊装每个构件时,有绑扎、起吊、就位、临时固定、校正和最后固定等几道操作工序。下面逐项简述柱基施工测量方法。

图 11-12　厂房主要构件及分布

(1)杯形柱基测设

每个柱子需测设出 4 个柱基定位桩(图 11-10 中的 $J_1 \sim J_4$),作为放样柱基坑开挖边线、修坑和立模板的依据。

柱基定位桩应设置在柱基坑开挖范围以外。图 11-13 则是杯形柱基大样图,按基础大样图的尺寸,用特制的角尺,在柱基定位桩上放出基坑开挖边线,撒白灰标出开挖范围,柱基测设时,应注意定位轴线不一定都是基础中心线(图 11-10 中的Ⓐ-Ⓐ轴),应仔细察看设计图。

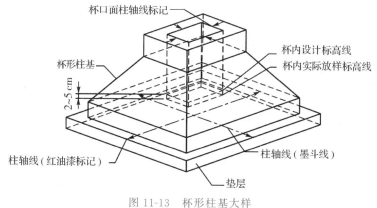

图 11-13　杯形柱基大样

（2）基坑高程和垫层的测设

同前述的基础墩测量一样,基坑开挖到一定深度后,应在坑壁四周离坑底设计高程0.3～0.5 m处设置几个水平桩,作为基坑修坡和清底的高程依据,同样,在基坑底设置垫层标高桩,使桩顶面的高程等于垫层的设计高程,作为垫层施工的依据。

（3）基础模板的定位

垫层施工后,根据基坑边的柱基定位桩,用经纬仪将柱基定位线投影到垫层上,用墨斗弹出墨线,用红油漆画出标志,作为柱基立模板和布置基础钢筋的依据。立模板时,将模板底线对准垫层上的定位线,并用垂球检查模板是否竖直,同时注意使杯底标高低于其设计标高2～5 cm,作为抄平调整的余量。拆模后,在杯口面上用墨线定出柱轴线,在杯口内壁上定出设计标高。

4. 厂房柱列安装测量

（1）厂房柱子安装精度要求

如图11-14(a)所示,柱中心线应对准柱列轴线,偏差为±5 mm,牛腿面的高程与设计高程应一致,误差不超过±5 mm(柱高$L<5$ m)或±8 mm(5 m$\leqslant$柱高$L<8$ m),柱子全高竖向允许偏差应不超过1/1 000柱高,最大应不超过20 mm。

（2）柱子吊装前准备工作

根据轴线控制桩,将定位轴线投测到杯形基础顶面上,并用红油漆画上标注,在杯口内侧,测出一条高程参考线,从该高程线起向下量取10 cm即为杯底设计高程。

在柱子的三个侧面弹出中心墨线,根据牛腿面设计标高,用钢尺量出柱下平线的标高。

（3）柱长检查与杯底抄平

柱底到牛腿面的设计长度l应等于牛腿面的高程H_2减去杯底高程H_1

$$l = H_2 - H_1 \tag{11-3}$$

但牛腿柱在预制过程中,受模板制作误差和变形的影响,实际尺寸与设计尺寸有偏差,为解决这个问题,通常在浇注杯形基础时,使杯底标高低于其设计标高2～5 cm。用钢尺从牛腿顶面沿柱边量到柱底,根据各柱子的实际长度,用1：2水泥砂浆找平杯底,使牛腿面的标高符合设计高程。

（4）柱子的竖直校正

将柱子吊入杯口后,首先应使柱身基本竖直,再令其侧面所弹中心墨线与基础轴线重合,用木楔初步固定后,即可进行竖直校正。如图11-14(b)所示,将两台经纬仪分别安置在柱基纵横轴线附近,离柱子的距离约为柱高的1.5倍。瞄准柱子中心线的底部,固定照准部,仰起望远镜到柱子中心线顶部,如重合,则柱子在该方向已竖直;如不重合,应调整,直到柱子两侧面的中心线都竖直为止。由于在纵轴方向上,柱距很小,可将经纬仪安置在纵轴的一侧,并于中心线夹角小于15°处,一次校正多根柱子。

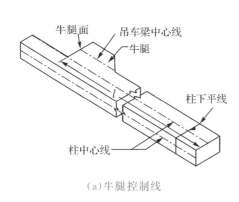
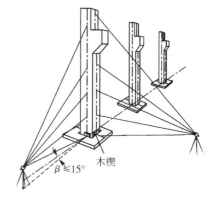

（a）牛腿控制线　　　　　　　　　　（b）牛腿安装及垂直校正

图 11-14　牛腿安装测量

5. 吊车梁及轨道安装测量

吊车梁安装前，应先在其顶面和两个端面弹出中心墨线，如图 11-15(a)所示，步骤如下：

(1)利用厂房中心控制轴线 A_1A_1，根据设计轨道距离，在地面上测设出吊车轨道中心线 $A'A'$、$B'B'$。

(2)将经纬仪安置在轨道中心线的一个端点 A' 上，瞄准另一端点 A'，固定照准部，仰起望远镜，将吊车轨道中心线投测到每根柱子的牛腿面上，并弹出墨线。

(3)根据牛腿面上的中心线和吊车梁端面上的中心线，将吊车梁安置在牛腿面上。

(4)检查吊车梁顶面的高程，在地面安置水准仪，在柱子侧面测设+500 mm 的标高控制墨线(相对于厂房±0 而言)，用钢尺沿柱子侧面量出该标高到吊车梁顶面的高度 h，如果 $h+0.5$ m 不等于吊车梁顶面的设计高程，则需要在吊车梁下加减铁板垫片进行调整，直至符合要求。

(5)检查吊车梁顶面中心线间距。使用平行线法，如图 11-15(b)所示，在地面上分别从两条吊车轨道中心线量出距离 a(设 $a=1$ m)，得到两条平行线 $A''A''$ 和 $B''B''$，将经纬仪安置在平行线一个端点 A'' 上，瞄准另一端点 A''，固定照准部，仰起望远镜投测。另一人在吊车梁上左右移动水平放置的木尺，当视线对准 1 m 分划时，尺的零点应与吊车梁顶面的中心线重合，如不重合，应予以修正，可用撬杆移动吊车梁，直至使吊车梁中心线到 $A''A''$ 或 $B''B''$ 的距离等于 1 m 为止。

(6)检查吊车轨道。将吊车轨道安装到吊车梁上后，要进行两项检查：

①将水准仪安置在吊车梁上，水准尺直接立到轨道顶面上，每隔 3 m 测一点高程，与设计高程比较，误差应不超过±3 mm；

②用钢尺测量两吊车轨道间的跨距，与设计跨距比较，误差应不超过±5 mm。

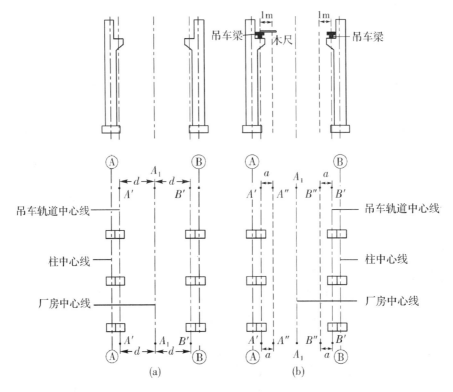

图 11-15　吊车梁安装

6. 屋架安装测量

屋架安装前,要根据柱面上的±0标高线找平柱顶。屋架吊装定位时,应使屋架中心线与柱中心线对齐。而在固定屋架过程中,要用经纬仪控制屋架的竖直位置。

11.3.4　建筑物的垂直度控制测量

施工放样的任务,除了要通过建筑物的定位放线确定建筑物的平面位置、控制建筑物的平面形状和大小,通过高程的测设来控制建筑物各个部位的标高外,还要通过测量来控制建筑物上部垂直度。

1. 低层或多层建筑物的垂直度控制测量

低层或多层建筑物的垂直度一般是在砌筑墙体时由瓦工直接利用垂球来控制,每隔2～3层利用经纬仪投测一次轴线,以便校核。经纬仪投测轴线的方法如图 11-16 所示,将经纬仪分别安置在相互垂直轴线控制桩点 C、D 上,瞄准建筑物墙角附近相应的两方向轴线固定标志 P、M,然后抬高望远镜把轴线投测到上部楼层 P'、M'。如果 P' 与 P 重合,M 与 M' 重合,说明建筑物垂直度合格。为了消除仪器误差和提高投测精度,要盘左、盘右投测两遍,取其中间位置。

当建筑物不是太高(一般在 100 m 之内),且垂直控制测量精度要求也不是太高时,可用大垂球代替经纬仪进行投测。如高度在 50 m 以内,可选用 15 kg 的大垂球。

2. 高层或超高层建筑物的垂直度控制测量

对于高层或超高层建筑物垂直度的控制,目前已普遍采用内控法,即在建筑物的内部利用铅垂仪或垂球把基础轴线准确地向上层投测来控制建筑物整体的垂直度。铅垂仪又称垂准仪,有光学铅垂仪和激光铅垂仪两种,当仪器对中整平后可将对中点铅直地向上或向下投测出去,投点误差一般为 1/100 000,有的可达 1/200 000。

为了把建筑物的某些基础轴线准确地向上层投测,首先应在建筑物内±0.000 平面上,根据建筑物平面设计和定位桩、定位轴线设置投测网点,每条待投测轴线至少需要两个投测网点;然后在各层楼板浇筑时,在投测网点相应铅垂线位置上预留孔(可以是直径为 150 mm 的圆孔,也可以是 200 mm×200 mm 的方形孔)。

利用激光铅垂仪投测轴线的方法如图 11-17 所示,将仪器安置在±0.000 平面某投测网点上,严格对中整平;在欲测设轴线楼层的楼板相应预留孔上放置接收靶;接通电源,启动激光器发出激光,靶上光斑的位置即为投测点位。为了保证投测点精度,应按对径 180°进行两次投测点检核。

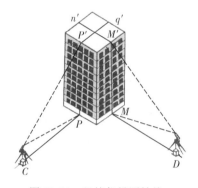

图 11-16　经纬仪投测轴线

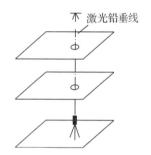

图 11-17　激光铅垂仪投测轴线

11.4　桥梁施工测量

桥梁施工测量分为三个阶段:勘测设计阶段、工程施工阶段和运营管理阶段。在桥梁的勘测设计阶段,需要测绘各种比例的地形图,包括水下地形图、河床断面图,以及提供其他测量资料。在桥梁的工程施工阶段,需要建立高精度桥梁平面控制网和高程控制网,以满足桥墩、桥台定位和梁的架设等施工测量要求。在建成后的运营管理阶段,为了监测桥梁的安全运营,充分发挥其效益,还需要定期进行桥梁结构检测口长期监测。

桥梁形式多样、功能各异,包括陆上桥梁、海上桥梁、铁路桥梁、公路桥梁等。桥梁按其轴线长度一般分为特大桥、大桥、中桥和小桥。桥梁施工测量的方法和精度要求随其轴线长度及结构而定。主要内容有平面控制测量、高程控制测量、墩台定位和轴线测设等。

11.4.1 桥梁施工控制测量

1.桥梁控制网等级划分

桥位的确定是勘测设计阶段的主要内容,也是桥梁建立控制网的基础。在道路定线测量阶段,沿道路的走向在河流的两岸定出位于道路中心线上的控制桩 A 和 B,则 AB 就为桥轴线,AB 之长就为桥轴线的长度。桥梁控制网等级就是依据桥轴线的长度确定的,见表 11-2。

表 11-2　　　　　　　　　　　　　桥梁控制网等级适用对象

等级	桥梁桥位控制测量	等级	桥梁桥位控制测量
二等三角	>5 000 m 特大桥	一级小三角、导线	500~1 000 m 特大桥
三等三角、导线	2 000~5 000 m 特大桥	二级小三角、导线	<500 m 大中桥
四等三角、导线	1 000~2 000 m 特大桥		

2.桥梁控制网布设

(1)控制基线

对于小型桥梁工程,桥台中线和控制桩的测设,要根据桥位桩号在路中线上准确地钉出桥台和桥墩的中心桩①、②、③,并在河两岸沿中线钉出桥轴线控制桩 F_1、F_2、F_3、F_4,如图 11-18 所示。然后分别在①、②、③点设站,测设桥台和桥墩控制桩①$_1$、①$_2$、①$_3$、①$_4$、…、③$_1$、③$_2$、③$_3$、③$_4$(为防止丢失或工地障碍,每侧至少钉两个控制桩)。

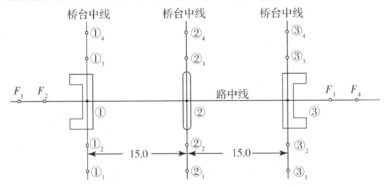

图 11-18　小型桥梁施工控制网

量距时(尤其在测设墩间跨度时)要用测距仪或检验过的钢尺加弹簧秤进行,并加温度、尺长、倾斜等改正。要求往返丈量较差 ΔL 与桥长 L 之比($\Delta L / L$),不能大于 1/5 000,以保证上部结构能正确安装。

(2)三角控制网

对河面较宽的中型桥梁施工,由于不能直接丈量桥梁长度,需布设桥梁三角控制网,用间接的方法精确地求桥长,并作为桥梁墩台等定位的平面控制网。

常用的桥梁三角控制网如图 11-19 所示。其中,图 11-19(a)所示为双三角形,其基线布设在河岸同一侧;图 11-19(b)所示为大地四边形,其基线设于河岸两侧;图 11-19(c)所示为双大地四边形,用以提高桥梁轴线的精度,适用于大型桥梁的施工放样。关于图形的选用,应根据桥长、施工需要和地形等条件而定。

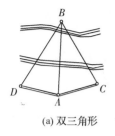

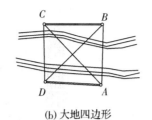

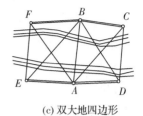

(a) 双三角形　　　　　　　(b) 大地四边形　　　　　　(c) 双大地四边形

图 11-19　桥梁三角控制网

三角控制网可以采用测角网或边角网施测,近年来,GPS 静态测量技术的发展,使基线边的相对精度大大地提高,一般可以达到 1×10^{-5} 以上,而且基线距离越长,精度的优势越大,因此 GPS 用于桥梁三角控制网的控制测量在实践中逐渐普及。

(3)桥梁控制网限差要求

①基线丈量

桥梁三角控制网的基线丈量和计算方法与一、二级导线量距方法基本相同,其丈量的精度要求见表 11-3。

表 11-3　　　　桥梁三角控制网基线丈量精度

桥长 L/m	基线量距的相对误差	桥轴线相对误差
<200	1/10 000	1/5 000
200~500	1/25 000	1/10 000
>500	1/50 000	1/20 000

丈量用的钢尺要检定,丈量前沿线各整尺段要钉桩,桩顶应设置清晰的尺段标志,丈量结果要进行尺长、温度和倾斜改正。

采用测距仪或全站仪测定基线,测量时应使视线距水面至少在 2 m 以上,一般测 2～4 测回,测回中数互差应不大于 2 cm。

②角度测量

按测角网进行桥梁三角控制网测量,其角度观测可用方向观测法,具体要求见表 11-4。

表 11-4　　　　　　桥梁三角控制网角度观测限差

桥长 L/m	测回数		测角中误差	三角形最大闭合差
	J_2 级经纬仪	J_3 级经纬仪		
<200	—	4	±20″	±60″
200~500	2	6	±10″	±30″
500	4	—	±5″	±15″

11.4.2　桥梁主体施工测量

1.桥台和桥墩基础施工测量

对于小型桥梁,根据桥台和桥墩的中线定出基坑开挖边界线,基坑上口尺寸应根据挖深、坡度、土质情况及施工方法而定。

当基坑挖至一定深度后,应根据水准点高程在坑壁上测设距基底设计面为一定高差(如 1 m)的水平桩或标志,作为控制挖深及基础施工中掌握高程的依据。

如图 11-18 所示,基础完工后,应根据桥位控制桩 F_2、F_3 以及桥台和桥墩控制桩①₁、

①₂、①₃、①₄、…、③₁、③₂、③₃、③₄用经纬仪交会法在基础面上测设出桥台、桥墩中心线和道路中心线,并弹墨线作为砌筑桥台、桥墩的依据。

对于中型桥梁,桥台和桥墩中心的准确定位是关键,凡不在水中的桥台和桥墩均可由桥梁轴线 AB 直接定位,在水中的桥台和桥墩可用角度交会法定位。

(1)直接丈量法

如图 11-20 所示,T_A 为近 A 处的桥台中心桩,D_1 为 1 号桥墩中心桩,T_A'、D_1' 为 T_A、D_1 两点的趋近桩,一般要求趋近桩与正桩(T_A、D_1)相距 1 m。作业时,由点 A 先概量 d_r' 并定出 T_A',然后用检定过的钢尺精量出线段 AT_A' 长度,并加温度、尺长和倾斜改正得出 d_r' 的真实长度。由 A 至 T_A 的设计长度为 d_r,则桥台的趋近距离(T_A' 至 T_A 的距离)$\Delta d_r = d_r - d_r'$。在实地根据已定的点 T_A',沿 AB 方向量 Δd_r 定出 T_A,即为桥台的中心。但必须复量校核。

同法亦可定出 D_1 等各墩台的中心桩。然后再分别测设各墩台中心线上的控制桩,以备施工时随时定出墩台中心线。

(2)角度交会法

测设大中桥梁在水中的墩台的中心桩,常采用角度交会法。如图 11-21 所示,首先求出放样参数交角 α_i、α_i',而交角 β_i、β_i' 为控制网上已知数据,实施步骤如下:

使用 J_2 级经纬仪在 A、C、D 三个控制点分别设站,在点 A 上标定 AB 方向,在点 C 后视点 A,拨 α_i 角,在点 D 仍后视点 A,并拨$(360° - \alpha_i')$角,此三个方向均以正倒镜取中方法标定方向。由于定位误差,三个方向交会出的不是一个点而是一个三角形,称为示误三角形。对于基础部分,示误三角形最长边长度不应大于 2.5 cm,对于墩顶不应大于 1.5 cm,符合要求时即可标定点 i 于三角形重心处。

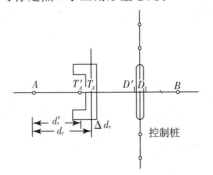

图 11-20　直接丈量法定点

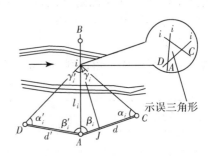

图 11-21　角度交会法定点

对于大型斜拉桥或悬索桥,两主塔墩施工测量的平面基准是墩中心点及其中心点连成的桥轴线方向,墩中心点在塔身一定高度的承台上。平台竣工后,利用与桥梁施工平面控制网联测,将中心点及中心控制点标定在承台顶面。与此同时,通过高程联测,确定承台顶面水准点的高程,作为塔柱施工中的高程控制。在塔柱施工过程中对其应进行定期检测。

2. 桥台和桥墩顶部施工测量

对于小型桥梁,当桥墩、桥台砌筑至一定高度时,应根据施工水准点在墩身、台身每侧测设一条距顶部为一定高差(如 1 m)的水平线并弹出墨线,以控制砌筑高度。墩帽、台帽施工时,应根据前已测设的水平线用水准仪控制其高程(偏差应在 −10 mm 以内),再借助中心桩用经纬仪控制两个垂直方向的中心线位置(偏差应在 ±10 mm 以内),墩台间距(跨度)要复核,精度应高于 1/5 000。

当桥台和桥墩上定出两个方向的中心线并经校对后,即可根据中心线测设出 T 形梁支座减震钢垫板的位置,如图 11-22 所示。测设时,先根据桥墩中心线 ②₁②₄ 定出两排钢垫板中心线 $B'B''$、$C'C''$,再根据路中心线 F_2F_3 和 $B'B''$、$C'C''$,定出路中心线上的两块钢垫板的中心位置 B_1 和 C_1,然后根据设计图上的相应尺寸用钢尺分别自 B_1 和 C_1 沿 $B'B''$ 和 $C'C''$ 方向量出 T 形梁间距,即可得到 B_2、B_3、B_4、B_5 和 C_2、C_3、C_4、C_5 等垫板中心位置,桥台的减震钢垫板位置可依同法定出,最后用钢尺校对钢垫板的间距,其偏差应在 ±2 mm 以内。并用水准仪校测钢垫板的高程,其偏差应在 −5 mm 以内(钢垫板略低于设计高程,安装 T 形梁时可加垫薄钢板置平)校正。上述校测完成后,即可封闭浇筑桥台和桥墩顶面的混凝土。

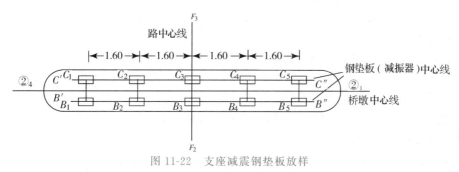

图 11-22　支座减震钢垫板放样

对于斜拉桥或悬索桥,为保证主塔各节段的施工放样,在不同的塔平台顶面,建立以墩中心点为起点,结合墩塔轴线位置的施工放样控制轴线,并确定每节段模板安装的准确位置。采用这种施工控制与基准线传递的方法,不仅能满足桥塔各节段细部施工放样的要求,也可确保塔柱不同节段的倾斜度和垂直度。

3. 上部结构安装测量

上部结构安装前应对墩、台上支座减震钢垫板的位置重新检测一次,同时在 T 形梁两端弹出中心线;对梁的全长和支座间距也应进行检查,并记录量得的数值,作为竣工测量资料。

对于预应力简支梁桥,当 T 形梁就位时,其支腹中心线应对准钢垫板中心线,初步就位后,用水准仪检查梁两端的高程,偏差应在 ±5 mm 以内。

检验合格后,要及时打好保险垛并焊牢,以防 T 形梁位移。

T 形梁和护栏全部安装完成后,即可用水准仪在护栏上测设出桥面中心高程线,作为铺设桥面铺装层起拱的依据。

对于斜拉桥,一般要在主塔墩的 4 根上塔柱和 2 根上横梁上埋设几百根长短不一、重量相异的缆索管,即使在上塔柱不同高度各节段缆索连接处且断面面积狭小的位置内也要埋设几十根缆索管,因此,缆索管的定位工作是塔柱的施工重点,其定位速度不仅直接影响到塔柱的施工进度;而且定位精度也直接关系到缆索是否会与缆索管口接触摩擦损坏缆索。因此,一般施工中对缆索管顶口和底口位置提出了很高的定位精度要求,其三维空间点位坐标位置误差应不大于 ±5 mm。

当桥墩、塔柱完工后,就要浇筑上盖梁。上盖梁浇筑的准确性,直接影响横跨于两桥墩间的箱梁(包括板梁和 T 形梁)的顺利安装。尤其是如果上盖梁浇筑后的中心位置与地面承台中心不重合,那么预制好的箱梁就不能落位或定位不准确,这也就影响了缆索管定位。因此,斜拉桥工程中对上盖梁的施工定位精度也提出了很高的要求,如上盖梁中心的平面误差一般要满足 $M_P \leqslant H/3\,000$ 的要求,这里 H 为上盖梁距地面的高度;而高程误差要满足 $M_H \leqslant \pm 5$ mm。

为了保证上盖梁空间坐标的准确定位,一般要利用较高精度的测距仪及 J_2 级以上精度的经纬仪或精度相匹配的全站仪,采用极坐标方法放样、定位。同时,事先编绘好上盖梁各特征点及其他放样元素(如上盖梁间跨距等)数据,保证现场放样准确和快速。

对于悬索桥,要考虑主塔顶部主索鞍的位置调整安放以及锚碇上散索鞍后预埋设的缆索管空间位置的确定。因此主索鞍的基座位置放样以及索管的三维定位工作不仅是悬索桥的施工重点,也是保证后期主缆线型确定、桁架吊装拼接顺利与否的关键。如悬索桥施工中对主索鞍、散索鞍格栅位置定位精度要求是,平面位置误差应不大于 ± 10 mm,平整度误差小于 ± 0.5 mm。

4. 桥梁工程施工测量的一般特点

(1)施工阶段,桥梁施工控制网的建立是保证施工质量的关键,布设的控制网不仅有方向性精度要求,而且要考虑以下两方面因素:

①跨越结构架设的允许误差(与桥长、桥跨及桥型有关);

②桥墩放样的容许误差。

因此建立的控制点位要准确、稳固,能满足长期频繁使用的要求。

(2)在桥墩主轴线确定后,若使用交会法,可采用诸如全站仪、激光经纬仪等设备,便于边边组合或边角组合进行点位中心定位。

(3)在桥梁细部放样时,针对不同施工对象,放样精度要求有很大差异。

(4)施工放样模架时,按一定距离(里程)设置龙门板,并标定控制点位,可加快细部放样速度。

(5)桥墩施工一般采用钢模组合成型,为保证桥墩成型时的垂直性,混凝土灌注时一般要在两个垂直方向进行倾斜实时监测及调整。

(6)桥体施工时,要注意不同里程处桥体剖面图的尺寸变化。为方便起见,可以把剖面图各特征点坐标(三维)求出,以便任意点线放样或检核时,通过计算程序可以马上获得,避免一些重复计算及出错。另外诸如设计数据中的超高、加宽或中心线重心偏移改正等在测量放样时也要注意。

11.5　道路施工测量

同其他工程项目的施工测量一样,道路施工测量也贯穿于包括路基开挖,横向、纵向各种坡度控制及路面施工的全过程,而且道路施工时更要注重地下管线现状及将要施工管线(如井位、走向)的布设,以便合理安排工序,不互相影响(正常工序是道桥先施工,管线后施工)。下面介绍一般情况下道路(如公路、铁路等)施工过程中的主要测量工作。

11.5.1　路基放线

路基的形式基本上可分为以填方为主的路堤(图 11-23)和以挖方为主的路堑(图 11-25)两种。路基放线是根据设计横断面图和各桩的填挖深度 h 来测设坡脚 A、P 和坡顶 C、D 以及路中心 O 等,并构成路基的轮廓,作为填挖的依据。现分别介绍路堤和路堑的放线方法。

1. 路堤放线

图 11-23 所示为路堤放线。图 11-23(a)为平坦地面路堤放线情况。路基上口 b 和边坡度 $1:m$ 均为设计数值,填方高度 h 可从纵断面图上查得,由图 11-23(a)可看出:

路基下口宽度即坡脚 A、P 的间距为

$$B = b + 2mh \tag{11-4}$$

路基下口半宽即坡脚 A 或 P 到中心线的距离为

$$B/2 = b/2 + mh \tag{11-5}$$

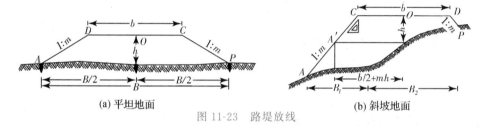

(a) 平坦地面　　　　　　　　(b) 斜坡地面

图 11-23　路堤放线

当 $B/2$ 算出后,即可由路中心桩沿横断面方向向两侧各量 $B/2$,钉桩即得坡脚 A 和 P。在中心桩及距中心桩 $b/2$ 处立小木杆(或竹竿),用水准仪在杆上测设出该断面的设计高程,即得坡顶 C、D 及路中心 O,最后用小线将点 A、D、O、C 和 P 连起,即得到路基的轮廓。工作中,一般还在相邻断面坡脚的连线上洒出白灰线作为填方的边界。

由于自然地面的起伏变化多样,路堤放线应根据具体地形情况灵活运用上述方法。若在斜坡地面上做路堤放样,如图 11-23(b)所示,由于坡脚 A、P 距中心桩的距离 B_1、B_2 与 A、P 处地面的高低有关,故不能直接使用公式(11-5)算出。通常是采用坡度尺定点法等方法。首先做一个符合设计边坡 $1:m$ 的坡度尺,如图 11-24 所示,当竖向转动坡度尺使直立边平行于垂球线时,其斜边即为设计坡度。用坡度尺测设坡脚的方法是先用前一种方法测出坡顶 C 和 D[图 11-23 (b)],然后将坡度尺的顶点 Z 分别对在 C 与 D 上,用小线顺着坡度尺的斜边延长至地面,即分别得到坡脚 A 与 P。当填

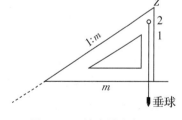

图 11-24　坡度尺定点

方高度 h 较大,由坡顶 C 测设坡脚 A 有困难时,则可用前一种方法测设出与中心桩在同一水平线上的边坡上面的点 A',再用坡度尺由点 A' 测设出坡脚 A。

2. 路堑放线

图 11-25(a)和图 11-25(b)所示分别是平坦地面和斜坡地面的路堑放线情况,其原理与路堑放线基本上相同,但具体做法上有两点区别:

(1)计算坡顶宽度 B 时,应考虑排水边沟的宽度 b_0,即

$$\begin{cases} B=b+2(b_0+mh) \\ B/2=b/2+b_0+mh \end{cases} \qquad (11\text{-}6)$$

（2）路堑放线的关键是找出坡顶 A 和 P。为施工方便，在挖深较大的坡顶处，可设置坡度板作为开挖施工时掌握边坡的依据，如图 11-25(b)所示。

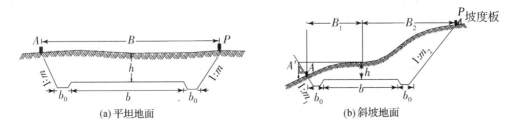

(a)平坦地面   (b)斜坡地面

图 11-25　路堑放线

在修筑山区道路时，为减少土石方量，路基常采用半填半挖形式。这种路基放线时，除按前法定出填方坡脚 A 和挖方坡顶 P 外，有时还要确定出不填不挖的零点 O'，如图 11-26 所示，其方法是用水准仪直接在横断面方向上找出等于路基设计高程的地面点，即为零点 O'。

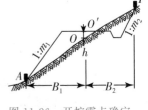

图 11-26　开挖零点确定

11.5.2　施工边桩的测设

在路基完成之后，中心线上所钉各桩多数都被毁掉或填埋，为此常在路边线（道牙线）以外各钉一排平行于中心线的施工边桩，作为路面施工的依据，用以控制路中心线和高程位置，如图 11-27 所示。

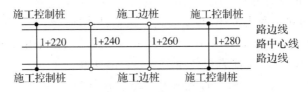

图 11-27　施工边桩

施工边桩一般是以开工前测定的施工控制桩为准测设的，间距以 $10\sim30$ m 为宜。当边桩钉出后，可按测设坡度钉的方法，在边桩上测设出该桩的路中心线的设计高程钉（也可用红色记号笔画线作为标志）。图 11-28 所示为一测站测设出的某道路北侧边桩 $1+900\sim2+030$ 的坡度钉，表 11-5 为本段南北施工边桩测设记录。

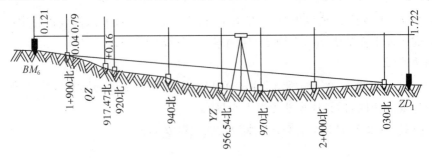

图 11-28　一测站坡度钉测设

表 11-5　　　　　　　　　　　　　　施工边桩测设记录

工程名称：××道路　　　　　　　　日期：2006.8.6　　　　　观测：王××

仪器型号：DS3-770648　　　　　　　天气：多云　　　　　　　记录：张××

桩号	后视读数	视线高/m	前视读数 b'	高程/m	路面设计高程 h/m	应读前视 b	改正数 v	备注
BM_6	0.796	52.671		51.875				已知高程
1+900 北			0.90		51.75	0.92	−0.02	
南			0.88				−0.04	
QZ917.47 北			1.03		51.62	1.05	−0.02	
南			0.99				−0.06	
920 北			1.04		51.60	1.07	−0.03	$i=$
南			1.07				0.00	−0.75%
940 北			1.16		51.45	1.22	−0.06	
南			1.18				−0.04	
YZ956.54 北			1.35		51.33	1.34	+0.01	
南			1.30				−0.04	
970 北			1.51		51.23	1.44	+0.07	
南			1.52				+0.08	
2+000 北			1.74		51.00	1.67	+0.07	变坡点
南			1.73				+0.06	
030 北			2.00		50.82	1.85	+0.15	$i=$
南			2.01				+0.16	−0.06%
ZD_1			1.670	50.001				

注：表中桩号后面的"北"和"南"，是指道路中心线北侧和南侧的高程桩。

结合表 11-5，施工边桩上设计高程钉的测设步骤如下：

(1)后视水准点 BM_6，求出视线高(表 11-5 中 $H_i=52.671$)。

(2)计算南北各桩的"应读前视"(立尺于各桩的设计高程上时所应读的前视读数)。

当第一个桩的"应读前视"b_0 算出后，也可根据设计坡度 i 和各桩间距 D 算出各桩间的设计高差 $h_i(h_i=iD)$。然后由第一个桩的"应读前视"直接推算其他各桩的"应读前视"b_i：

$$b_i=b_0-h_i \tag{11-7}$$

(3)在各桩顶上立尺，读出前视读数 b_i'，算出钉高程钉的改正数 v_i，则

$$v_i=b_i'-b_i \tag{11-8}$$

(4)钉好高程钉后，应在各钉上立尺检查读数是否等于"应读前视"，误差在 1 cm 以内时，认为精度合格，否则应改正高程钉。

然后将中心线两侧相邻各桩上高程钉用小线连上，就得到两条与路面设计高程一致的坡度线。

(5)为防止观测或计算错误，每测一段线路应附合到另一水准点(ZD_1)上校核。

如施工地段道路两侧有建筑物时，可不钉边桩，利用建筑物标记里程桩号，并测高程，用上述方法求各桩号路面设计高程改正数，在实地标注清楚，作为施工依据。

11.5.3 竖曲线测设

普通道路的竖曲线可近似作为圆曲线测设,曲线上各主点、细部点均利用 $y_i = \dfrac{x_i^2}{2R}$ 计算放样数据,并按切线支距法放样。表 11-6 为某道路竖曲线测设记录,其中 $x_i = H_{i点里程} - H_{曲线起点里程}$, y_i 为标高改正(凸形曲线改正为+,反之改正为-)。

表 11-6　　　　　　　　　　　　　某道路竖曲线测设记录

工程名称:××道路　　　　日期:2006.8.7　　　观测:吴××　　　　　　记录:王××

仪器型号:DS3-770648　　　天气:晴　　　　　量距:杨××　张××　　校核:吴××

桩号	坡道高程 H/m	标高改正 y	路面设计高程 H/m	桩顶高程/m	改正数	备注
13+605	292.07	0.00	292.07	292.13	0.06	竖曲线起点
615	291.82	$y_1 = 0.02$	291.84	291.81	-0.03	
625	291.57	$y_2 = 0.08$	291.65	291.60	-0.05	
635	291.32	$y_3 = 0.18$	291.50	291.47	-0.03	$i = -2.5\%$
645	291.07	$y_4 = 0.32$	291.39	291.43	0.04	
13+650	290.95	$E = 0.40$	291.35	291.39	0.04	坡度变化点
655	291.01	$y_4 = 0.32$	291.33	291.41	0.08	
665	291.12	$y_3 = 0.18$	291.30	291.29	-0.01	
675	291.23	$y_2 = 0.08$	291.31	291.26	-0.05	$i_2 = +1.1\%$
685	291.34	$y_1 = 0.02$	291.36	291.40	0.04	
13+695	291.45	0.00	291.45	291.42	-0.03	竖曲线终点

11.5.4 路面放线

路面放线的任务是根据路肩上测设的施工边桩上的高程钉和路拱曲线大样图[图 11-29(a)]、路面结构大样图[图 11-29(b)],测设边线侧石(道牙)位置并给出控制路拱的标志。

路拱方程主要用于路拱放样。路拱放样就是控制各结构层施工铺筑时,及时准确地确定出能反映路拱形状的各控制断面摊铺标高[图 11-29(b)],碾压后能够准确形成路拱形状,这种放样工作要层层进行。路拱方程形式多样,式(11-9)为二次抛物线形路拱方程:

$$y = (4y_0/B^2)x^2 \tag{11-9}$$

式中:B 为路面宽度;y_0 为路面中心与边缘高差。

由路两侧的施工边桩向中心线量出至侧石的距离,钉小木桩并将相邻木桩用小线连接,即为侧石的内侧切线。侧石的高程在边桩上按路中心高程拉上小线后,得到沿小线向下的反路拱高度(路面半宽×横向坡度),如图 11-29(a)中为 6.8 cm。

施工时可采用"平砖"法控制路拱形状,即在边桩上依路中心高程挂线后,按路拱曲线大样图中所注尺寸,在路中心线两侧一定距离处,如图 11-29(c)中是在距中心线 1.5 m、3.0 m 和 4.5 m 处,分别放置平砖,并使平砖顶面正处在拱面高度。铺碎石时,以平砖为标志即可找出拱形。在曲线部分测设侧石和下平砖时,应根据设计图纸做好内侧路面加宽和外侧路拱超高的放线工作。

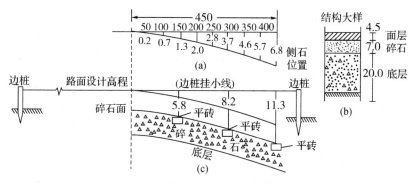

图 11-29　路面放样

关于路口或广场的路面施工,则根据设计图先加钉方格桩,方格桩间距为 5～20 m,再在各桩上测设设计高程线,以便分块施工和验收。

对于高速公路,其路拱形状是从中央隔离带逐渐向两侧做成单坡形式。

大范围时可事先做曲面的拟合模型,再放大样于现场。

11.5.5　涵洞施工测量

涵洞是道路的有机组成部分,其测设工作比较简单,涵洞施工测量的主要内容是控制涵洞的中心位置、涵底的高程与坡度。

1. 涵洞中心桩和中心线的测设

涵洞中心桩一般均根据设计给定的涵洞位置(桩号),以其邻近的里程桩为准进行测设。

在直线上设置涵洞,用经纬仪标定路中心线方向,根据涵洞与其邻近的里程桩的关系,用钢尺测设相应的距离,即可钉出涵洞中心桩。将经纬仪安置在涵洞中心桩上,以路中心线为后视方向,正拨或反拨 90°(斜涵则按设计角度测设),曲线即得涵洞的中心线方向。

在曲线上设置的涵洞(如图 11-30 中 1+640 处的涵洞)的中心桩可按加钉曲线加桩的方法测设。涵洞中心线应垂直曲线(通过圆心)。测设方法与曲线上定横断面的方法相同,当精度要求较高时应用经纬仪施测。

对于整桩处的中心线方向,可以利用左右相邻整桩(均在曲线上)划弧相交的办法求得中心线交点(方向)。如图 11-30 所示的涵洞中心桩正是曲线上的整数里程桩⑥1+640,这时,可用与其相邻的两个曲线里程桩⑦1+660 和⑤1+620 为圆心,用大于整弧 $L=20$ m 的长度为半径在实地画弧,则两弧交点 C_1、C_2 与涵洞中心桩⑥1+640 的连线,即为涵洞中心线 C_1C_2 的方向。

2. 施工控制桩的测设

如图 11-31(a)所示,涵洞中心桩⑥1+640 和中心线 C_1C_2 定出后,即可依涵洞长度(如16 m)定涵洞两端点 $C_1'C_2'$(墙外皮中心),为在基础开挖后控制端墙位置,还应加钉施工控制桩①₁、①₂、②₁、②₂ 等;①₁①₂、②₁②₂ 均垂直于 C_1C_2,其间距可为整米数,以控制端墙施工;其他各翼墙控制桩则均照此方法钉出。

3. 涵洞坡度钉的测设

如图 11-31(b)所示,基槽开挖后,为控制开挖深度、基础厚度及涵洞的高程与坡度,需在涵洞中线桩 C_1 及 C_2 上测设涵洞坡度钉,使两钉的连线恰与涵洞流水面的设计位置一致。

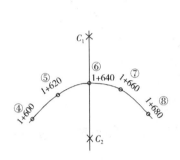

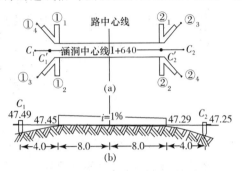

图 11-30　曲线处涵洞中心线确定　　　图 11-31　涵洞坡度钉测设

测设方法可按在边桩上测设高程钉的方法,在中线桩侧面定出坡度钉;坡度钉的高程可由涵洞两端的设计高程与涵洞坡度推算得出。

为控制端墙基础高程,在①₁、①₂ 和②₁、②₂ 等端墙控制桩上,应测设端墙基础高程钉。

各种施工桩钉出后,应向施工单位交桩,并绘制施工桩略图,交施工单位作为施工的依据。

11.6　管线施工测量

管线工程是城市及工厂建设中的重要组成部分,根据分布位置不同,管线有地上管线、地下管线之分,根据种类不同,管线又可分为给排水管线、燃气管线、热力管线、输油管线、电力管线、电信管线等。

11.6.1　管道中心线测量

根据设计要求,欲在地面上定出管道中心线的位置,主要工作有:

(1)管道起点确定

管道起点一般是根据管道的种类定出,如给水管道以水源点起算,而排水管道是以下游出水口起算。

(2)管线曲线主点测设

管线曲线主点测设包括管线的起点、转向点和终点的测设,这些点的坐标和线路前进方向是设计时已确定的。测量所用的方法一般是极坐标法,当然根据控制点和曲线主点间的位置、地形和使用的测量设备,还可以选择其他方法,如10.4节介绍的方法。

(3)中线桩测设

从管线起点始发,按一定距离排设整桩或加桩,以此标定管道中心线位置和长度于地面上。管线中线桩测设的方法和要求同道路中桩测设。

(4)转向角测量

转向角 α 是管道中心线方向改变时,改变方向与原方向间的夹角,同道路转向角定义一样,也分为左转和右转两种,表达式为

$$\begin{cases} \alpha = \beta - 180°(右转), & \beta > 180° \\ \alpha = 180° - \beta(左转), & \beta \leqslant 180° \end{cases} \tag{11-10}$$

式中,β 为两中心线水平夹角(左角)。

(5)绘制里程桩手簿

绘制里程桩手簿也称管线带状地形图测量,宽度一般是左右各 20 m,主要是地物分布测绘。

11.6.2　管道纵横断面测量

1. 纵断面图测绘

根据水准点的高程测定管道中心线上各桩的地面高程,然后根据桩号和相应的地面高程按一定比例尺绘制纵断面图,一般步骤如下:

(1)水准点布设和测量

一般要求沿管道方向每隔 12 km 设一永久水准点,每隔 300~500 m 设一临时水准点,这两种水准点为一般管道施工布设的水准点。水准线路闭合差不超过 $\pm 30\sqrt{L}$ mm(L 的单位为 km)。纵断面上的水准测量可以按分段附合水准线路进行,中线桩高程用间视法获得,精度达到 cm 即可。

(2)纵断面图的绘制

与道路纵断面图的绘制略有不同,管道纵断面图以管道的里程为横坐标,高程为纵坐标,在图上绘出不同里程对应的地面高程和管底高程变化,其中管底高程 $H_{底k}$ 是根据管道前一个里程桩的管底高程 $H_{底k-1}$、设计坡度 i 及各桩间的距离 $D_{k-1,k}$,按下式逐点推算为

$$H_{底k} = H_{底k-1} + iD_{k-1,k} \tag{11-12}$$

在纵断面图下面还应按里程列出包括坡度、管径、地面高程、管底高程、相邻桩距、桩号、管线平面图及必要备注等内容,构成完整的管道纵断面图。

图 11-32 为管线纵断面图的一个示例。

2. 横断面图测绘

在管道中心线各桩处,作垂直于中心线的方向线,测出该方向线上各特征点距管道中心线的距离、高程,并根据所测数据按一定比例绘成横断面图。

横断面图主要用于管线设计时土石方量计算及施工时开挖边界的确定。

横断面图的施测宽度由管道的管径、埋深以及土质类别等确定,一般是取管道两侧外20 m,测量方法同道路选线时的横断面图测量。

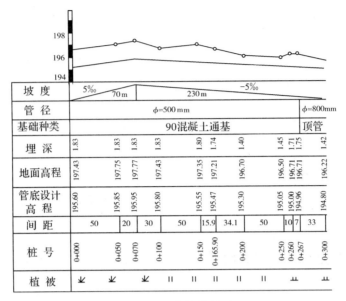

坡 度	5‰	70 m	230 m	−5‰							
管 径	φ=500 mm							φ=800mm			
基础种类	90混凝土通基							顶管			
埋 深	1.83	1.83	1.83	1.83	1.80	1.74	1.40	1.45	1.71	1.75	1.42
地面高程	197.43	197.75	197.77	197.43	197.35	197.21	196.70	196.50	196.71	196.71	196.22
管底设计高程	195.60	195.85	195.95	195.80	195.55	195.47	195.30	195.05	195.00	194.96	194.80
间 距		50	20	30	50	15.9	34.1	50	10	7	33
桩 号	0+000	0+050	0+070	0+100	0+150	0+165.90	0+200	0+250	0+260	0+267	0+300
植 被											

图 11-32 管线纵断面

11.6.3 明挖管道施工测量

明挖管道是管道施工中最普遍的方法,主要工作有中心线控制桩测量、槽口放线及管道坡度控制测量。

1. 中心线控制桩测量

在管道明挖施工时,中心线上各桩将被挖掉,为了恢复中心线桩位并确定检查井位置,应在管线主点处的中心线延长线上不受施工干扰处测设中心线控制桩,在检查井与中心线大致垂直位置测设检查井位置控制桩。在布设管线施工控制桩时还要考虑便于引测和保存点等因素。

2. 槽口放线

定出管道中心线后,就可根据中心线位置、管径大小、埋设深度和土质情况决定开槽宽度,并在地面上定出槽边线位置。

若横断面坡度比较平缓且对称(图 11-33),则开槽宽度 B 为

$$B = b + 2mh \tag{11-11}$$

式中,b 为槽底宽度;h 为中心线上管槽挖深;$\frac{1}{m}$ 为管槽边坡坡度。

如果横断面坡度比较陡峭,且两边坡不对称,这时候可以中心线为准,分别进行开槽宽度 B_1、B_2 的计算,并仿照式(11-6)的道路边坡施工方法实施。

获得了 B_1、B_2,就可以在现场定出槽口边桩的位置。

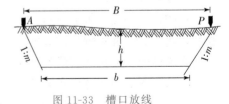

图 11-33 槽口放线

3. 施工控制标志的测设

管道施工是按设计的中心线、高程和坡度进行
的,因此配合工程进度,测设控制管道中心线和高程位置的施工标志就是测量的主要任务。
下面介绍两种常用方法。

(1)平行轴腰桩法

平行轴腰桩法适用于对精度要求较低且坡度板在现场不便使用的管线施工,如图 11-34
所示。主要测量步骤如下：

①测设平行轴线 A 上各桩。开挖前在中心线一侧或两
侧槽边线外测设一排平行轴线桩。

②测出平行轴线 A 上各桩的高程,并根据对应槽底设
计高程,算出各桩与槽底的对应设计高差 h(又称下返数)。

③根据实测的槽底高差 h' 与设计高差 h 之差来控制槽
底高程。

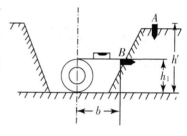

图 11-34　平行轴腰桩法

④为了提高高程控制精度,施工中在槽坡半坡上再设
定一排与平行轴线 A 上各点对应,并与管道中心线距离为 b 的排桩 B,排桩 B 又称腰桩。

⑤测出各腰桩高程,并根据对应槽底设计高程,算出各腰桩与槽底的对应设计高差 h_1。
用各腰桩的 b 和 h_1 来控制施工管道的中心线和高程。

(2)龙门板法

如图 11-35(a)所示,龙门板由坡度板和高程板及中心线钉、坡度钉组成。主要测量内
容有：

①埋设坡度板,钉中心线钉

配合施工进度,每隔 10~15 m 埋设一个坡度板,一般均跨槽埋设,如图 11-35(b)所示,
板身必须埋设牢固,板面要尽量水平。中心线放样时,置经纬仪于中心线控制桩上,将管道
中心线投测到坡度板上,并钉中心线钉于其上。各中心线钉连线即为管道中心线方向。在
连线上挂垂球,便可将中心线位置投影到管槽底,用以控制管道中心线。

②在高程板上测设坡度钉

为了控制管道埋深,使其符合设计坡度,还需在坡度板上标出已知高程标志。为此,可
根据附近水准点,用水准仪测设坡度钉。如图 11-35(a)所示,在坡度板靠近中心线钉的一侧
再钉一高程板,在高程板的侧面测设一坡度钉。使各坡度钉的连线平行于管道设计坡度线。

为了防止观测或计算错误,测设坡度钉的水准线路应附合到另一水准点加以校核。在
施工过程中,每块龙门板都应标上高程和下返数,以备随时使用,在变换下返数处更要特别
注明。除检测本段的坡度钉外,还应联测已建成的管道或已测好的坡度钉,以便相互衔接。

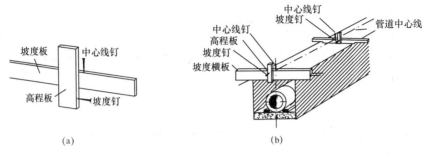

图 11-35　施工控制标志的测设

11.6.4　顶管施工测量

当遇到管道穿越道路或重要建筑物而又不能损坏它们时,顶管施工是解决此问题的最佳手段,顶管施工是利用机械化顶镐施工的办法,把管材放在欲穿越物旁边已挖好的工作坑内的导轨上,将管材沿所要求的方向顶进土中,然后在管内将土掏出。顶管施工测量的主要任务是控制管道中心线顶进方向、高程和坡度。

1.顶管施工测量前的工作

(1)顶管中线桩的设置

工作坑开挖前,利用设计资料在工作坑的前后把欲穿行的顶管中心线标定出两点并钉桩,如图 11-36 所示,桩 A、B 称为中心线控制桩。依据桩 A、B 确定开挖边界,当开挖到设计底面高程时,把中线投到坑底并引到前后两侧的坑壁上钉桩,此桩即顶管中线桩 C、D,用于控制顶管中线。

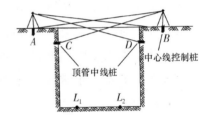

图 11-36　顶管中线桩设置

(2)临时水准点设置

在工作坑底设置两个互检的临时水准点,用于控制管道施工按设计高程和坡度顶进,如图 11-36 中槽底的点 L_1、点 L_2。

(3)导轨的安装

按设计所要求的高程和坡度浇筑混凝土垫层,如图 11-37(a)所示,根据导轨的宽度在垫层上安置导轨,并利用顶管中线桩和临时水准点检查导轨中线及高程,最后固定导轨。

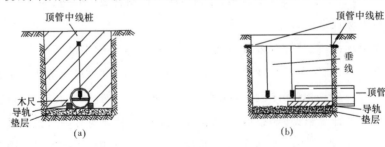

图 11-37　顶进施工中的测量

2. 顶进施工中的测量工作

(1)中线测量

一种简单的方法是通过顶管中线桩拉一细线,如图 11-37(b)所示,在细线上悬挂两个垂球,则两个垂球的连线即为管道方向。另外,在管内前端水平横放一小于管径的尺子,尺子中心刻画为零,并向两端对称刻画,如两垂球连线方向通过尺零点,说明管道中心在设计方向上,如果方向线与零点的偏差超过±1.5 cm,则需要对管子进行校正。

(2)高程测量

水准仪置于坑底,后视临时水准点 L_1,在顶管内待测点置一小于管径的水准尺于管底,测出其高程后,与对应管底设计高程比较,其偏差超过±1 cm 时,需要校正管子。

在顶进过程中,应每隔 0.5 m 进行一次中线和高程测量,以保证施工质量。此方法适用于顶管施工长度小于 50 m 的情况。

对于长距离的顶管施工需根据实际情况分段进行。如采用对向顶管施工方法,在间隔 100 m 的两个工作坑内对向顶管作业,并用激光水准仪进行顶进方向的位置标定,最后的管道贯通误差应控制在±3 cm 以内。

11.7　地下工程施工测量

地下工程包括隧道、防空设施、地库、矿井等工程,而一般情况下是指隧道工程。

11.7.1　隧道施工控制

双向开挖的隧道,其中线是从洞口投点引测进洞的,两中线端点在贯通面若不重合,相互间的距离差称为贯通误差,贯通误差包括平面中的横向和纵向误差与垂直方向误差两部分。隧道施工测量的一个主要技术要求是贯通误差,尤其是横向误差的控制。表 11-7 列出了不同条件下贯通误差的限差。

表 11-7　　　　　　　　　　　隧道贯通误差的限差

测量部位	横向中误差/mm		高程中误差/mm
	双向开挖洞间距<3 000 m	双向开挖洞间距为 3 000～6 000 m	
洞外	45	55	25
洞内	60	80	25
全部隧道	75	100	35

贯通误差是由地面控制测量误差所引起的洞口投点位置的相对误差和方位角误差以及洞内控制测量误差两个方面造成的,地面控制测量和洞内控制测量对贯通精度的影响并不是相互独立的,洞口投点的误差和起始方位角误差也并非互不相关。因此隧道整体测量控制质量的好坏直接影响隧道施工质量。

1. 地面控制

隧道地面控制网的作用是为各个掘进洞口投点并传递方向,根据隧道长度和地形情况,地面控制网可灵活选择。

图 11-38(a)所示的三角网作为隧道传统的洞外平面控制形式可获得较高精度,但由于野外测量和内业计算工作量大,目前已很少采用。在光电测距仪广泛应用的今天,导线控制的优越性十分明显[图 11-38(b)]。随着科学技术的发展,全球定位系统(GPS)以其高精度、快速度、低费用、全天候、不受通视条件限制的特点,在工程测量中得到越来越多的应用。而作为线路 GPS 网,其布网形式有自身特点,如地铁精密导线 GPS 网(图 11-39)相对普通 GPS 控制网就有两个显著区别:一是线状测量;二是有大量边长为 100～500 m 的短边。

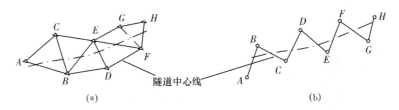

图 11-38　传统边角控制网

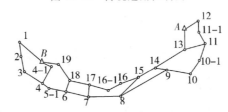

图 11-39　地铁精密导线 GPS 网

2. 竖井联系测量

把地面上的控制点传递到地下,是保证贯通精度的关键。把地面坐标、方位和高程传递到地下的工作称为竖井联系测量。

平面控制点传递一般采用投点法、陀螺经纬仪定向、联系三角形三种方法进行,而高程传递可采用悬吊钢尺法。

(1)平面控制点传递

①投点法

如图 11-40 所示,在地面控制点 A 设经纬仪,在竖井口悬挂两个垂线过点 O_1、点 O_2,并使点 O_1、点 O_2 与点 A 在同一直线上并尽量靠近隧道中心线。在井下立一杆 B,借助两个垂线,用三点定线法使 O_1、O_2、B 三点在同一直线上,在点 B 设置经纬仪,利用光学手段,通过平移调整仪器基座,精确地标定点 B 于地面,并在 O_2 与 B 之间标定一点 C。测出入洞导线左角 φ_2,并量出 O_1B 或 O_2B 水平长度,进而按导线法计算出点 B 坐标及 BC 边方位角。

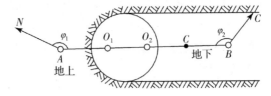

图 11-40　投点法传递点

用投点法传递坐标和方位简洁方便,但精度不高,适于短隧道的定向测量。

②联系三角形法

联系三角形法是把地面上的坐标和方位传递到地下最常用的方法,如图 11-41 所示。井上测定联系三角形的边长 a、b、c,角度 ω、α,井下测定联系三角形的边长 a'、b'、c',角度 ω'、α'。传递方位和坐标的路线为 $B-A-O_1-O_2-C-D$。为了提高传递的精度,联系三角形测量时要注意以下几点:

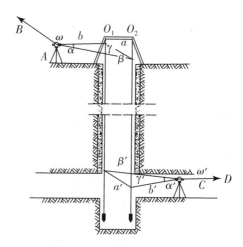

图 11-41　联系三角形法

a. α、α' 宜小,不应大于 3°。测角应采用 2 秒级经纬仪按四测回进行。

b. b/a 应取 1.5。

c. 两条垂线间距 O_1O_2 应尽可能地长。而量测间距 O_1O_2 的误差应小于 2 mm。

为提高地下起算点和起算边坐标和方位角的精度,联系三角形进行定向方法中往往取用 3 根吊丝组成双联系三角形。

③陀螺经纬仪定向

应用陀螺经纬仪可以检核前面两种方法确定的中线方向精度,也可以直接进行绝对方向定向和坐标传递。如图 11-42 所示,在竖井中设置一吊垂线 PP',在地面上用传统方法确定点 P 的平面坐标和 AP 坐标方位角 α_{AP},并用陀螺经纬仪测出 AP 边真方位角 A_{AP},按式 (4-85) 求出真子午线收敛角 γ。在井下点 B 设置陀螺经纬仪,测出 BP' 边的真方位角 $A_{BP'}$,并利用 γ 和式 (4-85) 将 $A_{BP'}$ 改画成坐标方位角 $\alpha_{BP'}$,量出 BP' 水平长度,由于井下点 P 的平面坐标与点 P 相同,则点 B 坐标确定。利用陀螺经纬仪还可定期检测隧道中线方位角。陀螺经纬仪外形如图 11-43 所示,其定位原理见相关参考书。

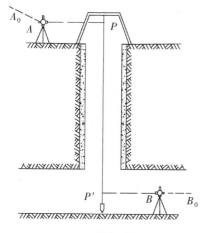

图 11-42　陀螺经纬仪定向

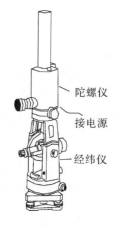

图 11-43　陀螺经纬仪外形

（2）高程传递

如图 11-44 所示，地面控制点往地下进行高程传递时，主要工作有：

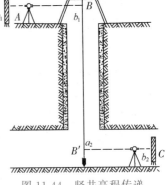

图 11-44　竖井高程传递

①将地面二等水准点以三等水准测量精度引测至井口端的临时水准点 A。

②用足够长的检定钢尺（零点向下），按 11.3.3 节中介绍的高程上下传递方法把高程传递至隧道内的地下水准点 C。其中地面和井下各置一水准仪，同时读数，则点 C 高程：

$$H_C = H_A + a_1 - b_1 + a_2 - b_2 \qquad (11\text{-}12)$$

考虑到地面和井下的温差等，应考虑钢尺的温度和尺长改正。

为了检核，应由地面上的 2～3 个水准点将高程传递至隧道地下的两个水准点上，由不同仪器高获得的同一地下水准点的高程不符值应不大于 ±5 mm。

刚施工的隧道会发生变形，因此高程传递要多次进行。

3. 地下控制

地下控制测量的目的是控制隧道开挖中线的误差，保证平面的横向贯通精度，限制由于中线的不断延长而产生的纵向误差累积，实施的方法是采用导线测量。

地下导线一般是两级导线控制同时进行，如图 11-45 所示。原则是：隧道开拓伸长大于 30 m，设立一个二级导线点，作为指示隧道开挖方向及隧道断面测量的控制点。若二级导线点超过 300 m，应设置一个一级导线点，一、二级导线点可与一般隧道中线点共点。为了提高一级导线点的可靠性，可以采用双导线布设方式，其中主导线测边、角，辅导线只测角不测边，两导线间用结点连接。

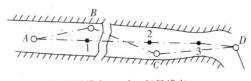

○为一级导线点　●为二级导线点

图 11-45　地下两级导线布置

地下水准测量的目的是在地下建立与地面上统一的高程基准，并作为隧道施工测量的高程依据，保证垂直方向的贯通精度。它是以洞口水准点为已知点 BM，并沿水平坑道、竖井或斜井将已知水准点 BM 高程引测到地下，并沿着地下导线的线路完成隧道内各水准点的测量，如果水准点在顶板上时，可以采用倒尺法推算，得到的此段高差为 $h_i = a_i + b_i$，如图 11-46 中点 C、点 D。

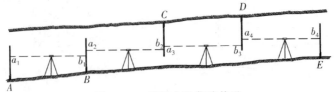

图 11-46　隧道水准线路传递

11.7.2　隧道施工测量

隧道施工测量是通过现场测量和计算来确定已知点连线的长度、方向和坡度，并通过适当的施工测量方法将该路线进行放样。具体采用何种方法，在某种程度上将视隧道的用途和工程量的大小而定。隧道施工测量还要有一个适当的坐标系统。

隧道施工过程中，首先要在隧道任一端洞口外定出隧道的中线方向，然后再沿隧道（通常是沿隧道顶端）设点，坡度可通过对隧道顶面或隧道底面上的点进行直接水准测量获得，同时沿隧道中线，测量从埋石点到沿线各点的距离，具体内容如下。

1. 隧道进洞方向测设

完成了地面控制测量后，即可用所得进洞控制点进行洞外中线点测设，并由其指导进洞的施工方向，同时还可作为地下导线控制测量起算点使用。不同进洞的线型对应不同的测设方法。其中直线进洞的测设方法最简单。

如图 11-47(a)所示，两端永久埋石进洞控制点 A、B 均在同一条直线的中线上，反算出点 A 与点 B 中线连线方位角 α_{AB} 及点 A 与其后视点 N 连线的方位角 α_{AN}。实际测设时，在点 A 瞄准点 N，并配置水平度盘读数为 α_{AN}，转动望远镜，当水平度盘读数指示为 α_{AB} 时，则该方向即为进洞中线方向。

如进洞控制点 A 不在隧道中线上，如图 11-47(b)所示，可以利用点 B 及中线上一转点 ZD 求出在点 B、点 ZD 连线上且离点 A 最近的点 A'（不一定是垂点），把仪器置于点 A'，按前述方法进行进洞方向的指导。

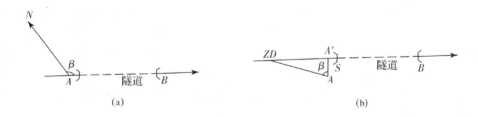

图 11-47　进洞中线方向测定

如果是曲线进洞，先确定洞外曲线主点，然后在主点或洞外确定的曲线细部点上设站，用偏角法指导进洞方向。

2. 隧道内中线测设

（1）经纬仪法

经纬仪法是极坐标法在隧道内中线放样的应用。随着隧道纵向掘进深度的延伸，利用经纬仪拨角不仅放样出隧道中线点位，而且能指导隧道开拓方向和位置。为避免测量作业时对隧道掘进及运输的影响，隧道内的中线点可设置在隧道一侧边线，并与实际中线平行，用于替代中线指导隧道掘进。

（2）目视法

目视法适合于中线点设置在隧道顶板上的情况，如图 11-48 所示，从 A、B、C 三顶点中线点挂垂球线，按三点成线原理，测量员站在点 M 处左右调整垂球线，使目视的三垂线在一条连线上，延长视线投影至掘进工作面上，可获得点 P 处的掘进中线位置及进尺长度。

如果是曲线隧道中线的定向定位，首先要在曲线上确定各主点在隧道施工坐标系的坐标，然后用导线法实地放样。如果已知曲线中线上的四点施工坐标，如图 11-49 中的 P_1、P_2、P_3、P_4 等，可以反求出曲线 JD 坐标和转折角 α，由 α 及 R 按 10.4 节介绍的圆曲线方法计算出曲线元素，进而求出三主点 ZY、QZ、YZ 的施工坐标，并在实地测设。

对于曲线细部放样可针对隧道特点选择所用方法，如极坐标法、切线支距、全站仪任意测站坐标法等。

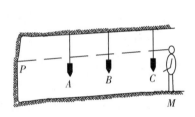

图 11-48　目视法定向

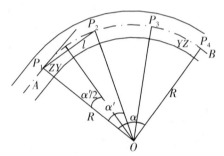

图 11-49　曲线隧道定向定位

3. 隧道腰线测设

腰线法可作为隧道开挖中标高和坡度的控制手段，腰线还是隧道底板和顶板的施工控制线。如图 11-50 所示，P_1、P_2 为设计腰线上两点，测设腰线的方法是利用视线高法，后视洞内水准点 A，读取后视读数 a，得视线高程 H_i，再根据腰线上 P_1、P_2 两点的设计高程求出视线与 P_1、P_2 两点的高差 h_1、h_2，进而在边墙上定出 P_1、P_2 两点，随着隧道拓进，腰线也不断延长。

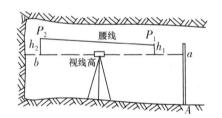

图 11-50　腰线法控制开挖坡度

用激光水准仪进行腰线抄平，在隧道地下工程中应用十分方便，同时激光水准仪还可测设地下隧道中线的情况：仪器安置于井下，经精确调平后，利用仪器发射的红色可见光束指示隧道中线位置，在施工中做定位、导向用。

11.8　工程竣工测量

土建工程完工后，与原设计总会有一定的变更，故必须编绘竣工平面图，以全面反映竣工后的情况。

为了编绘好竣工平面图,从工程开工时起,就应随时注意搜集有关资料。每一单项工程的地下及隐蔽部分,应在施工过程中根据现场控制网,及时验收测绘编入竣工图。单项工程竣工后,应按有关内容,结合验收进行测定,并在竣工平面图上标出。工程完工后,再根据内容要求,全面核对,补测不足部分,编绘入图。

11.8.1　民用建筑竣工测量内容

民用建筑主要资料包括房角坐标、各种管线进出口的位置和高程、房屋编号、结构层数、面积和竣工时间等。测量得到相关资料数据,并作为编绘竣工总平面图的依据。

工业或大型民用建设项目竣工后,应编绘竣工总平面图,它是设计总平面图在竣工后实际情况的全面反映。

编绘竣工总平面图的目的是:

(1)施工过程中的设计变更能得到全面、准确的反映,并为竣工验收时考查和评定工程质量提供依据。

(2)工程交付使用后,便于进行各种设施的维修工作,特别是地下管道等隐蔽工程的检查和维修工作。

(3)为日后项目扩建提供原有各建筑物、构筑物、地上和地下各种管线及交通线路的坐标、高程等资料。

新建项目竣工总平面图的编绘,最好是随着工程的陆续竣工同步进行,即一面竣工,一面利用竣工测量成果编绘竣工总平面图。

竣工总平面图的编绘,包括室外实测和室内资料编绘两方面的内容。室外实测是为了验证一些无法确定、数据来源不清、数据矛盾的情况而到现场进行的实际测量工作。而室内资料编绘主要依据两部分资料:

(1)设计总平面图、系统工程图、纵横断面图、设计变更资料;

(2)施工放样资料、施工检查测量及竣工实测资料。

如竣工内容众多,则可另绘分类图,如电力系统图、给排水系统图等。

11.8.2　桥梁竣工测量

桥梁竣工测量也要随着工程的陆续竣工同步进行,如墩台竣工前,就应随时注意安排好竣工测量的内容,把相关资料整理好,待全桥竣工时,及时交付运营单位。桥梁竣工测量的主要内容有:

(1)墩台基础部分(承台下)测量数据,如沉井基础标高。

(2)沉井顶、底的中心位移及倾斜率等。钻孔灌注桩基础,打入桩顶、底的中心位移及倾斜率。

(3)承台、墩身、墩帽(盖梁)竣工内容。顶、底竣工标高及护面竣工尺寸等。

(4)墩台预埋件尺寸资料。

(5)控制测量部分。墩顶水准点,沉降标志,永久性水准点"点之记"用于日后检测维护。

(6)不同工况下的桥梁挠度检测对于桥梁的运行安全是一个重要评估指标。如果是静态加载,一般可以采用水准测量的方法获得结果,如果是动态检测,目前的 GPS 检测方法比较有效。

11.8.3　道路竣工测量

道路竣工数据包括起止点、转折点、交叉点的坐标,曲线元素,桥涵等构筑物的位置和高程等。具体要求如下:

(1)凡道路中心线的交叉点、分支点、尽头等,均须测定其中心坐标和标高。国家等级公路和城市型道路可根据实际情况,适当地测定一些路中心坐标和标高。在曲线部分,要测定其曲线元素,如有困难时,则每隔 15 m 测定一次中心坐标和标高。道路的变坡点(城市型道路低点处均有雨水箅子)均须测定路中心标高;如有困难时,则每隔 20 m 测一次路中心标高。

(2)当道路路基高于或低于经过地段的自然地面形成路堤和路堑时,应测定路堤、路堑宽度及地沟、路肩、坡脚和边沟底标高等。

(3)大型桥梁和涵洞要测定四角坐标和中心标高;中型桥梁和涵洞要测定其中心线两端点坐标和中心标高;小型桥梁和涵洞则测其中心坐标和标高,还要测出桥梁的净空高和涵洞的管径(或横截面尺寸)以及桥底和涵洞底的标高。

(4)道路两旁的排水明沟或暗沟,应测绘其位置和截面尺寸,每隔 30 m 测一次沟底标高。道路两边的雨水箅子要逐一测定位置。道路旁的行树应实地测绘其中心线的位置。

(5)厂内道路进入车间的支路,宜测出引道半径(图解或用卷尺测量)。

(6)用剖面图的形式在图上标出道路类型(城市型或公路型),并注明路面(砼、沥青、碎石等)。

高速公路竣工测量还包括验收道路是否满足技术设计的要求,包括路基、路面、道路线型、匝口位置等。

11.8.4　管线竣工测量

管线竣工测量主要工作是测量竣工图。竣工图不仅能反映管线施工质量,还是日后管线管理、维护和扩改建时必需的资料,也是城市规划和建立数字城市的重要依据。

管线竣工测量图之一是管线竣工带状图,它包括各种管线的主点、检查井位置及附属建筑物施工后的最终平面位置和高程,如图 11-51 所示。由于管线种类繁多,还要另编制单项管线竣工带状平面图。带状平面图除标定管线位置外,还要用规定的符号或文字标注管线相关属性,如用途、检查井编号、井顶高程、井间距离和埋设的管材料、管径、埋设日期等。

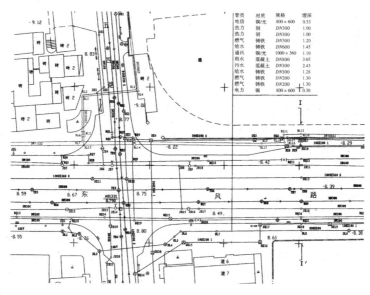

图 11-51　管线竣工带状图

带状平面图可根据需要采用 1∶500～1∶2 000 的比例尺。

管线测绘方法根据实际条件可以用全站仪或 GPS 等测量仪器测定管线主点的解析坐标;也可以采用图解法,利用已测定的周围永久建筑物与管线主点几何关系来确定。

考虑精度的管线测量内容包括:地下管线与邻近的地上建筑物、相邻管线、规划道路中心线的间距等。如采用解析法,对 1∶500～1∶2 000 比例尺图,间距误差不应大于图上的 ±0.5 mm;如果是图解法,则是不大于图上的 ±0.7 mm。

管线竣工测量图之二是管线竣工断面图,它是在回填土开始前完成的。包括测定检查井口顶面高程和管顶高程,而管底高程是由管顶高程和管径、管壁厚度推求的。水准测量精度一般为图根水准。如果不同管道有交叉,还要在断面图上表示出管道的相互位置,并注明尺寸。

由于历史原因,我国许多城市老城区地下管道没有竣工图或竣工图资料不全,各种管线没有统一的管理,这给城市建设和改造带来很多困难和隐患,因此需要对隐蔽性管线进行普查,包括各种旧有管线资料的收集以及实地调查勘测。

将地上地形数据和地下管线数据同时采集,得到管线分布现状图,这为地下管线动态信息管理系统的建立提供了基础资料。

11.9　建筑物变形观测

变形是指在工程建筑物施工及运营期间,由于建筑物基础地质和土壤性质不同、大气温度和地下水位季节性变化以及建筑物结构、荷载等的影响,建筑物所发生的沉降、位移、挠曲、倾斜裂缝等现象,建筑物变形观测就是对这些现象进行全过程的监测,以保证工程建设及运营的安全。

11.9.1　概　述

对于一些重要的高大建筑物,由于各种因素的影响可能会发生不同程度的变形。为了掌握建筑物的变形情况,以便发现不利的变形及时采取措施,以确保建筑物的安全,同时也为今后更合理的设计提供资料,尤其对于一些高大重要的建筑物,在其施工过程中和投入使用后均需要进行变形测量。由于变形测量属于精密测量,测量精度要求都较高,为在建筑变形测量中,做到"技术先进、经济合理、安全适用、确保质量",建设部制定颁布了中华人民共和国行业标准《建筑变形测量规程》(JGJ 8—2016),并自 2008 年 3 月 1 日起施行。该《规程》对建筑变形测量的一般规定如下:

变形观测开始前,应根据变形类型、测量目的、任务要求以及测区条件进行施测方案设计。施测方案应经实地勘选、多方案精度估算和技术经济分析比较后择优选取。

变形观测的周期应以能反映所测变形的变化过程且不遗漏其变化时刻为原则,根据单位时间内变形量的大小及外界因素影响确定。当观测中发现变形异常时,应及时增加观测次数。

变形测量点分为控制点和观测点(变形点)。控制点包括基准点、工作基点以及联系点、定向点等。基准点应选设在变形影响范围以外便于长期保存的稳定位置上;使用时,基准点应作稳定性检查或检验,并应以稳定或相对稳定的点作为测定变形的参考点。工作基点应选设在靠近观测目标且便于联测观测点的稳定或相对稳定位置;使用前应利用基准点或检核点对其进行稳定性检测。当基准点和工作基点之间需要进行连接时应布设联系点,选设其点位时应顾及连接的线路构形。对需要定向的工作基点或基准点应布设定向点,并应选择稳定且符合照准要求的点位作为定向点。观测点应选设在变形体上能反映变形特征的位置,可从工作基点或邻近的基准点和其他工作点对其进行观测。

变形测量的首次观测应适当增加观测量,以提高初始值的可靠性。不同周期观测时,宜采用相同的观测网形和观测方法,并使用相同类型的测量仪器,固定观测人员,选择最佳观测时段,在基本相同的环境和条件下观测。

对各周期的观测成果应及时处理,并应选取与实际变形情况接近或一致的参考系进行平差计算和精度评定。对重要的监测成果,应进行变形分析,并对变形趋势做出预报。对于发现的变形异常情况,应及时通报有关单位,以便采取必要措施。

11.9.2　变形监测点布设

1.沉降监测点布设

沉降监测点应布设在能全面反映建筑群沉降的位置,如建筑群四角、沉降缝两侧、建筑群荷载变化较大的地方、大型设备基础,柱子基础和地质条件变化处等。图 11-52 为在某建筑物上布设的八个沉降监测点分布。

为了保证监测点的稳定及观测数据的可靠,沉降观测点应采用带球形触点,并且能够隐藏或可拆卸的监测点,如图 11-53 所示。

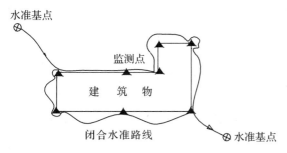

图 11-52　沉降监测点

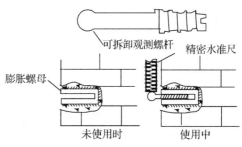

图 11-53　沉降布设及观测线路

2. 水平监测点布设

对于水平位移及倾斜监测,观测点布置原则上是根据所关心建筑物构型及可能发生位移的地方选择一些能描述位移的大小及方向的特征点,如在大坝的主轴线上布点,可监测受上游水压等引起的水平位移和方向;在柱体的上下同轴线上布点,可监测受不均匀沉降引起的柱体倾斜大小及方向等。

为提高水平位移及倾斜监测的观测精度,首先要设置带有强制对中装置的观测墩,如图11-54 所示,其作用是提高测站重复安置的精度。另外照准条件改善对点位监测精度的提高很有必要,除了采用倍率大的望远镜外,监测点形状的设置也很重要,图 11-55 为常见的几种监测点照准觇牌图案。

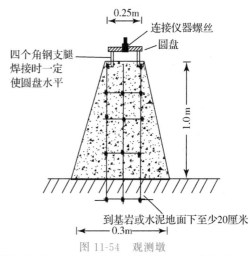

图 11-54　观测墩

图 11-55　观测标志

目前,建筑物变形测量的内容包括:垂直位移(沉降)观测、水平位移观测、倾斜观测、裂缝观测、挠度观测、日照变形观测和风振观测等。由于变形测量属于精密测量,在技术方法、精度要求等方面与地形测量、施工测量等有诸多不同之处,而且具有相对独立的技术体系,已发展成为测量学中一门专业性很强的分支学科。故在此仅对上述变形观测的主要项目作一概述。

11.9.3　建筑物的沉降观测

所谓建筑物的沉降观测,就是对建筑物及其基础在垂直方向上的位移进行观测。目前最普遍的做法是:采用精密水准测量对建筑物上设置的变形观测点的高程进行周期性的观测,相邻两周期的高程差即为本周期内建筑物的沉降量,本次测得的高程与首次测得的高程差即为建筑物的累积沉降量。沉降观测是变形观测中的重要内容,也是目前各地开展得最多的建筑物变形测量项目。

1. 沉降观测

根据监测对象、精度要求、现场条件及所使用的仪器,沉降观测方法主要有几何水准测量、静力水准测量、三角高程测量等。

几何水准测量采用的仪器精度要能满足一、二等水准测量规范要求,包括常规光学精密水准仪器(如 Ni002)及电子水准仪(如 DINI12)等。

精密水准测量的一、二等水准与常规水准测量比较,除了仪器和读数方法不同外,其作业顺序和检核要求也不相同。

电子水准仪由于利用条纹码观测,故读数时既无楔丝卡取整分划,也无基辅读数检核问题,只需采用变动仪器高法按上述步骤进行。

观测主线路可以布设成闭合水准线路,并与 2～3 个基准点联测,如图 11-52 所示水准线路。

2. 水平位移观测

所谓建筑物的水平位移观测,就是对位于特殊地区的建筑物地基基础、受高层建筑基础施工影响的邻近建筑物及工程构筑物(如基坑)等在规定平面上的位移进行观测。目前,通常仅对建筑物在某一特定方向上的水平位移进行观测,具体做法为:在靠近变形观测点与某一特定方向垂直的方向上设置一条基准线,定期测定变形观测点到基准线的水平垂距,相邻两期的水平垂距之差即为本周期内建筑物在某一特定方向上的水平位移量,本次测得的水平垂距与首次测得的水平垂距之差即为建筑物在某一特定方向上的累积水平位移量。

水平位移广泛用于大型工程项目的监测,如大坝、滑坡、深基坑等。使用的方法包括:

(1)角度前方交会法

变形观测中,使用前方交会能迅速且经济地得到大量待定点坐标和位移,这些待定点分布在难于到达的地方,如危险滑动岩面、坝面、烟囱等,交会法有两个特点及要求:

① 两测站点位置在观测周期中不变;

② 不同观测周期网形保持不变。

(2)基准线法

通过两控制点 A、B(图 11-56)竖直面的直线称为基准线,监测点 i 相对于基准线 AB 的偏离值为 L_i,其两个观测周期之差即为位移值,根据所用的仪器设备不同,基准线又分为光学法、引张线法及激光准直法等。

(3)测小角法

如图 11-57(a)所示,AB 是基准线,P 是监测点,P' 是点 P 在基准线上的投影,l 是偏离量,测量小角度 β 并丈量距离 D,便可计算偏离量为

$$l = \frac{\beta''}{\rho''}D \tag{11-12}$$

如图 11-57(b)所示,BP 是建筑物墙上的中线,P' 是监测点 P 在墙底的投影,$P'P$ 处于垂直面上,BP' 间的长度 l' 就是偏离量。测量小角度 β 并丈量距离 D,即可按式(11-12)计算偏离量。

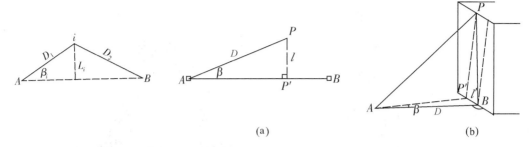

图 11-56　基准线法观测水平位移　　　　　　　图 11-57　测小角法观测水平位移

随着测量机器人及 GPS 技术发展,基于坐标测量的自动化监测已用于大型工程位移监测中。

3. 倾斜观测

所谓建筑物的倾斜观测,就是对建筑物的倾斜度进行观测。建筑物主体倾斜观测,应测定建筑物顶部相对于底部或各层间上层相对于下层的水平位移与高差,分别计算整体或分层的倾斜度、倾斜方向以及倾斜速度。测定建筑物顶部相对于底部或各层间上层相对于下层的水平位移,可采用前面介绍的建筑物轴线投测的方法。对具有刚性建筑物的整体倾斜,亦可通过测量基础的相对沉降间接确定。

变形观测中,一般认为倾斜度相对于水平面,而倾斜是相对于竖直面位置的差异,针对不同对象处理方法不同:

(1)房屋的倾斜观测

如图 11-58(a)所示,$ABCD$ 为房屋的底部,$A'B'C'D'$ 为房屋的顶部,A' 向外侧倾斜。观测步骤如下:

①在屋顶设置明显的标志 A',并用钢尺丈量房屋的高度 h。

②在 BA 的延长线上且距 A 约 $1.5h$ 的地方设置测站 M,在 DA 的延长线上且距 A 约 $1.5h$ 的地方设置测站 N,同时在 M、N 两测站照准 A',并将它投影到地面为 A''。

③丈量倾斜量 k,并用支距法测量纵、横向位移量 Δx、Δy,则

倾斜方向

$$\alpha = \arctan \frac{\Delta y}{\Delta x} \tag{11-13}$$

倾斜度

$$i = \frac{k}{h} \tag{11-14}$$

(2)圆形构造物的倾斜观测

如图 11-58(b)所示,O_1 为烟囱底部中心,O_2 为顶部中心,O_1O_2 为建筑物倾斜产生的偏心距 k,用前方(切线)交会法进行观测可推算 k。

变形测量最好是选在阴天和温度梯度变化小的时段。为了减少外界条件的影响。在测点上进行的作业条件应尽量与以往观测周期的条件如天气、仪器安置位置以及观测人员大致相同,这样可以消除固定的系统误差。

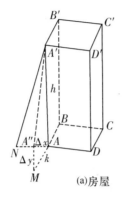 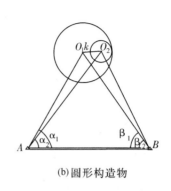

(a)房屋　　　　　　　　　　(b)圆形构造物

图 11-58　建筑物倾斜观测方法

4. 建筑物的裂缝观测

建筑物裂缝观测应测定裂缝的分布位置、走向、长度、宽度及其变化程度。观测裂缝的数量视需要而定,主要的或变化大的裂缝应进行观测。对需要观测的裂缝应进行统一的编号。每条裂缝至少布设两组观测标志,一组在裂缝最宽处,另一组在裂缝末端。每组标志由裂缝两侧各一个标志组成。对于数量不多、易于量测的裂缝,可视标志类型的不同,用比例尺、小钢尺、游标卡尺或读数显微镜等工具定期量出标志间的距离,求得裂缝的变位值;对于较大面积且不便人工量测的众多裂缝,宜采用近景摄影测量的方法。裂缝宽度观测数据应量至 0.1 mm,每次观测应绘出裂缝的位置、形态和尺寸,注明日期,必要时可附以照片资料。

图 11-59 为基于石膏标记的裂缝观测,而图 11-60 则是在裂缝两侧钉上白铁片标记,其中一块叠合在另一块上,表面喷上红油漆,若裂缝扩大,在白铁片叠合的端头将露出白色区域,从而可以判断裂缝扩大的数值。

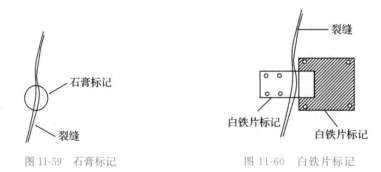

图 11-59　石膏标记　　　　　　图 11-60　白铁片标记

影像特征提取及机器学习的技术成熟使包括裂缝等结构型变的监测实现了智能辨识。

11.9.4　变形观测数据处理

变形观测的最终目的是为工程安全运营提供信息,因而获取大量原始观测资料后,还应从中挖掘出有用的信息,除了能分析变形过程外,还要能预测未来发展趋势,给工程管理提供决策意见,而数据的处理则包括以下两个方面:

1. 观测资料的整理和整编

观测资料的整理和整编工作主要是对现场观测所取得的资料加以整理、编制成图表及

说明,便于后面使用,其内容有:

(1)校核各项原始记录,检查各次变形观测值计算有否错误。

(2)对各种变形值按时间逐点填写观测数值、单期变形量和累积变形量,见表 11-8。

表 11-8　　　　　　　　　　沉降观测成果表

| 测点号 | 第 1 次 | | | 第 2 次 | | | 第 3 次 | | |
| | 2006 年 5 月 24 日 | | | 2006 年 7 月 20 日 | | | 2006 年 10 月 23 日 | | |
	高程/m	本次沉降量/mm	累积沉降量/mm	高程/m	本次沉降量/mm	累积沉降量/mm	高程/m	本次沉降量/mm	累积沉降量/mm
1	48.756 7	0	0	48.746 5	−10.2	−10.2	48.739 2	−7.3	−17.5
2	48.774 0	0	0	48.762 8	−11.2	−11.2	48.756 7	−6.1	−17.3
3	48.775 5	0	0	48.764 0	−11.5	−11.5	48.757 2	−6.8	−18.3
4	48.777 2	0	0	48.766 3	−10.9	−10.9	48.759 1	−7.2	−18.1
5	48.747 0	0	0	48.735 3	−11.7	−11.7	48.731 8	−3.5	−15.2
6	48.740 5	0	0	48.729 2	−11.3	−11.3	48.724 8	−4.4	−15.7

(3)绘制各种变形过程线,建筑物变形分布图,图 11-61 为根据布设在楼房的 8 个沉降观测点绘制的楼房每段墙沉降展开图,而图 11-62 为荷载时间沉降曲线,反映的是各监测点最大和最小沉降及所有沉降点平均沉降随时间的变化情况。

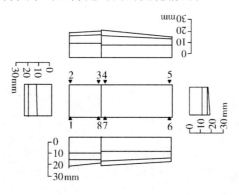

图 11-61　沉降展开图

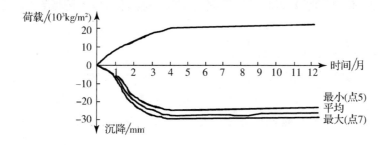

图 11-62　荷载时间沉降曲线

2. 观测资料分析

分析归纳建筑物变形过程、变形规律、变形幅度、变形的原因、变形值与引起变形因素之间的关系,找出它们之间的函数关系,进而判断建筑物的工作情况是否正常。通过一定周期观测,在积累了大量观测数据后,又可进一步找出建筑物变形的内在原因和规律,从而建立或修正数学模型所用的经验公式或系数,主要内容有:

(1)成因分析(定性分析)

成因分析是对结构本身(内因)与作用在结构物上的荷载(外因)以及观测本身加以分析、考虑,确定变形值变化的原因和规律。

(2)统计分析

根据成因分析,对实测数据进行各种统计分析,从中寻找规律,并导出变形值与引起变形的有关因素之间的函数关系。

(3)变形预报和安全判断

在成因分析和统计分析的基础上,可根据求得的变形值与引起变形因素之间的函数关系,预报未来变形值的范围和判断建筑物的安全程度。

11.9.5　变形自动监测系统

大型建筑(如大坝、桥梁、地铁隧道、基坑等)自动监测系统的实施,从根本上改变了常规形变监测方法的不足。随着计算机软硬件开发及网络通信技术的发展,基于时空监测智能传感器(包括外部监测的如测量机器人、GNSS 和内部监测的如全息监测智慧杆、基于MEMS 技术的应变类测力计等)数据自动及实时采集及传输能力的进一步提高,自动监测系统在建(构)筑物施工到运营期间的长期安全监测中得到越来越广泛的应用。如图 11-63所示。

图 11-63　高精度自动化变形监测系统典型应用对象

自动监测系统建设应注意以下几点:

(1)基准点。其包括观测基准站及后视参考点,是变形观测的起算基准,必须要保证测站(或参考点)位置稳定、安全,要注意防潮、保温。如果变形区域比较小,可以在变形区域外,建在基岩基础的强制对中观测墩上来保证所安置的自动化全站仪或 GPS 等的稳定性。

如果变形区域过于狭长,不能达到视场限差的要求,为了使所有目标点与全站仪的距离均在设置的观测范围内,那么观测站也可以建在变形区域内,并在数据处理时选择适当的数据处理方法对监测站变形进行改正。为了仪器防护、保温等需要,必要时建造监测房。

(2)变形点。变形点分布在监测对象变形体上,应能反映变形体变形的特征,并与观测站保持良好的通视条件以及距离控制在一定范围内。如每个变形点上安置有对准监测基准站的专用反射单棱镜,并且要保证其不易被破坏。

(3)计算机控制系统。计算机控制系统主要是指控制监测进行的软件部分,它是整个自动变形监测系统的大脑,负责从数据观测、数据获取、数据处理到发出警报等一系列的操作过程。计算机控制部分根据连接类型,选择与测站的距离。有线连接时不宜离测站仪器部分太远,最好控制在 20 米之内,如果距离比较远,应考虑使用信号增益设备。通过无线数传电台连接时,根据模块的频段和现场环境确定距离。

(4)电源和通信线路部分。全站仪、计算机控制系统之间的通信传输以及它们与电源之间的连接都离不开通信线路和电源线路。它们是保证系统正常运行必不可少的部分。在工程现场铺设的线路,必须要考虑线路安全问题,要注意隐蔽,不易被破坏。也可根据现场实际情况,通过网络转发设备来进行无线通信。

随着监测软硬件技术的发展,工程型变监测现在已实现了实时全自动的智能化在线监测。

习　题

11-1　何谓建筑施工测量? 施工测量内容是什么?

11-2　简述建筑施工测量特点以及施工控制网布设特点?

11-3　施工控制桩和龙门板的作用分别是什么? 各适用于什么情况?

11-4　如何控制建筑物的垂直度? 简述房屋倾斜现状观测方法。

11-5　桥梁墩、台基础施工测量时可采用什么方法定出墩台的中心桩位?

11-6　什么情况下使用顶管施工,如何测设顶管施工中线?

11-7　简述道路施工边桩测设步骤。

11-8　根据表 11-6 成果,推算凹形竖曲线方程,并求竖曲线,在里程 13＋632 处路面设计高程。

11-9　简述管线纵横断面测量步骤。

11-10　地下工程的竖井联系平面控制点传递测量方法有哪些,各有什么特点?

11-11　何谓腰线法? 隧道测设的方法是什么?

11-12　为何要进行竣工测量?

11-13　建筑物变形测量的内容包括哪些? 简述各项内容的含义和测量方法。

参考文献

1. 建设部综合勘察研究设计院. 建筑变形测量规程(JGJ/8－2019)[S]. 北京:中国建筑工业出版社,2019.

2. 中国有色金属工业总公司. 工程测量规范(GB 50026－2020)[S]. 北京:中国计划出版社,2020.

3. 北京市测绘设计研究院. 城市测量规范(CCJJ8/T8－2011)[S]. 北京:中国建筑工业出版社,2011.

4. 合肥工业大学等院校. 测量学[M]. 北京:中国建筑工业出版社,2015.

5. 邹有廉. 测量学[M]. 北京:人民交通出版社,1986.

6. 宁津生. 测绘学概论[M]. 武汉:武汉大学出版社,2005.

7. 章书寿,陈福山. 测量学教程[M]. 北京:测绘出版社,1993.

8. 杨德麟,高飞. 建筑测量学[M]. 北京:测绘出版社,2001.

9. 李青岳. 工程测量学[M]. 北京:测绘出版社,1984.

10. 北京市测绘设计研究院. 全球定位系统城市测量技术规程(CJJ 73－2010)[S]. 北京:中国建筑工业出版社,2010.

11. 苏一光测绘仪器有限公司. A30 系列 GNSS 接收机操作手册.

12. 苏一光测绘仪器有限公司. RTS110 系列全站仪手册.

13. 美国 TRIMBLE 公司. TRIMBLE5700 操作手册.

14. 南方数码测绘有限公司. CASS9.0 测绘软件用户手册.

15. 覃辉. 测量学[M]. 2 版. 上海:同济大学出版社,2005.

16. 《工厂建设测量手册》编写组. 工厂建设测量手册[M]. 北京:测绘出版社,1991.

17. 潘正风. 数字测图原理与方法[M]. 武汉:武汉大学出版社,2004.

18. 同济大学测量系,清华大学测量教研组. 测量学[M]. 北京:测绘出版社,1991.

19. 王依,过静珺. 现代普通测量学[M]. 北京:清华大学出版社,2001.

20. 祝国瑞. 地图设计与编绘[M]. 武汉:武汉大学出版社,2001.

21. 胡鹏. 地理信息系统教程[M]. 武汉:武汉大学出版社,2002.

22. 陈友华,赵民. 城市规划概论[M]. 上海:上海科学技术文献出版社,2000.

23. 国家测绘局测绘标准化研究所. 测绘标准汇编[S]//大地测量与地籍测绘卷. 北京:中国标准出版社,2003.

24. 国家测绘局测绘标准化研究所. 国家三、四等水准测量规范. 北京:中国标准出版社,2009.

25. 孔达. 水利工程测量.[M]. 北京:中国水利水电出版社,2022.

26. 中海达测绘有限公司. CASS9.0 测绘软件用户手册.

27. 吴学伟. GPS 定位技术及应用[M]. 北京:科学出版社,2010.

28. 王登杰. 现代路桥工程施工测量[M]. 北京:中国水利水电出版社,2009.